朝鮮기행록

Journeys through Korea

쌀·삶·문명총서는 전북대학교 인문한국 쌀·삶·문명연구원이 기획·발간합니다.

100년 만에 만나는
일본인 지질학자의 한반도 남부 답사기

朝鮮기행록
Journeys through Korea

초판 1쇄 발행 | 2010년 11월 10일

지은이 | 고토 분지로
옮긴이 | 손 일

펴낸이 | 김선기
펴낸곳 | 주식회사 푸른길
출판등록 | 1996년 4월 12일 제16-1292호
주소 | 137-060 서울시 서초구 방배동 1001-9 우진빌딩 3층
전화 | 02-523-2907 팩스 | 02-523-2951
이메일 | pur456@kornet.net
블로그 | blog.naver.com/purungilbook
홈페이지 | www.purungil.com, www.푸른길.kr

ISBN 978-89-6291-143-5 93450

이 도서의 국립중앙도서관 출판시도서목록(CIP)은 e-CIP홈페이지(http://nl.go.kr/ecip)에서
이용하실 수 있습니다.(CIP 제어번호: CIP2010003696)

*잘못된 책은 바꿔 드립니다.

쌀 ·
삶 ·
문명
총서

100년 만에 만나는
일본인 지질학자의 한반도 남부 답사기

朝鮮기행록

Journeys through Korea

고토 분지로 지음 / 손일 옮김

부록

조선산맥론

*An Orographic Sketch
of Korea*

푸른길

朝鮮기행록 / 차례

고산지대

전주평야

청내치
450

세동리
520

진안

물고실
310

파고개
490

송담
340

군산

임피

삼례

전주
30

구진

NNW

황해

m　　Ph　　　　　　Gno　　　　　　　　G　　　　　　　　Ph　　　　　　Gm　　　　　Ph　Lc　Ph　　　m　　Gno　　Pb Ph　Gno

F

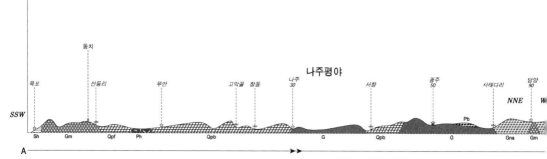

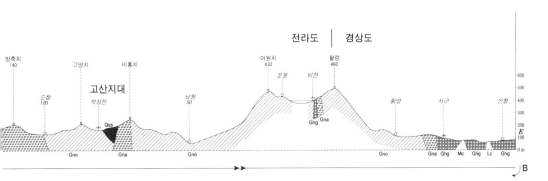

일러두기

- 『朝鮮기행록』은 *Journal of the College of Science* 26호(Imperial University, Tokyo, Japan. 1908)에 실린 "Journeys through Korea"를 번역한 것입니다.
- 부록으로 실린 『조선산맥론』은 *Journal of the College of Science* 19호(Imperial University, Tokyo, Japan. 1903)에 실린 "An Orographic Sketch of Korea"를 번역한 것입니다.

여행기를 시작하며

엄밀히 말해 이 논문은 조선의 지질과 지형에 관한 나의 두 번째 작업이다. 첫 번째는 1903년 발행되었고, 그 제목은 「조선 산맥론」(An Orographic Sketch of Korea)[1]이다. 이 논문에는 한반도 지질에 대한 선구적인 연구들, 특히 고 리히트호펜 남작(Baron F. v. Richthofen)[2]과 고체(C. Gottsche)[3] 교수의 저작들이 요약되어 있다.

그 논문은 발간된 이래, 조선의 지질과 지리에 관한 국내외의 연구[4]에서 계속해서 언급되었으며, 때때로 혹독한 비판[5]에 직면한 적도 있다.

1) *Journal of the College of Science*, Imperial University Tokyo, Japan, Vol. XIX, Art.1, 1903.

2) *China*, II, S.131; "Geomorphologische Studien aus Ostasien.", I, II, III, IV, V, 1900~1903.

3) "Geologische Skizze von Korea." *Sitzungsberichte der Kön. Preuss. Akad. der Wissenschaften zu Berlin*, XXXVI, 1886. 또한 같은 저자의 저작으로는
   "Ueber Land und Leute in Korea." *Verhandl. Gesell. f. Erdkunde z. Berlin*, Bd. XIII, No.5, 1886.
   "Ueber den Mineralrechtum von Korea." *Mitteil. Geogr. Gesell. zu Jena*, Bd.VIII, 1889.

4) a. F. v. Richthofen, *Loc. cit.* IV and V, 1903.
   b. Hobbs, "Tectonic Geography of Eastern Asia." *American Geologist*, Vol. XXXIV, 1904.
   c. Gallois, "La structure de l'asie orientale." *Annales de Géographie*, No.75, XIV^c Année, 1905.
   d. *Geographical Journal*, London, 1903, Vol. XXII, p.567.
   e. *Geological Magazine*, London, 1903, p.324.

이들 비판에 대한 답변은 다음 기회로 미루고서, 이 글에서는 단지 두 가지 주장만을 바로잡고자 한다.

페르빙기에르(Pervinquière) 교수는 나의 논문에 대해 충실하게 요약을 한 후 다음과 같이 말하였다. "그러나 나는 이 복잡한 이론(전위에 의한 조산작용)에 대한 확신이 없다. 저자는 자신들의 인종적 특성인 즉흥적 모방성 때문에 이론적 사고를 적용하지 않았고, 다양한 현상들에 대해 설명하지도 않았다. …… 조금 걱정이 된다."

유명한 소르본 지질학과의 실험실습 주임교수인 그는 내가 조선의 조산운동을 설명할 때, 동아시아 대륙 경계부에 있는 산맥에 대한 리히트호펜의 설명 방식을 그대로 차용했다고 이야기하는 것 같다. E. 수스(Suess)[6] 교수는 중국과 시베리아 동부의 거대한 산맥을, 바이칼 호 부근 지역에서 기원한 파랑상의 지각 중 강건한 물질로 간주했으며, 고 F. v. 리히트호펜 교수[7]는 동일한 것을 다른 시각에서 바라보고 두 가지 요소로 구분한 것은 이미 잘 알려진 사실이다. 즉 그는 습곡작용을 받은 더 오래된 동서방향의 요소와 파열된 더 젊은 남북방향의 요소로 구분하였다. 나는 후자의 견해에 대해 특히 관심이 있다.

1899년 필자는 일본에 관한 지질학적 지식의 발달에 대해 요약한 후, 일

5) a. Pervinquière, "Constitution géologique et ressources minérales de la Mandchourie et de la Corée." *Revue Scientifique*, 1904, 5ᵉ Seric, Tome I , p.552.

　b. Lorenz, "Beiträge zur Geologie und Palæontologie von Ostasien." I Theil. *Zeitschrift der Deutschen geologischen Gesellschaft zu Berlin*, Bd.57, 1905, S.495.

6) "Das Antlitz der Erde." Bd. III, Erste Hälfte, 1901.

7) "Geomorphologische Studien." IV und V, 1903.

본 호(Japanese Arc)에 대해 다음과 같이 언급한 바 있다.[8] "…… 그리고 현재로는 일본 남부의 지배적인 방향이 습곡축에 의해 크게 영향을 받았고 북부의 그것은 남북방향의 파열선(rupture line)에 의해 영향을 받았다는 점에서 일본 남부와 북부가 다르다고 분명하게 말할 수 있다."

1903년 남북방향의 조선 시스템에 대해 언급하면서, 다음과 같이 기술했다.[9] "태백산맥(조선 시스템의 일부)의 5개 연맥은 동해안을 따라 달리고 있는 경동지괴의 단애이고 동쪽 날개는 해안으로부터 해저로 연속적으로 내려앉았는데, 이는 혼슈의 태평양 쪽 퇴적과 압력의 사후 효과로 나타나는 분리단층(disjuctive fault)에 그 원인이 있는 것 같다."

러시아 지질학자에 의해 창안되고 수스(E. Suess)[10]에 의해 널리 알려진 분리단층은 '예열(曳裂, Zerrung)'의 결과이다. 이러한 예열[11]과 산맥호(山脈弧, mountain-arc)들의 동서 및 남북방향 연맥들으로의 분리는, 리히트호펜의 기념비적 연구이자 근대 지리학에 관한 거장의 마지막 업적인 『중국』(China)의 결론 장에 해당하는 「동아시아 지형연구」(Geomorphologische Studien aus Ostasien)[12]의 핵심이다.

내친 김에, 윌리스(Willis) 교수가 단사요곡(monoclinal flexure)을 수용하면서 이전의 모든 이론을 폐기했다는 사실을 지적하는 것은 나름의 의미

---

8) "The Scope of the Vulcanological Survey of Japan." *Publication of the Earthquake Investigation Committee in Foreign Languages*, No.3, Tokyo, 1900, p.99.

9) "An Orographic Sketch", *Journ. Coll. Sci.* Imperial University of Tokyo, Vol. XIX Article 1. p.57. – 이 책에서는 부록 p.71.

10) "Das Antlitz der Erde." Bd. Ⅲ, Erste Hälfte.

11) 로렌츠(Lorenz)와 프리데릭센(Friederichsen) 사이에 일어난 불꽃 튀는 논쟁의 원인이 바로 이 용어이며, 논쟁의 결과는 그들 사이에 심한 말만 오간 것이었다. *Petrmanns Mitteil*, Vol.52, 1906, S.284; Vol.53, 1907, S.93~96.

12) Part Ⅳ와 Ⅴ. 나는 1903년 8월 비엔나 학회 당시에 그로부터 그 논문을 직접 받았다.

가 있을 것이다.[13] 전위와 요곡을 구분하는 일은 아주 미묘한 문제이다.

지각운동에 관한 문제에서 독일의 거장과 내가 일부 관점에서 일치한다는 이 행복하고 특별한 사실은 순전히 우연인데, 그 사실에 대해 전혀 우쭐할 생각은 없다. 다만 다른 사람들의 훌륭한 예를 언제든지 따를 준비는 되어 있지만, 조선 산맥의 성인에 대한 나의 설명 방식이 대가들을 단지 모방하고 있을 뿐이라는 비난은 단호히 거부한다. 애국심이 강한 프랑스의 피가 친러시아적 감상으로 뜨거웠던 러일전쟁 초기에 내 논문이 등장했다는 사실이 불운이었던 것이다.

로렌츠(Th. Lorenz) 박사는 산둥을 여행한 적이 있다. 그는 힘의 합성 결과에 상응하는 지질구조선의 뒤틀림에서 비롯된 변위를 바탕으로 조선뿐만 아니라 산둥반도의 조산운동을 해석하는 작업에 열정적으로 관여하였다. 1903년 우리는 프라이부르크(Freiburg i.S.)에서 종종 만났고 그와 몇 시간 동안이나 즐겁게 대화했다. 그 후 그는 공들인 저작[14]을 하나 냈는데, 필자는 거기서 다음과 같은 구절을 보고 깜짝 놀랐다. "나는 고토가 조선의 산지에 대한 자신의 설명을 기꺼이 포기한 것으로 확신한다. 1903년 겨울 나는 동아시아의 지형학적 문제에 관해 개인적으로 그와 토론할 기회가 있었다. 나는 고토가 모든 점에서 나의 견해에 동의한다는 사실에 만족했다." 당시 필자는 그가 즐겁게 이야기하는 모든 것을 단지 경청했을 뿐이다. 그렇지만 내가 그의 견해를 수용하느냐의 여부는 또 다른 문제이다. 현재까지 조선의 지질에 관한 내 논문의 주장을 철회할 의향은 전혀 없다.

---

13) *Research in China.* Publication No.54 of the Carnegie Institute of Washington.
14) 위의 논문, p.495, 주석.

내 논문에 제시된 지질구조선을 구성함에 있어 가설이나 이론에 크게 영향을 받았다고 말하는 것은 오해이다. 나는 현장에서 보았던 것이나 확인한 것들을 단지 기록하였을 뿐이다.

그러나 여기서 이런 저런 이야기에 더 이상 몰두하는 것은 부적절하다. 이러한 이야기는 다음 기회에 다시 다룰 예정이다.

야베 씨는 내 제안에 따라 1903년과 1904년에 조선의 남쪽을 두 차례 여행하였고 내가 1900년에서 1902년 사이에 여행한 경로를 수시로 벗어났다. 그 결과 나의 여행이 많이 보완되었다. 게다가 운이 좋아 그는 낙동강 상류에서 식물화석을 발견했는데, 세밀하게 연구한 결과 그것들이 쥐라기의 것[15]으로 밝혀졌다. 이후 그는 한반도의 고생물학에 두 가지 큰 기여[16]를 했다. 하나는 평양 부근에서 발견된 푸줄리나(Fusulina)와 두 종류의 유공충(Foraminifer)으로, 의심의 여지없이 한반도에서 안드라콜리드(Anthracolithic) 층의 존재가 확인된 것이다. 다른 하나는 기간톱테리스(Gigantopteris) 식물화석이 발견된 트라이아스기 명용통(Müngyöng series)과 관련이 있다. 조선의 고생물학에 관한 야베의 논문은 이 분야의 유일한 저작이며 실제로 이 논문의 일부분을 이루고 있고, 논문에서의 중요도도 작지 않다.

---

15) "Mesozoic Plants from Korea." *Journal of the College of Science*, Imperial University Tokyo, Japan, Vol. XX, Art.8, 1905.

16) a. "A Contribution to the Genus Fusulina, with Notes on a Fusulina-Limestone from Korea." *Journal of the College of Science*, Imperial University Tokyo, Japan, Vol. XXI, Art.5, 1905.

b. "On the Occurence of the Genus Gigantopteris in Korea." *Journal of the College of Science*, Imperial University Tokyo, Japan, Vol. XXIII, Art.9, 1908.

러일전쟁 동안과 그 이후, 많은 전문가들이 만주와 조선의 자연자원[17]에 대한 정보를 얻기 위해 그곳으로 파견되었다. 그 중, 지질학자로 이루어진 한 원정대가 한반도로 가서 지질학과 광물자원에 대한 예비조사를 했다.

모두 동경제국대학 졸업생인 후쿠치, 이키, 이노우에, 가네하라, 마쯔다, 오카다가 이 원정에 참여하였고, 그 결과는 지질도와 해설서로 된 일련의 저작물[18]로 이미 간행되었다. 앞에서 언급한 원정대의 대원 각각에게는 자신의 조사지역으로 조선의 행정단위 중 하나 혹은 그 일부가 배정되었다. 그들의 작업은 군대의 호위를 받으면서 진행되었고, 그 작업을 위해 엄청난 자금과 시간이 제공되었다. 따라서 그들의 작업환경은 너무나 양호해, 보잘것없는 지원과 거의 전무한 원조로 수행된 내 작업과는 비교할 수 없을 정도였다. 그처럼 양호한 조건 하에서 실제로 양이나 세부사항의 질에 있어서 그들이 확보한 결과에 상응할만한 것을 얻을 희망이 거의 없어서, 나의 여행에 관한 저술계획을 포기

---

17) 한반도의 광물자원에 대해서는 K. 니시와다(Nishiwada)의 단보가 있다. "Useful Minerals of Korea." *The Korean Repository*, Seoul, Sept., 1897.
18) a. 福地信世, 韓國平壤・三登及び砂里院附近石炭調査報告 (陸軍省), 1905.
   b. 福地信世, 韓國平安北道順安附近金産地調査報告 (陸軍省), 1905.
   c. 伊木常誠・鈴木四郎, 韓國鑛業調査報告 (黃海・京畿・忠淸南道及び平安南道の南部) 農商務省, 1906.
   d. 井上禧之助, 韓國における鑛業 農商務省, 1906.
   e. Inouyé, "Geology and Mineral Resources of Korea." *Mem. Imp. Geol. Surv.*, Tokyo, 1907.
   f. 井上禧之助・新山敏介, 韓國鑛業調査報告 (全羅道 慶尙道) 農商務省, 1906.
   g. 金原信泰・中川維則, 韓國鑛業調査報告 (咸鏡道) 農商務省, 1906.
   h. 松田 民・笹尾正美, 韓國鑛業調査報告 (平安道) 農商務省, 1906.
   I. 西尾鐘次郎・岡田英夫, 韓國鑛業調査報告 (江原道) 農商務省, 1906.

하는 것이 낫지 않나 생각하기도 했다. 그러나 이미 시작했고 뒤로 물러설 수는 없다. 나는 내 첫 논문이 발간되자마자 시작했던 이 작업을 계속했다. 그러나 나의 공적 임무와 유럽 및 미국 방문 때문에 내 저술 작업은 더디게 진행될 수밖에 없었다.

현재 이 글은 조선에서의 여행일기뿐만 아니라 연구실 작업의 결과 모두를 알리기 위해 집필되었으며, 위에서 언급한 위원회 위원들이 기꺼이 사용을 허락한 여러 사실들과 지질학적 표본에 의해 보완되었다. 또한 필자는 이 글이 처음 의도했던 일정한 형태로 끝맺을 수 있도록 이 작업을 계속할 수 있기를 희망한다.

조선은 단지 유라시아 대륙의 동쪽 구석에 있는 지구상의 좁은 육지에 지나지 않는다. 그럼에도 불구하고 그 면적이 218,170km²로 일본 전체 면적의 거의 반에 해당되므로,[19] 한 사람이 수년에 걸쳐 지질탐사를 하기에는 너무나 넓다. 범위로 보아 이 논문은 조선 반도의 단지 1/4만을 다루고 있는데, 제주도를 비롯해 북위 36° 이하의 남쪽 지역이 이에 해당된다. 따라서 전라도와 경상도 대부분의 지역이 여기에 포함된다.

우선 3차례에 걸친 조선 횡단여행 일지를 제시하고, 이미 언급한 여정의 기록과 관찰을 바탕으로 조사 지역의 지질학, 지형학 및 자연지리의 일반적인 내용을 요약의 형태로 제시하려 한다.

---

19) 일본 전체 면적 27,061평방리 = 417,362km²
    한국 전체 면적 14,147평방리 = 218,170km² 통감부. 1906.
    비율 100.00 : 52.28
    한국의 인구 = 10,520,000

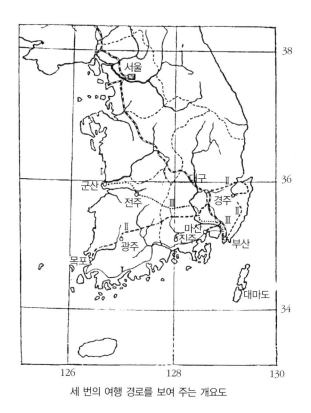

세 번의 여행 경로를 보여 주는 개요도

　내가 이 작업을 하는 과정에서, 나와 공적 또는 사적 관계를 가졌던 많은 사람들에게 은혜를 입었다. 대학 당국은 공식적인 도움을 주었을 뿐만 아니라 사적으로도 이 작업에 관심을 갖고 있었다. 당시 재무차관인 사카타니 남작과 교육국의 재정담당자인 테라다씨가 여행에 물질적 도움을 줬다. 당시 주한공사였던 하야시 남작 및 여러 직책과 장소에서 활동했던 많은 영사 대리들이 여러 방면에서 나의 여행을 가능하게 해 주었다. 만약 이들의 도움이 없었더라면 조선 반도의 내륙에서 광범위하고 모험에 가득한 횡단여행을 한다는 것이 거의 불가능했을 것이다. 또한 원고를 준비하는 과정에서 소중한 조언을 아끼지 않은 스위프트(J. T. Swift) 교수에게 큰 신세를 졌다.

이 작업이 가능하도록 도움을 준 수많은 동료들과 친구들에게도 진심어린 감사를 드린다.

다음은 단독으로 혹은 결합되어 조선의 지명에서 아주 빈번하게 등장하는 단어의 목록이다. 다른 단어와 결합될 경우, 하나가 결합될 수도 있고 둘 이상이 결합될 수도 있다.

악(뫼, 산)	Ak (moi, san)	A peak; a mountain.
앞(전)	Ap (chyön)	Before in place; front
아래(하)	Arai (hu)	Lower; inferior.
벌(펄, 들, 평)	Böl (pöl, teul, phyöng)	A plain.
작은, 형용사	Chakeun (syo), adj.	Small.
참	Chham	A stage in a journey; a post-station
치(현, 령, 녕, 고개)	Chhi (hyön, ryöng, nyöng, koköi)	A pass.
촌(마을)	Chhon (maeul)	A village.
천(내, 물)	Chhyön (nai, mul)	A mountain stream.
청인나라(상국)	Chhyöng-in-nara(Syang-kuk)	China.
좌(월)	Choa (oil)	The left side.
장(어룬)	Chyang (örun)	Long.

장(장)	Chyang (jyang)	Market place; a fair.
장터	Chyang-thö	Market place.
절(사)	Chyöl (sā)	A monastery.
점	Chyöm	A shop.
전(앞)	Chyön (ap)	Front; before in place.
주막(술막)	Chyu-mak (sul-mak)	An inn; a tavern.
중(가온데)	Chyung (kaontāi)	The middle; straight.
도(도, 섬)	Do (to, syöm)	An island.
동(골, 동)	Dong (Kol, tong)	Small village; a valley.
읍내(고을)	Eumnāi (koeul)	Magisterial town.
읍(고을)	Eup (koeul)	Magisterial town.
길	Gil	A road; a way.
계(계, 시내)	Gyöi (kyöi, sinai)	A stream; a creek.
하(아래)	Ha (arāi, arai)	Lower; inferior.
항(목)	Hang (mok)	The neck of a hill.
하다(양)	Hada (yang)	An ocean or sea.
후(뒤)	Hu (tui)	Behind; after.
일봉	Il-bong	Japan
일봉사람	Il-bong-saram	A Japanese.
진(진, 나루, 고미)	Jin (chin, naru, komi)	Ferry.
장(장)	Jyang (chyang)	Market place; a fair.
주(주)	Jyu (chyu)	Magisterial town of the first class.
감리	Kam-ni	The superintendent of trad

감사	Kam-sä	A provincial governor.
큰(대, 대), 형용사	Kheun (tai, thai), adj.	Great; tall.
가온데(중)	Kaontäi (chyung)	The middle.
길	Kil	A road; a way.
고을(읍내)	Koeul (eumnäi)	Magisterial town.
고개(현, 치)	Kokäi (hyön, chhi)	A pass.
골(곡, 실)	Kol (kok, sil)	A valley.
골(동)	Kol (dong)	Small village; a valley.
고미(진, 나루)	Komi (jin, naru)	Ferry.
곱은(곡), 형용사	Kopheun (kok), adj.	Crooked.
거리	Köri	A street; thoroughfare.
곶	Kot	A promontory.
구경	Ku-gyöng	A sight-seeing.
굽이(굽이)	Kubi(kupi)	A bend; a curve.
군수	Kun-syu	A district magistrate.
계(계, 시내)	Kyöi (gyöi, sinai)	A stream; a creek.
마방	Ma-bang	A horse-stable.
마을(촌, 군)	Maeul (chhon, kun)	A village; a district.
만(완)	Man (oan)	A bay.
목(항)	Mok (hang)	A neck of a hill.
머리(두)	Möri (tu)	The top; the head.
모루(우)	Moru (u)	A corner; a nook.
물(내, 천)	Mul (nai, chyön)	A mountain-stream.

물굽이	Mul-kubi	The curve of a river.
뭍길	Mut-gil	An overland road.
내(물, 천, 내)	Nai (mul, chhyön, nāi)	A mountain stream.
남	Nam	The south; southern.
나루(진, 고미)	Naru (jin, komi)	Ferry.
넓(덟, 너란), 형용사	Nölp (dölp, nörān), adj.	Wide.
높음(고), 형용사	Nopheum (ko), adj.	High.
노로목	Noro-mok	A hill-neck of a river-curve.
녕(령, 령)	Nyöng (ryöng, lyöng)	A pass.
완	Oan	A bay.
외(밭)	Oi (pot)	Outside.
욀(좌)	Oil (choa)	The left side.
어구	öku	An entrance of a valley.
온천(온수)	On-chhyön (on-syu)	A hot spring.
온돌	On-tol	A Korean fire-place.
오레알(우)	Oreal (u)	The right side.
밭(전)	Pat (chyön)	A paddy field.
북	Peuk	The north; northern.
패강(패수)	Phai-gang (phai-syu)	A large river.
포(개)	Pho (kai)	An anchorage; a river bank.
평(벌, 들)	Phyöng (böl, deul)	A plain.
벌(들, 들, 평)	Pöl (teul, deul. phyöng)	A plain.
밭(외)	Pot (oi)	Outside.

부	Pu	A city.
불(화)	Pul (hoa)	Fire.
령(녕, 치, 고개)	Ryöng (nyöng, chhi, kokài)	A pass.
사(절)	Sā (chyöl)	A monastery.
새(신)	Sai (sin)	New.
새술막	Sai-sul-mak	A new tavern.
산(뫼, 악)	San (moi, ak)	A peak; a mountain.
실(곡, 골)	Sil (kok, kol)	A valley.
신(새)	Sin (sai)	New.
시내(계, 계)	Sinai (gyöi, kyöi)	A stream; a creek.
술막(주막)	Sul-mak (chyu-mak)	An inn; a tavern.
상국(청인나라)	Sang-kuk (Chhyöng-in-nara)	China.
소(작은), 형용사	Syo (chakeun), adj.	Small.
서	Syö	The west; western.
섬(도)	Syöm (to)	An islet.
성업	Syöng-öp	A royal shrine.
대(대, 큰), 형용사	Tai (Thai, kheun)	Great; tall.
다리(다리, 교)	Tari (dari, kyo)	A bridge.
등(돌다리)	Teung (Tol-tari)	A stone-bridge.
동사	Thong-sā	An interpreter.
도(섬)	To (syöm)	An island.
돌다리(등)	Tol-tari (teung)	A stone-bridge.
동	Tong	The east; eastern.

뒤(후)	Tui (hu)	Behind; after.
덤(술막)	Työm (sulmak)	An inn; a stone-house.
우(오른)	U (oreal)	The right-side.
욷(샹)	Ut (sang)	Upper.
여울(탄, 단)	Yöul (than, dan)	A rapid.

조선 지명의 철자법은 우선 그것에 익숙하지 않은 사람들에게는 이상하게 보일 수 있다. 나는 이 작업에서 『고토 · 가나자와식 로마자 조선 지명 목록』(A Catalogue of the Romanized Geographical Names of Korea by Kotô and Kanazawa)를 사용하였다. 이 중에서도 독자들은 y와 h 두 글자의 사용에 대해 유념하길 바란다.

y

s나 ch 다음에 y가 오면 y는 묵음이다. 즉 syang이나 cyang은 sang이나 chang과 마찬가지로 쓰거나 발음할 수 있다.

h

chhi(고개)의 경우와 같이 반복된 h는 같은 소리의 격음을 의미하며, 어퍼스트로피(')로도 표현할 수 있다. 예를 들자면 chhi와 chhon을 ch'i와 ch'on로 쓸 수 있다.

일본 거리 단위 1리(ri) = 3927.27m

조선 거리 단위 1리(li) = 392.73m 혹은 1ri의 1/10.

1차 횡단여행

(도판 Ⅰ～Ⅸ 참조)

　나의 첫 번째 여행은 자유항 부산에서 자유항 목포까지 조선의 남쪽 해안을 따라가는 것이었다. 2주일 걸려 직선으로 242km가 넘는 거리를 주파했다. 이는 조선 반도 남단의 폭에 해당된다. 만과 내만에 대응한 헤드랜드(headland)와 곶(promontory) 때문에 해안은 굴곡이 심하다. 미로와 같은 해안선 주변에는 수없이 많은 섬들이 있는데, 중국의 남동해안을 제외한다면 동아시아에서 이에 필적할만한 것이 없다. 이 두 해안 모두 리히트호펜(Frh. v. Richthofen)이 '리아스(rias)'라는 이름을 붙인 특별한 유형에 속한다.

　섬들이 너무 많아 원주민이 아니고서는 어느 누구도 모든 섬을 알지 못하며, '남해'라 불리는 이 지역은 최근에야 비로소 일본 수로국에 의해 조사되었다. 19세기 초반 이 바다를 항해했던 바질 홀(Basil Hall) 선

장의 다음과 같은 일반적인 설명으로 다도해의 복잡함에 대해 개략적인 생각을 구상해 보는 것이 좋을 수 있다. 그는 말하길, "모든 방향으로 엄청난 군집을 이루고 있는 (남해의) 섬 사이를 100마일 이상 헤쳐 나아갔다. 처음에는 그것들을 헤아리면서, 심지어 우리가 제작하고 있는 이 해안의 해도에 각각의 위치를 기입할 예정이었다. 그러나 엄청난 수 때문에 이러한 노력은 모두 수포로 돌아가 버렸다."[1]

간혹 벗어날 때도 있었지만, 내 여행경로는 보통 맑고 온화하며 동백나무(Camellia japonica)가 드문드문 있는 해안을 따라갔다. 하지만 나는 한 해 중에서도 가장 혹독하고 추운 시기인 2월 전반부를 선택하였다. 이 지역, 특히 전라도 지역은 눈으로 덮여 있었고, 물살이 센 섬진강은 당시에 완전히 결빙되어 빙하처럼 보였다. 이와 같은 거친 기후 조건 때문에 나의 지질 관찰은 크게 제약을 받았다.

부산

1901년 1월 24일 부산에서 출발했다. 부산 건너에는 절영도 혹은 일본어로 마키노시마라 불리는 '사슴섬(鹿島)'이 있는데(도판 Ⅰ. 사진 1), 길이는 6.8km이고 폭은 2.6km이다. 이전에 사슴의 서식지였고 한 동안 말의 방목지로 이용되었다. 역사 기록에 의하면 조선 사람들이 이 말을 단 한 차례 中國황제에게 연례 공물로 바쳤다.

이 섬은 섬이라기보다는 절개된 화산 모양을 한 제법 고도가 높은 구릉(303m)으로, 과거 분화구 바닥과 함께 이 섬의 서쪽 반이 좁은 해협

---

1) "Account of a Voyage of Discovery to the Weat Coast of Corea and the Great Loo-Choo Islands." London. 또한 Keane, "Asia.", London, 1836.

의 가장자리 아래로 날려 갔다. 이 좁은 물길이 일본인 거주지역과 이 섬을 나누고 있다. 이와 같은 외양은 성층화산의 내부구조와 정확하게 일치하는 경사진 퇴적층을 지닌 화산암의 발견으로 어느 정도 설명될 수 있다. 지층의 주향은 남남동인 반면 동쪽 끝에서는 거의 수평이다.

섬 전체를 구성하고 있는 분출암과 이들의 파생암석(derivative)들은 녹색 계열의 다양한 색조를 띤 여러 유형의 암석이며, 두꺼운 층을 이루고 있다.

(1) 첫 번째 암석은 전체적으로 암회색이며, 반사되는 빛에 의해서만 식별 가능한 장석 반점이 거의 없는 치밀한 암석이다. 깔끔한 암석 표면과는 반대로, 현미경 아래에서는 아주 심하게 변질되어 있는 것을 볼 수 있다. 철과 마그네슘을 함유한 원래의 광물이나 다른 광물들은 녹렴석 입자로 완전히 바뀌었지만, 문제가 되는 규산염광물의 십중팔구는 휘석이다. 암석은 모섬상(pilotaxitic) 구조를 보이는데, 석기는 사장석 반정이 포함된 비정형 간극 물질과 함께 장방형(lath-shaped) 쌍정 (twinned) 장석으로 이루어져 있다. 이 암석은 아마 휘석분암(augite-porphyrite)일 것이다.

(2) 두 번째 암석 역시 모난 반점이 있는 암녹회색의 치밀한 암석이다. 현미경으로 이 암석을 보면, 자철광 결정과 미립질의 녹렴석과 함께 편광 입자들로 이루어진 기질 사이에 들어 있는 모난 사장석 결정으로 이루어져 있다. 줄무늬를 이루고 있는 장석은 재생(regenerated) 사장석과 함께 일단의 교차암맥(cluster)을 이루면서 부분적으로 녹렴석화 작

용을 받았다. 이 암석은 치밀한 분암질 응회암(porphyrite-tuff)으로 판단된다.

(3) 세 번째 암석은 패각상 단열(conchoidal fracture)과 함께 녹청색의 치밀한 프린트질(flinty) 구조를 지니고 있다. 이 암석은 녹색 벽옥(jasper)으로 쉽게 오인할 수 있다. 현미경 관찰에 의하면, 이 암석 덩어리는 사장석 조각들과 원형의 옥수(chalcedonic) 패치, 백티탄석(leucoxene) 유사 물질, 그리고 반짝이는 미세한 입자로 이루어졌으며, 그 사이사이에 비정형의 화산재가 끼어 있다. 이 암석은 경화된 분암질 응회암일 것이다.

암회색의 치밀한 휘석분암의 여러 변종들과 이들의 파생암석, 즉 세 가지 유형의 광물에 대한 개략적인 설명은 이미 위에서 제시하였다. 이들 암석이 절영도[2]와 여기서 멀리 떨어진 동백섬[3]이라는 작은 섬뿐만 아니라 경상도 남동부의 적지 않은 지역에 분포하고 있다.

일본인 거주지는 부산 배후에 있는 구릉의 산각에 위치하고 있으며, 이 구릉 역시 절영도의 암석과 같은 암석으로 이루어져 있다. 여기서는 불연속적이고 뚜렷하지 않은 자철광(magnetite) 암맥을 볼 수 있다. 암맥의 두께는 5~10cm이고 석영과 연정을 이루고 있는데, 양기석과 유

---

2) C. 고체는 비록 나의 암석표본에는 나타나지 않았지만 규장암질 반암(felsite-porphyry)에 대해 언급했다. 그러나 이 암석의 출현 가능성에 대해 부인할 수 없다. 왜냐하면 같은 유의 암석이, 문제가 되는 층에 속하면서 조선 남부 다도해의 여러 곳에서 발견되기 때문이다. C. Gottsche, "Uber Land und Leute in Korea," *Verhandl. d. Gesell. f. Erdkunde*, S. 248, 1886, Berlin.
3) 冬栢嶋(동백도).

사한 각섬석과 녹렴석으로 이루어진 스카른 광물 띠가 암맥 양쪽에 나타난다. 암맥의 주향은 E.20°S.로 규칙적이고 경사는 북동쪽이며, 녹색의 층상 모암과 같은 방향으로 이곳부터 중국인 거주지를 지나 절영도의 북동쪽 해안까지 암맥은 계속된다. 이 후생 광체(epigenetic ore-body)는 아마 주변 암석의 경사와 언각(偃角, hading)을 이룬 주향단층에 의한 충전광체(in-filling)일 것이다. 이 광물의 형성이 화강암 병반의 용승과 관련이 있는지는 분명하게 말할 수 없다. 실제로 이 병반은 해안을 따라 북쪽으로 2km 떨어진 옛 항구인 부산진 부근에 드러나 있다.

부산에서 시작된 우리 여정은 북서쪽으로 나아가면서 구덕산[4] 고개로 이어진다. 이 고개는 이미 언급한 북동쪽으로 약간 기울어진 녹색 응회암과 분출암상(eruptive sheet)의 복합체 위에 있다. 또한 우리의 여정은 소위 화강암 병반이 반대편에서 다시 나타나는 고개의 북쪽 발치까지 같은 암석을 따라 멀리 이어진다. 고개를 내려서면 부산으로 가는 주도로와 만나고, 고도가 약간 높은 감고개[5]로 이어진다. 산지의 북사면은 화강암으로 이루어진 반면, 남사면은 녹색 암석이 덮고 있는 화강암 기반으로 이루어져 있음을 이곳에서 다시 한 번 확인할 수 있다.

지질도에서 확인할 수 있듯이, 화강암 병반은 부산항을 정점으로 해서 낙동강의 양안을 따라 뻗은 불규칙한 삼각형 모양을 이루고 있는데, 내륙 쪽에 있는 삼각형의 밑변은 그 길이가 80km 이상 된다. 병반의 중

---

4) 九德山(구덕산). 이 구덕산은 현재의 구덕산이 아니라 부산진의 북서쪽에 있는 수정산을 말한다. – 역자 주.
5) 甘峴(감현).

심은 낙동강의 동쪽에 있으며, 금정산 정상에서 정점을 이룬다. 이 산의 꼭대기에는 성벽으로 둘러싸인 같은 이름의 넓은 성터가 있는데, 한때 일본의 침입에 대응하는 요새로 이용되었다. 금정산 병반은 양산[6] 계곡과 북쪽 경계를 이루고 있고, 남동 사면은 녹색 암석층이 상부를 덮고 있다. 이 층의 일부가 내좌층(inlier)으로 북동사면에 있는 것은 특별히 지적할 만하다. 금정산의 후미 깊숙한 곳에는 외래인들이 많이 찾는 범어사[7]라는 불교 사찰이 있다.

| 금정 병반 | 금정산[8] 병반의 화강암은 특별한 암상(feature)을 보여 준다. 이 덕분에 이 지질군의 나머지 암석들과 구분지을 수 있다. 한편 이 암석이 이 지역에만 제한적으로 분포하는 것은 아니며 같은 조건을 지닌 조선 반도 도처에 흩어져 있다. 담황색을 띠는 이 암석의 입자는 중립에서 오히려 조립질이며, 쉽게 암설이나 모래로 부서져 신선한 표본을 얻기가 쉽지 않다. 유색광물과 부성분광물(accessory)은 거의 없고, 주로 소량의 흑운모와 회조장석(oligoclase)와 함께 석영과 정장석이 주를 이룬다. 이와 같이 단순하고 일정한 우백암(leucocrate)의 구성광물들은 모두 같은 크기이며, 교과서적인 화강암 구조에서 볼 수 있는 규칙성은 부족하지만, 페그마타이트화 과정에서 서로 쌍정을 이루면서 동시에 결정화된 모습을 보인다. 이러한 조립질 구조 덕분에 소위 미문상구조(implication-structure)는 사라지고, 최종적으로 타형질(allotrio-

---

6) 梁山(양산).
7) 梵魚寺(범어사).
8) 金井山(금정산).

morphic) 광물들이 단순히 결합된 모습만 나타난다. 간혹 회조장석의 깨끗한 결정이 신선한 색상(flesh-colored)을 띤 정장석의 핵 구실을 한다.[9] 둘 모두 어느 정도 카오리나이트화 작용을 받았지만, 백운모로 바뀌지는 않았다. 비록 암석의 광물학적 구성은 반화강암(aplite)과 비슷하지만 이것을 화강암으로 부르는 것은 적절지 않다. 왜냐하면 이들의 산출 상태와 조립질로 보아서는 화강암과 유사하지만, 이 암석 가운데에서 장석 그라이센(feldspar-greisen)이 출현하기 때문이다. 린네(Rinne)[10]는 화강암질 기질에 정장석 반정이 있는 화강암에 대해 청도암(tsingtauite, 화강반암의 변종)이라는 이름을 붙였다. 이 암석은 간혹 석영이 장석 대신에 반정으로 발달하는 경향이 있어, 석영 청도암(quarz-tsingtauite)[11]이라고도 부른다. 어쩌면 각섬(Kiau-tchau)과 조선의 화강암은 같은 기원일 것이다.

감고개 주막[12]에서 주도로를 따라 가다가 금정산 산각을 넘으면 무량[13]에 이르고, 다시 범람원을 가로 질러 낙동강 하안에 있는 구포에 도달한다. 그 후 나룻배를 타고 폭이 6km에 달하는 3개의 분류를 건넜는데(도판 Ⅰ. 사진 2), 이 하천은 부분적으로 경작되고 있는 모래사주에 의해 3개의 분류로 나뉘어져 있다. 또한 웅덩이들과 소규모의 논이 있다.

---

9) 이것은 조선의 화강반암에서 항상 반복되는 특징정인 현상이다.
10) *Zeitschr. d.'D. geol. Gesell. Bd.* 56, S. 144, 1904.
11) 나는 나중에 이 암석을 마산암(masanite)이라는 이름으로 부른다. p.41 참조.
12) 甘峴酒幕(간현주막).
13) 茨苒(자염).

이곳 모래의 퇴적은 주변 지형과 하천 유수를 무력하게 만드는 조수의 영향 때문에 특히 왕성하다. 이 보다 상류의 낙동강은 까치원관14) 협곡을 통해 흐른다. 이곳 암석 단애에는 한때 망루의 역할을 했던 같은 이름의 옛날 성문이 아직도 서 있다. 이곳은 육지나 바다에서 침입하는 적들을 경계하고 화물선의 짐을 수집하는 데 이용되기도 했다. 하천은 물금15)의 좁은 유로를 벗어난 후 운반해오던 모래가 퇴적되는 넓은 범람원으로 진입한다. 이곳 소규모 개활지는 쉽게 해체될 수 있는 화강암 지반의 삭박작용에서 비롯된 것이다. 내륙에서 종종 볼 수 있는 오목한 분지 대부분은 차별 삭박에 의해 같은 방식으로 형성된 것이다.

서편 하안에 마방과 주막이 있는 선바위16)라 불리는 곳에 정박했다 (도판 Ⅰ. 사진 2). 그 후 산정이 녹색 암석으로 덮여 있는 신어산17)을 제외하고 모두가 화강암질 암석(각섬석 화강암)으로 된 산의 남쪽 발치를 따라 김해까지 3km 거리를 정서쪽으로 나아갔다.

김해 ｜ 같은 이름을 가진 이 지역의 행정중심지인 김해 읍내18)는 소나무로 덮인 화강암 구릉(도판 Ⅰ. 사진 3) 중에서 벌채된 남쪽 사면에 위치해 있다. 다른 읍내와 마찬가지로 이 읍내도 장방형이며 3m 높이의 돌담으로 둘러싸여 있었다. 성곽으로 둘러싸인 취락 뒤쪽 사면에는 가락국의 시조인 김수로왕의 부인 유골이 묻혀있는 원추형의 무덤이 있다(도

---

14) 鵲院關(작원관).
15) 勿禁(물금).
16) 仙岩(선암).
17) 神魚山(신어산).

판 Ⅰ. 사진 3 참조). 가락국은 낙동강과 지리산 산맥 사이에 위치하면서, 동쪽의 신라와 서쪽의 백제라는 경쟁 왕국 사이에서 AD 42년에서 533년까지 존속했다. 이러한 연유로 가락국은 진구 황태후가 당시 임나(任那)[19]라 불리던 국가인 신라를 정복한 이후 파견한 일본 섭정의 지배하에 있었다고 감히 말할 수 있다. 이 일은 섬나라가 최초로 대륙의 일부를 영구히 점령한 사건에 해당된다.

김해를 출발해 임호산[20]을 둘러보았다. 이 산은 고도가 낮은 독립 구릉(도판 Ⅰ. 사진 2)으로 세립질의 마산암[21]과 관련이 있는 거무스름한 석영반암(quart-porphyry)으로 이루어져 있다. 이 암석이 맥상으로 나타나는지 유동구조를 보이는지는 불분명하다. 하지만 후자가 훨씬 유력하다. 석영반암이 각력암과 함께 나타나기 때문에, 반암의 분출 이전에 석영반암이 분출한 것으로 보인다. 석영반암과 분암, 다시 말해 산성암과 중성암의 관계에 대한 완전한 이해는 경상계의 지질을 해석하는 데 있어 가장 근본적인 것이다. 그러나 불행히도 나의 관찰은 너무나 조잡해서 이에 대한 결정적인 견해를 확보하지 못했다.

---

18) 이노우에 씨는 이곳에서 웅천을 거쳐 마산포에 이르는 남쪽으로의 우회 여행을 했다. 이를 통해 세 가지 화성암, 즉 석영반암, 투휘석분암, 마산암 및 파생 암석의 공간적 분포에 관한 나의 관찰이 보완되고 확대되었다. 그는 김해에서 범람원을 지나 산의 발치까지 남서쪽으로 간 후, 다시 멀리 남쪽으로 가면서 웅천에 이르는 여정에서 마지막 나타나는 구릉에서 분암을 확인했다. 웅천의 동쪽과 서쪽 약 2.5km 지점에서 석영반암을 발견했다. 이것은 내 여정에서 김해와 냉정 사이에서 발견했던 같은 암석의 남쪽 연장과 일치한다. 계속해서 그는 마산포 부근 봉바위에서 동쪽으로 4km 떨어진 마산암 지대까지 분암 지대를 지나갔다. 이에 대해서는 나중에 언급해야 할 것이다(p.36). 천지봉의 정상은 아마 분암일 것이다.

19) 任那(임나).

20) 臨虎山(임호산). 도판 Ⅰ. 사진 2의 원추형 구릉.

21) p.41 참조.

10km쯤 떨어진 곳에서 부다리[22]라는 갈대 늪을 나룻배로 건너고, 심하게 풍화를 받은 석영반암으로 된 각력암의 낮은 고개 마루를 지나, 김해로부터 오는 길과 마주치는 곳에 있는 개천까지 갔다. 적색토로 풍화된 가는 띠가 있는 밝은 색의 규장질 응회암(felsitic tuff)이 계곡 바닥에 노출되어 있는데, 여러 방향으로 기복이 있지만 거의 수평으로 놓여 있다. 현미경으로 관찰하면, 장석의 미세한 분광 파편과 비정형의 미립질(dust)로 이루어져 있고, 이들이 너무 미세하게 혼합되어 있어 현미경 분석으로는 더 이상 자세한 내역을 알 수 없다. 이 구릉은 남쪽으로 남해안의 웅천[23]까지 연장된다. 반면에 녹색 각력암은 이미 언급한 호상 응회암(banded tuff)을 덮으면서 북쪽의 높은 바위산을 이루고 있다. 동일한 각력암이 각섬석 분암으로 이루어진 괴상의 암상과 호층을 이루면서 멀리 냉정[24]까지 서쪽으로 이어진다. 냉정과 그 주변에서 인상적인 것은 다른 조선 사람들의 습관적인 불결함에 대비되는, 주민들과 주택들의 청결이었다. 다른 마을에서 보는 둥근 초가지붕 대신에 짚으로 된 사각 지붕은 일본의 시골 풍경을 생생하게 회상시켰다.

이곳부터 우리는 동일한 녹색 암석[25]으로 된 고도가 낮은 냉정고개를 오른 후 낙동강을 향해 북쪽으로 열려 있는 관장터[26]의 애추사면 아래로 내려갔다. 소나무가 듬성듬성 서 있는 이 산맥은 남북 방향으로 달리고 있고, 화강암질 암석에서 전형적으로 볼 수 있는 높게 깎아지른

---

22) 浮橋(부교).
23) 熊川(웅천). p.37의 각주 18 참조.
24) 冷井店(냉정점).

담황색 사면 아래 애추 기저부에서 끝이 난다. 남쪽으로는 화강암으로 된 동서방향의 나림산[27](734m)이 있는데, 녹색 각력암이 정상을 덮고 있고 미약하나마 동쪽으로 경사를 이루고 있다. 한편 서쪽에는 남북방향으로 달리는 화강암으로 된 용못산[28]이 나타난다. 그러나 산정을 덮고 있는 녹색 분출암은 서쪽으로 경사를 이루면서 대단히 가파른 절벽을 이루고 있다. 우리는 이슬치[29]라 불리는 130m 높이의 용못산 안부를 넘었는데, 이곳은 부산과 마산포 사이의 전략적 요충지로 히데요시의 두 번째 침략 때 대규모의 전투가 있었던 곳이다.

관장터에서 이슬치 고개로 가면서 자갈로 된 애추사면을 5km 이상 걸어 오르막 밑에 도착했다. 이곳에서 주변 지역의 기저부를 특징짓는 아주 특이한 암석을 발견하였다.

이 암석은 한편으론 세립질 화강암, 다른 한편으론 석영반암의 외양을 지닌 밝은 잿빛 암석이다. 풍화된 표면은 색상이나 구조에서 경석과 다르지 않다. 정장석-석영 석기 속의 장석은 풍화로 제거되어 구멍이 숭숭 뚫려 있어 회색의 경석과 유사하게 보인다. 게다가 5mm 크기의 사장석 반정 역시

---

25) 이노우에 씨가 수집한 표본에서 아주 흥미로운 현상이 발견되었다. 그것은 휘석분암으로 된 각력암으로, 부식된 석영이 규장반암(felsophyre) 조각을 둘러싸고 있다. 이것은 분암 기반의 녹색빛 용융 각력암(fusion-breccia)이거나 마찰각력암(friction breccia)이다. 또한 우리는 여기서 석영반암과 분암이 함께 산출되는 사례를 발견했다. p.38 참조.
26) 關場基(관장기).
27) 羅林山(나림산).
28) 龍池山(용지산).
29) 露峙(노치).

풍화로 제거되어 변형된 암석 표면에 동그란 구멍이 뚫려 있다. 또한 아주 드물게 육안으로도 확인되는 석영 입자도 보인다. 물론 이는 대기 중의 풍화에 강하다. 정장석과 석영 두 광물의 완벽하고도 동시적인 결정화는 양이나 크기에서 두 광물이 거의 일치한다는 점에서 확인될 수 있다. 그 결과 여러 다른 방향으로 흩어져 있는 비교적 자형이고 등축정계인 정장석[30]이 약간 나중에 결정화된 석영과 함께 결정화되어 있다.

현미경에서 보면 두 광물은 1mm 크기이고 그 형태는 다각형인데, 서로 맞물려 있거나 연정구조를 하고 있다. 그러나 석영은 여러 개의 입자를 통과하면서도 광학적 연속성을 보여주고 있어, 석영은 정장석이 그 사이에 끼어있는 하나의 판으로 간주해야 할 것이다. 따라서 이것은 일상적인 페그마타이트 구조가 아니라 반페그마타이트(antipegmatitic) 구조인데, 왜냐하면 전자에서는 정장석이 기반(base)이 되기 때문이다.

또 다른 특이한 모습은 경계가 불분명한 장석반정이 갖고 있는 사장석만의 예외적인 특성이다. 즉 장석반정은 다른 물질 속으로 점점 융합되지만 석영과 그것과의 미르메키틱(Myrmekitic) 연정은 단지 반정의 주변부에서만 나타난다. 한편 문상반암(granophyre)에서 충식상 석영(quartz vermiculé) 형성의 일반적인 관례와는 대조적으로, 염색법에 의해 확인된 적색 충식상 정장석이 들어있는 석영 입자를 발견했다.

이외 다른 유일한 광물은 미량의 흑운모이다. 일반적인 기질 속에 있는 정장석은 모두 고령석화 되었지만, 위에서 언급했듯이 사장석 반정은 아주 신선하고 순수하다. 그러나 특이하게도 사장석 반정에는 수많은 벽개(cleft)가 지나고 있어 유리질처럼 보인다. 그 결과 일반 기질로서 장석과 반정, 특

---

30) 산성암에서 정장석은 거의 등경(equidimentional)이다.

히 후자는 부서지기 쉬운 특성 때문에 쉽게 제거되면서 경석(輕石, pumice) 같은 외양을 갖게 된다. 이 암석은 창원 병반에 의해 주변 고결화(marginal consolidation) 된 암석의 일부이다.

이미 간략하게 언급했던 여러 가지 특이한 모습 때문에 암석학적 시스템에서 이 암석의 적절한 위치를 자리매김하기가 쉽지 않다. 비록 제법 조립질이지만 병반의 주변 물질을 맥암(dyke rock)에 포함시키는 것이 적절하다면, 이 암석은 반정질 반화강암(aplite)일 것이다. 만약 석영반암이 분출암에 해당하는 것으로 이해된다면 이 암석은 석영반암은 아니다. 비록 외양은 의심의 여지없이 화강암류이지만 구조로 보아 미화강암질반암(microgranite-porphyry)은 아니다. 어쩌면 린네가 맥암으로 간주했던 청도암(정장석 반정이 함께 있는)일지 모르겠다. 타형 석영와 사장석 반정이 포함된 반정질 장석 영운암(greisen)은 일부 광물에서 다른 화강암류와는 다르기 때문에, 나는 이 유백암(lencocrate)에 대해 마산암(masanite, 사장석 청도암)이라는 이름을 붙이고자 한다. 실제로 자유항 마산포 부근에 화강암 병반이 출현하고 있고, 마산포 주변 지역에 마산암이 분포하고 있다. 같은 암석이 창원 부근의 구룡 동광산(p.32)에서 다시 나타나며, 이 암석에 대해서는 이미 금정 병반(p.34)에서 언급한 바 있다.

| 마산암 |

우리는 이슬치 정상에서(390m) 다시 한 번 녹색 암석층(주향 N.10° E., 경사 N.W.)을 만났다. 이 암석은 이슬 주막까지 내려오면 마산암으로 바뀌면서 이내 사라진다. 같은 암석으로 된 구릉의 낮은 안부를 넘고 자여[31]를 통과한 후 민둥산 발치를 따라 상골[32]에 도착했고, 이곳에서 우리는 밀양[33]에서 오는 길과 만났다. 그 후 마산암으로 된 한 언덕

을 넘어 창원으로 갔다. 도착하니 1901년 1월 26일이었다.

창원

창원[34]은 성벽으로 둘러싸인 번화한 읍내로, 장이 선 듯 주변 마을로부터 사람들이 몰려와 북적거리고 있었다. 이 읍(도판 Ⅱ. 사진 1)은 화강암으로 된 작은 침식분지의 사면에 위치해 있으며, 북서쪽에는 정상이 쌍봉으로 된 급경사의 천주산[35]이 있다. 마산암으로 된 이 산의 기저부는 녹색 분암에 의해 반 이상 덮여 있다. 색상의 차이로 읍내와는 뚜렷하게 구분된다. 정상에서는 칠원을 향해 북쪽으로 급경사가 나타난다.

구룡 광산

읍내에서 북쪽으로 4km 떨어진 구룡 동광산[36]을 조사하기 위해, 굴터치[37] 고개(105m, 도판 Ⅱ. 사진 1)를 향해 북쪽으로 올랐다. 고개 마루는 개략적으로 마산암과 녹색 분암의 경계와 일치한다. 정상에서 북쪽으로 동서방향의 무릉산[38] 산맥을 볼 수 있다. 이 산맥은 칠원[39]의 무릉산에서 최고봉을 이루며 동일한 분암과 이로부터 파생된 암석들로 이루어져 있는 것으로 판단된다. 고개로부터 북쪽으로 하천을 따라 내려가면 고바위[40]에 이른다. 이곳에는 전형적인 마산암의 풍화면이 경석

---

31) 自如(자여).
32) 上谷(상곡).
33) 密陽(밀양).
34) 昌原(창원).
35) 天柱山(천주산).
36) 九龍銅山(구룡동산).
37) 掘峙(굴치).
38) 武陵山(무릉산).
39) 漆原(칠원).
40) 高巖(고암).

과 같은 특성을 보이면서 노출되어 있다. 동쪽으로 10분 가량 언덕을 오르면 동광산(읍내로부터 6km)에 도착하는데, 마키 씨의 소유이다. 이 광산[41]은 구룡산(460m)의 서쪽 발치에 있다.

모암은 도처에 분포하는 녹색 분암[42]이다. 그 속에 5~6 피트 두께의 광맥이 5열을 이루면서 평행하게 달리며, 서쪽으로 기운 채 N.10°E. 방향으로 뻗어 있다. 광맥의 물질은 황철광의 12면체들이 곡선의 아름다운 줄무늬를 지닌 채 흩뿌려져 있는 녹색 기질로 되어 있다. 광맥의 한가운데에 황철광과 뒤섞여 있는 괴상의 반동광(bornite)과 황동광(chalcopyrite)이 있다. 이들 중에서 반동광이 광체에서 최고의 품위를 지닌 부분으로 간주되고 있다. 녹색의 이상(泥相) 물질이 암맥을 이루고 있으며, 이는 광물질을 지닌 물과 기체에 의한 후화산 활동으로 분출분암(porphyrite-flows)이 분해되면서 형성된 것이다. 이는 헝가리나 세르비아에서 보고된 소위 Glauch 혹은 Glamm과 같은 것이다. 내가 이 동광산에 왔을 때, 몇몇의 인부들은 채굴 작업을 하고 있었다. 동광산의 소유주인 마키 씨는, 4km 북쪽으로 가면 반야동[43]이 나오고 그곳 하안에는 조선 사람들이 한때 화강암질 암석의 방연광에 포함된 은을

---

41) 이노우에에 따르면(loc. cit.), 이 광산은 약 20년전에 문을 열었고, 조선 왕의 감독 하에 운영되었다. 이 광산은 1893년에 한 일본인에게 양도되었다. 1904년 이 광산에서는 한 달에 20,000킬로그램 생산되었고, 전량이 오사카로 보내졌다. 하지만 1905년 고품위의 광석이 고갈되어, 같은 해 이 광산은 폐기되었다. 광맥의 주향은 N.10°E.이고, 그 길이는 주향 방향을 따라 50~60피트 가량 되며 양쪽 끝으로 갈수록 점점 가늘어진다. 광석에는 35.25%의 구리가 함유되어 있지만, 일반적으로 그것의 20%만 제련된다.

42) 이 암석은 풍화면에서 확연하게 볼 수 있는 작은 반상 사장석을 함유한 녹색의 비현정질 암석이다. 휘석은 완화휘석(enstatite)의 풍화물과 유사한 풍화물을 지닌 투휘석(diopside)이다. 반정질 사장석은 단지 몇몇 엽편상 쌍정을 지니고 있으며, 결정은 (010) 면을 따라 매끈하다.

얻기 위해 작업하던 오래된 구덩이가 있다고 말해주었다. 나는 이 대목에서 녹렴석과 관련해 천주산 정상에 자철광이 있을 것이라 말할 수 있다. 나는 두 곳 모두에서 광물 표본을 재취했다. 자철광 암맥은 이미 언급한 부산의 그것과 같은 카테고리에 포함되는 것으로 판단된다(p.32).

창원을 출발해 반룡산[44](도판 Ⅱ. 사진 3) 주위를 돌면서 처음에는 마산암 지대에서 남동쪽으로 가다가 다시 서쪽으로 돌면, 최종적으로 봉바위[45]에서 마산포라는 항구의 초입에 이르게 된다. 이곳에서는 염전과 품위가 낮은 구리 퇴적층을 볼 수 있는데, 후자는 마산암을 덮고 있는 녹색 각력암 층을 따라 노출되어 있다. 반룡산은 녹색 분암으로 된 단절 외좌층(detached outlier)으로, 그것의 지질은 주변의 그것과 같다.

마산포   마침내 우리는 최근에 개항한 마산포 항에 도착했다(도판 Ⅱ. 사진 3). 이 항구는 이전에 합포[46]라고 불렸고, 몽골 장군 홍[47]과 고려 장군 김[48]의 연합군이 결코 잊을 수 없는 북규슈의 하카다 침공을 준비하고 출진한 곳이다. 그러나 연합군은 1281년 쓰시마 해협에서 만난 폭풍으로 괴멸되고 말았다. 또한 우리는 몽고 침입자들이 사용했다고 하는 우물(몽

---

43) 班也洞(반야동). 이노우에에 의하면 425m 높이의 백월산(白月山) 주변의 몇몇 은광산은 동광산으로부터 약 4km 북쪽에 위치해 있다. 이 산의 남쪽 발치에 앞에서 언급한 반야동이 있고, 북쪽 발치에 북괘라는 다른 마을이 있다. 이 일대 역시 녹색 분암이 덮고 있다. 반야동에는 이전에 대부분 방연석 광석을 채굴했던 수많은 개울과 웅덩이가 남북방향으로 배열되어 있다. 지금도 주변에서 별견되는 맥석들은 보통 0.001%의 은을 함유하고 있다. 북괘에서는 0.2~1.0피트 두께의 석영맥이 발견되는데, 남북방향으로 1,000피트 가량 뻗어 있다. 수많은 옛 광산들이 이 암맥을 따라 지금도 발견된다.
44) 盤龍山(반용산).
45) 鳳岩(봉암). p.37의 각주 18 참조.
46) 合浦(합포).
47) 洪茶丘(홍다구).
48) 金方慶(김방경).

고정)도 찾을 수 있었다. 이곳에는 역사적으로 중요한 또 다른 유적이 있다. 1592~1598년 히데요시의 침공시 시마즈[49] 번주의 요새(도판 Ⅱ. 사진 3 참조)에 대해 언급하고자 한다. 이 요새는 원래의 마산포 마을 뒤에 있었고, 그 자체는 여느 곳이나 마찬가지로 녹색 분출암으로 덮인 화강암으로 된 낮은 언덕이다. 이곳은 마산포 항구의 형성과도 밀접한 관계가 있는 변위(displace ment)에 의해 떨어져 나온 단절산지지괴(detached orographic block)이다.

마산포 수로와 진해만(여기서의 진해만은 현재의 진해만이 아니라 진동의 앞바다를 말한다. - 역자 주)은 혀처럼 내민 갑에 의해 분리된 쌍둥이 만으로, 거제[50]라는 커다란 섬에 의해 그 전면이 보호를 받고 있다. 두 만은 거제와 가덕도[51] 사이에 있는 남동쪽을 향한 입구를 함께 쓰고 있다. 두 항구는 산지로 둘러싸여 적절하게 방어할 수 있으며, 안전하게 정박할 수 있을 정도로 수심이 깊다. 이 두 항구는 한반도의 남동쪽 끝에 있는 중요한 항구로 성장할 운명이다.

이전 내 논문[52]에서 몇몇 남북방향의 조선 산맥들이 남해 다도해의 헤드랜드에서 끝나고 그에 상응하는 해안선 굴곡이 나타난다고 밝힌 바 있다. 마산포와 진해만은 이러한 만입의 전형적인 예이다. 이곳 해협이 좁아지고 넓어지는 것은 확실히 동서방향의 한산산맥과의 교차에

---

49) 鄧月郎(등월랑).
50) 巨濟島(거제도).
51) 加德(가덕).
52) "An Orographic Sketch of Korea." *Journ. Coll. Sci.* Imperial University of Tokyo, Vol. XIX. Article Ⅰ. pp.21 and 30. - 이 책에서는 부록 p.362와 p.374.

의한 것이다.

우리는 마산포[53] 또는 마포에서 남남서쪽으로 13km 떨어져 있는 진해를 향해 나아갔다. 서쪽 산지의 단애(759m)는 여느 곳과 마찬가지로 녹색 분출암의 각력암과 응회암이 덮고 있는 당상(saccharoidal)의 마산암이라는 이중 구조로 이루어져 있다. 외국인 거주지(도판 Ⅱ. 사진 3) 남쪽 끝 월영동[54]으로부터 밤치(마산암)의 고개 마루에 올랐다. 토양화된 흰색의 석영반암(공융반암, eutectophyre)이 판상으로 완전하게 쪼개지지 않은 채 밤치의 정상을 덮고 있다. 같은 흰색 암석이 동쪽 아래로 밤구미[55] 만까지 뻗어 있는데, 이곳이 바로 말 많고 탈 많은 러시아 해군기지이다.

초라한 소머리[56] 주막으로 내려와서는 다시 동전치[57]라는 오히려 더 높은 고개(347m)를 오르기 시작했다. 동전 마을이 있는 고개 남쪽 발치에서 보이는 녹색의 치밀한 암석이 석영반암을 다시 덮으면서 대치되었다. 나는 여기서 회색 분암으로 된 역암, 적색 사암질 셰일, 청회색의 치밀한 프린트질(flinty) 암석을 보았는데, 마지막 암석은 멀리 진해에서도 볼 수 있다. 세 번째 암석은 흑운모와 석탄질 물질과 함께 대단히 미세한 분광광물로 결합된 석영, 장석, 흑운모 파편(splinter)들로 이루어져 있는 것으로 판단된다. 이것은 실트와 함께 바다 밑에서 분급되고 퇴적된 화산회로, 전체가 병반의 관입에 의해 치밀한 암석으로 변성작용을 받았다.

지금까지 이 여행에서 지질학적으로 대단한 복합체, 즉 판상의 녹색 분출암과 그것의 파생 암석이 덮고 있는 마산암 및 이와 유사한 석영–

53) 이노우에(loc. cit)는 왼편 길을 이용해 함안으로 가서 나중에 반성에서 우리와 합류했다. 함안 읍내로 가는 길 중간 쯤에(7km) 많은 금 사광이 있었으며, 용담은 현재도 운영되고 있다. 용담에서 금을 함유하고 있는 지대는 약 25km² 가량 되고 함안, 창원, 칠원 세 지역이 만나는 곳으로, 200~300m 높이의 동서 및 남북 방향 능선들이 지나고 있다. 이곳은 적색 및 흑색 이질 세일과 상부 경상계의 No.2 층과 No.3 층의 일부(도판 XXXIV. 제1차 횡단여행 지질단면도)인 녹색 띠가 있고 경화된 이토질 층응회암(tuffite)의 복합체로 이루어져 있으며, 분암, 공용반암, 화강반암의 암맥들이 이 층들을 다양하게 관입하고 있다(용당). 동쪽 경계를 따라 전체적으로 녹색 분암의 암상이 덮고 있다. 가장 두드러진 맥암은 투휘석 분암으로, 이들 암석의 일부에는 마그마 용식(magmatic corrosion)을 경험한 각섬석이 소량 포함되어 있다. 이노우에는 심하게 분해되어 결국 석회질이 된 유사한 암맥을 함안에서 반성으로 가는 길에 있는 같은 복합체에서 발견하였다.

금은 맥상으로 산출되고 또한 모래층에 섞여 있다. 보통 2~5인치 두께의 석회질 및 석영질 암맥은 N.N.W. 방향으로 4km나 뻗어 있으며, 모암과는 달리 언각은 S.W.이다. 모암은 암맥의 경사와는 반대 방향으로 기울어져 있으며, 이 귀금속과 발생적 관련성을 지녔음에 틀림 없는 석영반암과 인접해서 산출되고 있다. 석영맥에서 농집된 곳의 은 함유량은 0.0022% 그리고 금 함유량은 0.0024%까지 높아지지만, 보통 석영맥의 금 함유량은 0.0002%이고 은은 없다. 용담, 무이골, 돌밭, 감촐바위, 그리고 용당 등지에서 2~3피트 두께의 진흙으로 덮인 자갈 하상으로부터 사금을 채취하고 있다. 금은 기저 역 아래 단단한 기반암과의 접촉면 부근 5~10피트 두께의 기저 역에서 많이 산출된다. 기저부에 사금이 집중되는 이유는 아마 자갈과 모래의 재배치 및 중력에 기인하는 것으로 추측해 볼 수 있다. 이노우에는 기저층에 있는 자갈에 코팅된 금을 알아채지 못했다. 용담 지역에서 금광 사업이 현재 쇠퇴하고 있는데, 이는 부분적으로 자연자원의 고갈과 유량의 감소에 기인한다. 龍潭砂金區(용담사금구).

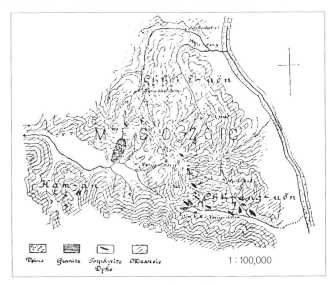

용담금사광(이노우에)

장석 암석 지대를 지나왔다. 이제 우리는 지질학적으로 더 오래된, 층서적으로는 더 아래에 있는 복합체로 이루어진 지역에 들어섰다.

진해는 같은 이름을 가진 만의 북쪽 끝에 있는 초라한 성곽 도시이다. 이 도시는 우리를 이 지점까지 따라오게 한 통천[58]이라는 시내와 이름 없는 개울 사이에 위치하며, 이 두 하천 모두 진해만으로 유입된다. 이 만의 동쪽은 경사가 아주 급하고 규칙적인 능선에 의해 제대로 보호를 받고 있다. 우리는 이미 언급한 동전 고개에서 이 능선을 넘어온 바 있다. 한편 서쪽은 섬들이 점점이 떠있는 고도가 낮은 구릉상의 구불구불한 해안선으로 이루어져 있다. 주변의 경관은 훌륭하다. 만의 일부분은 러시아인들이 블라디보스토크와 여순 사이의 기항지로 쓰기 위한 해군 기지로, 러시아인들이 무척이나 탐을 내던 곳이었다. 읍내는 함안을 향해 북서쪽으로 열려 있고, 거기서 고도가 낮은 구릉을 지나면 낙동강으로 이어진다.

진해

진해[59] 읍내에서 출발해 이름 없는 개천을 건너 서쪽 하안으로 나아갔다. 거기서 녹회색과 밝은 황색 줄무늬의 프린트질(flinty) 암석과 흑색 점판암이 교대로 나타나는 새로운 층을 발견했다. 현미경으로 보면,

---

54) 月影洞(월영동).
55) 栗九味(율구미).
56) 牛頭(우두). 이 지명은 조선에 흔한 지명이다. 우리 역사가에 의하면 유명한 일본 신의 이름인 소수노오 혹은 고주렌노(일본해를 건너 이주모 번까지 건너간 것으로 알려진 소머리 신)는 소머리라는 단어가 변조된 것이다.
57) 東田峙(동전치).
58) 通川(통천).

단단한 이 변성암에는 석영-장석의 기질(mass) 속에 석탄질 입자와 흑운모가 들어 있으며, 밝은 색 띠에는 녹렴석과 유사한 미세한 입자가 대단히 풍부하다. 동일한 변성암이 북쪽으로 50km 떨어진 낙동강 좌안의 영산[60]과 창녕[61] 사이에도 많이 나타난다. 이로부터 판단하건데, 경상도에 있는 거의 모든 암석이 그러하듯, 이 암석 역시 남북방향으로 뻗어 있다. 진해의 변성암[62]은 약간 남쪽으로 경사를 이루고 있지만, 구릉의 안부(방고개)를 지나 진해에서 남쪽으로 4km 떨어진 돌밑[63]에서는 북쪽으로 경사를 이루고 있다. 따라서 동서방향의 골축(trough-axis)을 지닌 향사층이 존재하고 있음에 틀림없다.

동서방향의 능선(도판 Ⅲ. 사진 1) 사이에서 서쪽으로 뻗어 있는 좁은 띠 모양의 논이 돌밑[64]부터 나타나며, 여기 암석은 이전의 것과 마찬가지이다. 도로는 전과 마찬가지로 남쪽으로 약간 기울어진 이회질 및 프린트질 암석의 성층면 위를 지나고 있다. 고도가 300m 가량 되는 돌출단애는 암석의 특성과 산출 양식을 보아 같은 내력을 지니고 있다. 논의 가장자리(도판 Ⅲ. 사진 1 참조)를 따라 서쪽으로 가면 논은 점점 더 높아지고 좁아지며, 북쪽으로부터 흘러든 자갈(cobble 급)이 풍부한 작은 개천에 최종적으로 도착한다. 이곳 평지는 같은 자갈로 완전히 덮여 있다.[65] 북쪽 급경사 산지는 짙은 회색이고, 그것의 단애는 듬성듬성 서

---

59) 鎭海(진해).
60) 靈山(영산).
61) 昌寧(창녕).
62) 도판 XXXIV. 제1차 횡단여행 지질단면도에 표시된 Series No.2 (sh).
63) 岩下(암하).

있는 소나무로 일부 가려져 있지만 자갈 애추로 완전히 덮여 있다. 조선의 이 지역에서 수목을 만난다는 것은 오히려 이상한 일이다.

결국 봉암[66]에 도착했지만, 전과 같은 회색 줄무늬의 치밀한 암석으로 된 발치[67](고도 100m) 위의 낮은 고개를 다시 올랐다. 분수계에서

---

64) 야베는 내 수중에 있는 어떤 지도에도 나오지 않는 소로를 따라 지름길로 돌밑에서 남해안에 있는 사천까지 34km의 우회 여행을 했다. 여정의 전반부는 이회질 셰일과 경화된 녹색빛 응회암으로 된 산악지대이며 선동치에서 미립질의 마산암 옆을 지난다. 후반부는 적색 응회암과 녹색 이회암으로 된 구릉성 길이며 종종 역암이 이들 기저에 나타난다. 회색 사암과 암색 이회암의 복합체는 사천에서 진주로 가는 발가벗은 구릉지대(60m)에서 볼 수 있으며, 진주에서 우리는 야베의 경로와 합류하였다. 내 여정을 설명하는 장에서 알게 되겠지만, 우리들의 관찰 결과는 기대 이상이었다. 위에서 언급한 마산암은 뢰빈슨-레싱(Löwinson-Lessing)이 명명한 우백암이다. p.41 참조.
암색의 이회암에는 일련의 단괴(직경 2cm)들이 포함되어 있는데, 현미경으로 보면 유기물 구조가 나타나지만 자세한 특성은 확인할 수 없다. B. 고바야시 씨의 성분분석에 의하면, H_2O 0.31%, CaO 44.11%, MgO 0.689%, 미량의 P_2O_5였다. 또한 야베는 낙동 우체국 부근에서 식물화석층과 관련된 셰일 층에서 같은 단괴를 발견했다.

65) 나는 이 암석이 이 지역의 녹색 분암과 일부 관련이 있을 것이라는 라벨을 붙인 채 자갈 하나를 일본으로 가져갔다. 자세히 살펴본 결과 안데스 섬록암(andendiorite)으로 판명되었다. 외양에 비해 신선했는데, 조직은 중립질이고 색상은 밝은 회색이다. 구성 분량에 따라 나열하면, 사장석, 정장석, 석영, 각섬석, 흑운모, 휘석, 티탄석 순이다.
사장석(길이 1.4mm)은 유리질 특성을 지니고 있고, 신선하지만 열극으로 가득 차 있다. 중앙부에는 액체나 기체로 된 포유물(inclosure)이 배열되어 있다. 알바이트(albite), 칼스바드(carlsbad), 페리클라인(pericline) 방식의 쌍정을 이루면서 봉합선(suture line>)은 매끈하고 분명하지만, 그 폭은 매 엽층마다 달라진다. 베케(Becke)의 법칙에 의하면, $\omega < \gamma'$ 그리고 $\varepsilon > \alpha$이며, 최대 등소광각(maximum equal extinction)은 12~14°이다. 이상으로부터 우리는 이 사장석이 중성장석(andesine)과 유사한 것으로 추론할 수 있다. 형태는 자형이고, 가장자리에서 최대 소광각도를 보여주는 대상구조(zone-structured)를 지니고 있다. 사장석을 둘러싸고 있는 정장석은 석영과 페그마타이트 방식이 아니라 인터로킹 방식으로 결합되어 있으며, 광범위하게 고령석화 작용을 받았다. 보통의 녹회색 각섬석은 말단 면에서 섬유 모양을 하고 있으며, 간혹 담녹색 휘석 주변에서 피각반상성(perimorphic) 껍질이 형성되어 있다. 휘석은 단지 이러한 형태로만 산출된다. 갈색의 흑운모는 탈색된 녹색이다. 부성분 광물로는 결정과 입자의 형태로 티탄석과 덩어리나 결정의 형태로 자철석이 나타난다. 광물학적 구성과 구조로 보아 이 암석은 슈텔츠너(Stelzner)의 안데스 섬록암과 유사하다.

66) 鳳岩(봉암).
67) 發峙(발치) 혹은 王峙(왕치).

바라다보면 지세가 열려 있고 사면은 북서서쪽을 향하고 있다. 오른편에 놓여 있는 녹원산[68]은 단성[69]에서 남동쪽으로 이어져 온 것으로, 정동으로 진행하면서 이미 언급한 마산포와 진해 사이의 동전 고개를 지나 낙동강 하구에서 끝난다. 이는 이전 내 논문[70]의 부록으로 첨부된 지도에서 확인할 수 있다. 한편 왼편에는 이미 언급한 산맥과 평행하게 달리는 산맥이 있지만, 고도가 낮고 뚜렷하지 않다. 그 후 아무 것도 자라지 않는 자갈로 된 계곡 바닥을 따라 내려온 후, 외견상 장사가 잘되고 있는 반성[71] 주막으로 내려갔다.

경상도에서 행한 다른 횡단여행에서 얻은 지식을 근거로, 적색 이회암[72]과 회색 사암으로 된 기저 복합체를 볼 수 있으리라 기대했다. 반성 근처에서 그 층을 발견한 것으로 보아 내 예상이 정확했음이 입증되었다. 이 층은 다양한 각도로 동쪽으로 기울어져 있으며, 지금까지 거의 없었던 치밀한 변성암과 점판암 밑으로 들어가 있었다.

지질적으로 새로운 지역으로 진입하면서, 이 새로운 지층이 지형에 미친 심대한 영향을 삭박 고도에서 쉽게 확인할 수 있다. 즉, 우리 뒤에 있는 칙칙한 회색빛의 바위투성이 산지와는 달리 우리 앞에는 광활한 파랑상의 구릉성 저지가 펼쳐져 있다. 암석의 변화에 발맞추어 토양 역

---

68) 鹿航山(녹항산).

69) 丹城(단성).

70) "An Orographic Sketch of Korea." – 이 책에서는 부록. 이 산맥은 함안 및 의령 읍내와 이곳을 경계 짓는다.

71) 쌍둥이 마을 중에서 우리가 있는 곳은 일반성(第一班城)이다.

72) 이 암석은 산과 반응한다.

시 진흙이 많아지고 비옥해졌으며, 주민들도 외견상 풍족하고 비교적 청결했다. 덧붙여 말하면, 지층의 남북방향 주향은 주변 산지와 구릉에서 볼 수 있는 동서방향의 경향성과는 아무런 연관이 없음을 지적하고자 한다. 그 이유는, 소위 조선산맥 혹은 남북방향 산맥이 먼저 비스듬하게 기울어졌고, 그 활동에 의해 암석 복합체가 현재의 주향과 경사를 갖게 되었기 때문이다. 한편 한산산맥 혹은 동서방향의 산맥은 지질학적으로 그 이후에 발생한 변위(displacement)로 만들어진 것이며, 새로운 전위(dislocation)만이 현재의 지형지세[73]를 결정하였다.

반성

조선의 입장에서 보면 반성[74]은 커다란 마을임에 틀림없다. 약 200가구가 있고, 훌륭한 여관도 있다. 이 마을은 현재 우리가 지나는 길과 북쪽에 있는 함안에서 오는 길과 만나는 구릉지 사이의 분지에 있다. 함안으로 가는 길에는 여행자들이 거의 없다고 한다. 왜냐하면 이미 말한 동서방향의 녹원산 산맥에 있는 두 개의 고개(160m)를 오르내려야 하기 때문이다. 북동쪽으로 멀리 바라다보면, 그 산맥(도판 III. 사진 2)은 회색 변성암으로 이루어진 제법 낭만적인 단애의 모습을 하고 있다. 암석 단애들 사이로 호랑이가 출몰하여 특히 땅거미가 들 무렵이면 여행자들은 거의 없다. 밤이면 마을 사람들이 뿔피리를 부는데, 사나운 동물을 쫓아내기 위해 멀리서 고함을 지르는 것처럼 들린다.

진주는 반성으로부터 18km 떨어져 있다. 우리는 논을 지나 남서서쪽으로 2km를 나아가 늘음치[75] 고개(100m)에 도착했다. 이곳에서는 적

---

73) 이러한 지체구조선은 나의 이전 논문에 있는 지도에 잘 나타나 있다. Loc.cit.
74) 班城(반성).

색과 녹색의 이회암 노두가 나타나며, 주향은 E.20°N.이고 경사는 5° S.E.이다. 그 후 귀내[76] 주막으로 내려갔다. 북서쪽으로는 녹색의 휘석분암으로 된 2개의 고립 산체를 볼 수 있었고, 작은 하천이 지나는 자갈로 된 평탄한 계곡으로 가면서 이들 산의 남쪽 안부(180m)를 지났다. 이 하천의 북쪽에 200가구의 큰 마을인 초촌[77]이 있다.

| 적색 층 | 우리는 여전히 '적색 층' 위에 있다. 주변의 벌거벗은 구릉들은 자적색(purple-red), 양홍적색(carmine-red), 심지어 웅황색(orpiment-yellow)과 같은 인공적인 여러 가지 이상한 색상을 나타내면서 심하게 풍화를 받았다. 지형은 다코타(Dakota) 주의 베드랜드(bad land) 지형과 유사하다. 동쪽으로 미약하게 기울어진 이곳의 일반적인 경사와 일치하는 적색과 녹색의 이회암 단구들은 후남산[78]에서 가장 잘 보인다. 우리는 다시 모래로 된 범람원을 지나 나룻배를 타고 영강[79]을 건넜다. 나루터 부근에는 진회색의 이회암과 두꺼운 사암의 호층이 동쪽으로 약간 기울어진 채 적색 층 아래에 나타난다. 적색의 원인에 대해서는 오랫동안 의문거리로 남아 있었는데, 이것은 순전히 화학적 작용에서 비롯된 것이다. 나중에 호눙(Hornung)[80]이 이 현상에 대해 집중적인 관심을 보였다. 그에 의하면 특정 자연지리학적 조건에서 해수의 증발

---

75) 於音峙(어음치).
76) 耳村(이촌).
77) 招村(초촌). 현재의 진주시 문산읍을 말한다. – 역자 주.
78) 後南山(후남산).
79) 灆江(영강). 하천의 이 부분은 일반적으로 남강(南江)으로 불린다.
80) F. Hornung, "Formen, Alter und Ursprung des Kupfer-schiefererzed. – Zur Beurteilung der Mineralbildungen in Salzformation." *Z. d. D. Geol. Gus.*, Berlin, Bd. 54, 1904, S. 209.

에 의해 고농도의 소금물이 만들어졌고, 이것이 암석에 심각한 영향을 미칠 수 있었다고 한다. 이러한 할러가이트 변성작용(halurgometa-morphosis)의 특징적인 현상은 강력한 산화작용과 철의 적색(무수)산화물의 침전(NaCl이 있는 조건에서)이다. 그 결과 소금물에 휘록암이나 그와 유사한 암석으로부터 중금속이 농축되었다. 어쩌면 이것이 경상계 상층에서 토양에 나트륨 화합물이 풍부하고 화석 잔해가 없는 이유일 것이다. 내가 이 암석에서 발견되는 것을 '이회암 금(marl gold)'이라 부르는 것도 같은 이유라고 생각한다. 어떤 경우라 할지라도 광석을 함유하고 있는 암석은, 이 층에서 언제나 볼 수 있는 휘록암계 암석이다.

말치[81]라 하는 또 다른 구릉 안부를 올라야 했고, 거기서는 반성에서 18km 떨어진 우리의 목적지 진주를 내려다 볼 수 있다(도판 Ⅲ. 사진 3). 암석은 나루터에 있던 그것과 마찬가지이다. 이곳에서는 풍화가 산지 깊숙한 곳까지 진행되어 적색토로 된 두터운 용탈층을 볼 수 있다. 이회암이 사이사이에 끼어있는 단단한 회색 사암이 없었다면, 이 지역은 이전에 이미 침식기준면까지 평단화되었거나 혹은 오히려 비스듬하게 삭박을 받았을 수도 있었을 것이다.

나는 다시 한 번 지형에 미친 암석 특성의 영향에 대해 강조하고자 한다. 나는 반성에서 이곳 나루터에 도착할 때까지 적색 층[82]을 추적하였는데, 반성부터 진주까지 적색 층 아래에 놓인 회색의 이회암과 사암[83]

---

81) 馬峙(말치).
82) 도판 XXXIV. 제1차 횡단여행 지질단면도에 표시된 Series No.3 (ml).
83) 도판 XXXIV. 제1차 횡단여행 지질단면도에 표시된 Series No.4 (ms)와 No.5 (sdm).

을 보았다. 적색 복합체는 단단한 층응회암(tuffite)과 점판암 그리고 반성과 부산 사이 지역을 이루고 있는 또 다른 녹색 화산성 응회암과 각력암 복합체[84] 아래에 있다. 그 결과 동쪽으로 가면서 지사적으로 더 젊은 지층을 오르게 된다. 한편 적색 및 회색의 비화산성 퇴적암이 지리산 산맥 동쪽 기슭을 따라 30km 폭을 지닌 채 위도로 약 1.5도 가량 떨어진 멀리 상주까지 남북방향으로 뻗어 있다. 전체 산지는 데이비스 학파들이 장년기 혹은 노년기라 부르는 지형 경관을 보여주고 있다. 경상도 동쪽 반에 있는 녹회색의 화산암에 비해 서쪽의 이회암과 사암이 더 약하다는 이유 때문에 대기의 작용을 쉽게 받았고, 삭박작용의 결과 산지의 대부분은 단지 해발 30~40m 수준으로 낮아져 준평원을 이루고 있다. 경상도 내륙에서 홈통과 같은 침식대(erosion belt)를 보고 놀랄 것이다. 동쪽[85]이나 서쪽의 높은 산지라면 어디서든 깨끗하게 볼 수 있으며, 어느 쪽에서 오든 모든 하천은 평탄화된 이 지대로 배수된다.

진주

진주[86]는 경상남도 관찰사소재지를 포함해 1,000가구가 살고 있는 곳으로, 조선 사람들의 입장에서 보면 상당히 큰 요새화된 도시이다(도판 Ⅲ. 사진 3). 이 도시는 남강의 북안에 있는 낮은 구릉에 위치해 있

84) 도판 XXXIV. 제1차 횡단여행 지질단면도에 표시된 Series No.2 (sh).
85) 도판 XXXI . 사진 3 참조. 이 전경은 영산 읍내 북쪽 낙동강 동안의 높은 곳에서 본 것이다.
86) 晋州(진주) − 慶尙南道觀察使所在地(경상남도관찰사소재지).

고, 북쪽과 서쪽은 일본 영주의 성에 있는 해자와 마찬가지로 물로 채워진 폭 넓은 해자로 둘러싸여 있다. 한편 내부는 성곽에 의해 요새화되어 있다. 이 물길은 남강의 하도절단(cut-off)에 의한 구하도일 것이다. 진주는 한반도에서 가장 강력한 요새인데, 사실 조선의 여순(뤼순)이라 할 수 있다. 1597년 3월 히데요시는 호소카와와 나머지 6명의 번주 밑에 있는 조선정벌군 중에서 2만의 군사를 진주로 보냈지만, 그 성의 지휘관은 돌과 불화살뿐만 아니라 화승총을 우리 군대에 난사하면서 성공적으로 성을 지켜냈다. 일곱 장군들 사이의 불화가 주요 원인이되어 퇴각하지 않을 수 없었다. 이 이야기를 들은 히데요시는 화가 끝까지 나서 7월에 다시 가토와 고니시의 지휘 하에 더 많은 대군을 이곳으로 보냈다. 가토는 이미 언급한 말치 고개(도판 Ⅲ. 사진 3)[87]에서부터 세심하게 계획된 공격을 개시했다. 29일 피비린내 나는 전투 결과 성곽 내 6만 명의 군인과 시민들이 몰살했고 시 전체가 전소되었다. 그후 글자 그대로 살아 있는 모든 것, 심지어 가축이나 가금류까지 도륙이 났다. 그리하여 복수에 대한 히데요시의 갈증은 해소되었다.

나는 의도적으로 이 끔찍한 진주전투를 소개했는데, 왜냐하면 이 전투는 1592년부터 1598년까지 조선원정 기간 동안 가장 격렬했던 교전이었기 때문이다. 여행객들은 조선 사람들이 성곽내 언덕의 꼭대기에 세운 3곳의 붉은 색 사당을 볼 수 있으며, 이곳에서는 하천의 전경이 내려다보인다. 각 사당은 기다란 비문이 쓰인 커다란 현판을 둘러싸고 있

---

87) 진주의 사진 전경은 이 고개에서 촬영한 것이다.

다. 동쪽 사당은 슬픈 사건을, 가운데 것은 두 장군의 용맹스런 투쟁에 대해, 마지막으로 서쪽의 것은 지휘관 김천일[88]을 기념하기 위한 것이다. 흰 옷을 입은 조선 사람들은 당연히 야외활동을 좋아하고 경치를 즐긴다. 그들은 항상 남강의 남쪽 하안에서 그 사당들과 2층으로 된 커다란 촉석루[89]를 바라본다. 물가 절벽에는 동쪽으로 미약한 경사를 보이는 회색의 석회질운모사암(calcareo-micaceous sandstone)으로 된 두꺼운 단구가 노출되어 있다. 이것은 경상계의 기저층 중에서 최상 위층에 해당된다.

강력한 요새라는 점 이외에 진주의 위치는 지형학적으로도 제법 의미가 있다. 이곳은 영강(남강)의 전환점으로, 영강이 낮은 구릉지를 넘어 더 짧은 유로를 이루면서 이곳부터 사천[90]까지 단지 10km 떨어진 남해로 유입되는 대신, 영강진에 있는 영강의 만곡부까지 북동쪽으로 나아가다가 낙동강과 합류한다. 아마 유로 방향의 갑작스런 전환은 물길을 막는 동서방향 산맥의 융기에 기인하며, 그 결과 하천의 유로가 바뀐 것이다. 또한 진주는 남쪽 바닷가, 동쪽의 함안,[91] 남강 하류를 따라 북동쪽으로 낙동강, 서쪽의 하동[92]과 곤양,[93] 마지막으로 남강의 지류를 따라 북서쪽으로 전라도와 지리산[94] 지역과 소통하는 핵심 지역이

---

88) 金千鎰(김천일) Hokuhô(필명), The Annals of the Korean Expedition of the Bunroku-Keichô, p.110. (北豊山人著 文禄慶長朝撫쒜役).
89) 矗石樓(촉석루).
90) 泗川(사천).
91) 咸安(함안).
92) 河東(하동).
93) 昆陽(곤양).

다. 따라서 상업적 중심지이자 전략적 요충지이다.

진주 진주[95]로부터 작은 개울을 지나 구릉들의 가장자리를 따라 남서쪽으로 가다보면 모든 길에서 회색 이회암과 적색 운모사암의 두꺼운 층이 호층을 이루고 있는 것을 볼 수 있다. 일반적으로 약 10° 가량 동쪽으로 기울어져 있는데 모두 적색토로 풍화되어 있다. 이 층이 경상도에 있는 중생대 층의 기저부이다. 지형 형성 연대는 다르지만, 이 지역의 일반적인 지세와 암석은 중국 '사천성[96]'의 적색 분지(Red basin of Ssuchuan)'에 있는 적색 사암을 연상시킨다. 약 6km를 걸어 평거[97]에 도착했다. 이곳은 각섬석 변성편마암(hornblende-metagneiss)으로 된 자갈이 엄청나게 널려 있는 범람원의 가장자리에 있다. 우리는 여기서 남강의 급류를 건넜다. 이곳에는 지리산[98] 산맥의 북쪽 발치에 있는 함양[99]–산청[100] 지역으로부터 이곳까지 운반된 퇴적물이 쌓여 있다. 사암으로 된 가귀바위의 구릉 안부로부터 가귀골[101]에 있는 이 강의 또 다른

---

94) 智異山(지리산).
95) p.50의 각주 64에 짧게 요약된 여행에 이어서, 야베는 다음과 같은 지질층을 따라 북서방향으로 20km를 나아가면서 진주에서 남강 상류를 거슬러 올라갔다. 상부 층부터 나열하면 1)사암과 거무스름한 이회암, 간혹 전자는 역암질 사암; 2) 적색 응회암과 녹색 이회암; 3) 일반적으로 동쪽으로 기운 부서지기 쉬운 노르스름한 사암, 적색 응회암, 녹색 이회암. 단성에서는 이 복합체가 끝나고 그 아래에 있으며 홍대치 고개에 있는 암석과 정확하게 일치하는 각섬석 정편마암(ortho-hornblende-gneiss)으로 바뀐다. 이에 대해서는 p.62의 각주 112에서 언급할 예정이다. 같은 편마암은 나의 두 번째 여행에서 거치게 될 멀리 떨어진 산청에서 다시 만난다.
96) 支那四川省(지나사천성).
97) 平居(평거).
98) 智異山(지리산). 지리산은 집단명(group-name)이다.
99) 咸陽(함양).
100) 山淸(산청).

지류를 건넌 후, 서쪽을 향해 가니 고도가 높은 그 유명한 지리산 매시
프[102](1,842m)를 처음으로 완전히 볼 수 있었다. 이 산은 경상도와 전라
도의 경계에 있으며, 조선 남부의 지형적 선상구조(topographic
lineament)의 일반적인 주향과 일치하는 N.40°E. 방향으로 달리고 있
다. 지리산은 2개의 산맥으로 이루어져 있다. 앞에 있는 것은 동쪽을 향
해 진주 북쪽까지 지맥이 뻗어 있지만 북쪽에서는 곧장 끝난다. 하지만
고도가 더 높은 뒤편에 있는 것은 하동[103]까지 이어지며, 더 남쪽으로
연결된다. 우리는 완사[104]에서 잠시 휴식을 가졌다. 이곳은 같은 지질층

완사

으로 된 구릉지대 중에서 평평한 곳에 자리를 잡고 있다. 이곳 지질은
적색 백운모사암(경사 10°E)과 호층을 이루면서 흑운모를 포함한 몇 가
지 미확인 식물 화석의 흔적이 있는 회색 이회암으로 이루어져 있다.
이 층은 경상북도 상주 동쪽 불당고개[105]에서 나타나는 식물화석 층과
일치하는 지질층으로, 이곳에서 야베 씨는 일본 데토리통(Tetori series)
과 같은 유형의 식물화석을 상당히 많이 발견하는 행운을 누리기도 했
다. 그는 이 층을 조선에서 도거-마름(Dogger-Malm)기를 나타내는 낙
동통이라 명명했다.[106] 이에 대해서는 다시 이야기하기로 하자. 그 후

---

101) 加耳洞(가이동).
102) 지리산 최고봉(1,942m)에서 정점을 이루는 方丈峰(방장봉) 산맥.
103) 河東(하동).
104) 이노우에 씨는 해안에 위치한 사천에서 이곳 완사까지 오면서, 완사 4km 전부터 셰일(이회암)과
   사암으로 된 암회색 복합체 위로 난 길을 걸어왔다. 이 복합체는 적색토로 풍화되어 있다. 그의 우
   회여행은 우리들이 진주에서 지나쳐 온 앞서 말한 층들의 경계를 결정하는데 중요한 역할을 했다.
105) 佛堂峴(불당현).
106) H. Yabé : "Mesozoic Plants from Korea." *Journ. Coll. Sci.* Vol. XX. Article 8, 1905.

K. 이노우에 씨는 합천[107] 북쪽에서 같은 식물을 포함하고 있는 층을 찾았다. 앞에서 말한 지점들은 완사 노두에서 북쪽으로 각각 50km와 150km 떨어져 있다.

완사 남쪽으로는 구릉지대가 펼쳐져 있고, 앞에서 이야기했듯이 그곳에서 4km 떨어진 남쪽 바닷가에 곤양 읍내가 있다. 진주에서 이곳까지 여행객들은 거의 없고 주변 전부가 아주 시골이다. 사람들은 순박해 보인다. 모두 고도가 낮은 3개의 언덕을 넘으면 마지막에 봉계[108]에 도착한다. 이곳은 회색 이암질사암과 적색 운모사암 모두가 동쪽으로 규칙적으로 경사를 이룬 채 나타나고, 헐벗어 나무라고는 전혀 없는 낮은 적색 구릉들이 같은 방향으로 기울어져 있다.

봉계에서는 작은 개천 하나가 서쪽으로부터 와서 바다로 흘러간다. 이 하천 자갈에는 편암 지대가 인근에 있음을 암시하는 각섬석 변성편마암(metagneiss)이 포함되어 있다. 우리는 작은 하천을 따라 동일한 적색 사암을 지나 서쪽으로 나아갔다. 4km를 지나 북쪽으로 조금만 더 가면 좁은 협곡에 이른다. 이곳에는 줄무늬가 있는 세립질의 흑운모 변성편마암(meta-biotite-gneiss)[109]이 사암 복합체 아래에 있다. 시한이 촉박한 여행이라 이곳 퇴적암기원 편마암(sediment-gneiss)의 존재를 밝힐만한 시간적 여유가 없어, 이 문제를 다음 연구로 미룰 수밖에 없었다. 이곳은 경상계와 서쪽 시생대층과의 경계이다. 삼거리에서는 석영, 정장석, 극히 미량의 흑운모 반정이 있는 미화강암질 구과상 반암

---

107) 陜川(합천).
108) 鳳溪(봉계).

(microgranitic-spherulitic porphyry)[110]이 잠시 나타나다가, 그곳부터 계속해서 정편마암(orthogneiss)이 나타난다. 반암이 정편마암의 주변 암상인지 아니면 나중에 관입한 것인지 확실하지 않다.

암석의 변화가 주변 지역의 지형 변화로 나타난다. 서쪽으로는 황대치[111] 고개(도판 Ⅳ. 사진 2)가 있는 보통의 남북방향 산맥을 볼 수 있는데, 이 산맥은 동서방향의 진주산맥에 의해 북쪽으로 전위되어 있다. 전자는 정편마암[112] (주향 N.20°E.)으로 이루어져 있고 경사는 동쪽을 향하고 있는데, 이 경사는 암석의 편리면과 같다(도판 Ⅳ. 사진 1 참조).

---

109) 변성편마암이 남북방향의 주향과 동쪽 경사를 지닌 채 사암 복합체와 정합을 이루면서 그 아래에 놓여 있는 것이 분명하다. 이 편마암은 담갈색, 미사질, 평행 성층면을 지닌 변종으로, 석영, 정장석, 사장석, 흑운모는 퇴적암 기원 편마암의 특성인 벌집 혹은 모자익(cyclopic) 집합구조를 이루고 있는 주요 요소들이다. 이 암석은 각섬석, 사장석, 정장석, 석영으로 이루어진 섬록암질 물질로 된 조금 불규칙한 미세암맥(veinlet)에 의해 부서지고, 결합되고, 피각이 형성되는 등 다양하게 영향을 받았고, 특히 석영은 원형의 장석을 포이실리틱(poicilitic) 방식으로 둘러싸고 있는 판상으로 산출된다. 이 암석은 반문장석(antiperthite)이라 부르는 것이 적절할 것이다. 미세암맥들이 주입된 물질의 직접적인 고화로 형성된 것인지; 소위 '스토핑(stoping)'이라 불리는 과정에 의한 분쇄와 융용에 의해 형성된 것인지; 마지막으로 일부 지질학자들이 최근에 주장했듯이 우백질 마그마에서 비롯된 잔존 응축 수분의 결정화로 형성된 것인지 잘 모르겠다. 어쨌든 미세암맥은 특별한 조건 하에서 이루어진 것이다. 광물학적으로 말해 이 물질은 황대치 고개의 정편마암을 형성한 마그마로부터 파생된 것임에 틀림없다.
편마암 그 자체는 외견상 일본 아부쿠마 고원(Abukuma Upland)의 하부 다카누키(Lower Takanuki) 편마암을 닮았다(*Journ. Coll. Sci.* Vol. Ⅴ., 1893, p.197 et seq. Kotô, "The Archaean Formation of the Abukuma Plateau"). 일본의 편마암과 마찬가지로 조선의 편마암은 한반도에서 가장 오래된 퇴적암기원 편마암으로 되어 있고, 지리산 매시프의 안구편마암 및 이와 유사한 암석으로 구성된 커다란 병반에 의해 압력을 받고 관입을 받았다고 나는 생각한다.
110) 이 암석은 담갈색 미화강암질 암석으로, 정장석, 석영, 흑운모, 특히 전자의 두 광물이 아주 풍부해서 이 관입암은 입상구조를 갖게 되었다. 현미경으로 보면 미화강암질 기질이 부피의 절반을 이루는 반면, 나머지는 부식된 석영과 아름다운 구과(spherulite) 테두리에 의해 둘러싸인 타형의 대상 정장석으로 이루어져 있다. 육안으로 보면 검은색 막대 모양을 하고 있는 흑운모의 얇은 엽편을 관찰할 수 있다.
111) 黃大峙(황대치).

후자는 북쪽에 단층애가 있는 사암 복합체이다. 이 전위선(line of dislocation)은 지리산 고도가 갑자기 낮아지는 것에서 확인할 수 있듯이, 지리산 매시프를 지나 서쪽으로 달리고 있다. 남쪽으로 오히려 여러 개의 고립 봉우리로 분리된 제법 불규칙한 산맥이 동서방향으로 달리고 있음을 확인할 수 있다.

황대치

히데요시의 원정 때 일본군이 조선 사람들과 격전을 벌렸던 황대치(280m)를 동쪽으로부터 올랐다(도판 IV. 사진 2). 이곳은 부산에서 하동 사이에 있는 첫 번째 높은 고개이다. 고개에서 봉계 너머 동쪽을 바라보면, 규칙적인 낮은 산맥들이 남북방향으로 달리고 있다. 이 산맥은 융기된 사암층의 능선과 일치했다. 여기서 우리들은 이미 횡단한 지역에서 볼 수 있었던, 지각변동에 의한 지형을 회상하면서(도판 IV. 사진 3) 경상남도와 작별해야만 했다. 서쪽 경관은 환상적이었다(도판 IV. 사진 1).

---

112) 암색, 섬록암질, 반편상(half-schistose) 암석으로, 흰색 준장석질(feldspathose) 기질과 흑색 각섬석 띠가 호층을 이루고 있다. 현미경으로 보면 알바이트와 페리클라인 법칙에 따라 절묘하게 쌍정을 이루고 있는 사장석의 입상 집합체로 이루어져 있다. 직교니콜 아래서 사장석 엽편은 휘어져 보이고 파상 소광현상을 보인다. 따라서 이는 쇄설물질로, 짜개지지 않은 정도의 스트레스를 받았음을 입증한다. 초록색 각섬석과 암갈색 흑운모 파편으로 된 복잡한 집합체가 대상으로 흩어져 있으며, 마치 운모가 각섬석으로부터 파생된 것처럼 일부 각섬석 무리들은 운모 결집체 속이나 가장자리에 있다. 대상구조를 나타내는 일부 각섬석은 미르메카이틱(myrmekitic) 방식으로 둥글거나 기다란 하얀색 광물(녹염석 ?)로 둘러싸여 있으며, 흑운모는 다색성훈(pleochroic halo)을 지닌 광물을 함유하고 있다. 전자는 정상적인(석영−장석) 류코미르메카이트(leucomyrmekite)와 구분하기 위해 각섬석 미르메카이트(hornblende-myrmekite)로 부르는 것이 적절할 것이다. 내가 아는 한 각섬석 미르메카이트는 정마그마와 심성암의 주변 암상에 한정된다.

여기서 제시한 간략한 설명을 바탕으로, 이 암석은 압결정작용(piezocrystallization)이라는 조건 하에서 중산성(intermediate-acid) 점성질 마그마 주입체의 느린 운동 중에 형성된 섬록암질 정편마암이라 판단된다. 석영은 전혀 볼 수 없다. 이 암석이 산성 편마암 지대에서 발견된다는 것은 기이한 일이다.

나는, 기이하게 뾰족 솟은 봉우리를 지닌 억굴봉[113]과 함께, 섬진강[114] 건너 이 강과 나란히 달리는 산맥을 보았다(도판 Ⅳ. 사진 1 참조). 그 산을 이루고 있는 암석의 특성에 관해서는 여전히 확실하지 않다. 북서쪽으로는 정상에 눈을 하얗게 이고 있는 지리산(1,942m)이 보인다(당시는 1901년 2월 2일이었다). 지리산의 남쪽 연장은 섬진강 동쪽 하안을 따라 달리는 앞쪽의 산맥에 의해 가려져 있다.

내려오는 길에 흑운모를 많이 함유한 완벽한 형태의 박리를 보이는 편마암을 보았는데, 모든 면에서 보통의 퇴적암기원 편마암처럼 보였다. 현미경으로 보면 전단변형을 받은 정편마암으로 판정된다. 흑운모 화강암의 모든 조암광물이 부서져서 입단화되었고, 현재 탄성이 있는 흑운모는 녹니석질 물질(chloritic matter)로 변해 물결무늬나 복잡한 세맥을 이루고 있다. 이처럼 압쇄암화작용을 받은(mylonititized) 정편마암이 거대한 지리산 매시프의 경계인 이곳에서 발견되는 것은 아주 당연한 일이다. 왜냐하면 쐐기 모양의 매시프가 밀려올라갔거나, 돌출한 지괴, 즉 아래로 내려앉은 주변 저지 뒤에 있는 지루로 남겨졌기 때문이다. 이미 언급한 바와 같이 오르막과 정상(도판 Ⅳ. 사진 3)에 있는 각섬석 정편마암[115]은 기존 암석을 관입한 것이며, 압력을 받고 전단변형을 받아 모두가 편마암상으로 변했다. 조산운동 기간 동안 기계적 힘, 수화학적(hydrochemical) 힘, 그리고 결정작용이 결합되는 과정에서 압

---

113) 億窟峯(억굴봉).
114) 蟾津江(섬진강).
115) p.62의 각주 112 참조.

력을 받아 변형된 거대한 지질구조체의 주변전단대(marginal sheared zone)가 바로 여기 우리들 눈앞에 펼쳐져 있다. 우리는 보성–사창–봉내장을 잇는 선에서 앞의 것과 쌍을 이루는 이 매시프의 서편 주변전단대를 볼 수 있다. 나는 일본 북부 아부쿠마 고원[116]의 사교지루(대각지루, diagonal horst)에서 동일한 현상을 설명하는데 오랜 기간이 걸렸다.

그 다음 우리는 벌덕거리[117]와 횡보[118]로 내려가다가, 다시 공월치[119]라는 낮지만 가파른 고개를 올랐다. 이 고개 바로 밑에서 2~4cm 크기의 미사장석 결정이 들어있는 흰색 안구편마암(eye gneiss) 노두를 보았다. 그러나 정상으로 가면 갈수록 그리고 그 이후에도 계속 해서, 원래의 안구편마암은 점차 미세한 줄무늬를 지닌 세립질 안구편마암[120]으로 바뀌었다. 이 암석은 소치 고개 쪽을 향해 동쪽으로 5° 가량 기울어져 있다. 이 고개에 이르면 하동으로 가는 도로변에서 아주 큰 정장석눈(최대 8cm)을 가진 대단히 조립질인 흰색 안구편마암이 또다시 나타난다. 적갈색의 귀석류석(almandine)이 부성분광물(accessary)로서 관

---

116) "On the Archean Formation of the Abukuma Plateau." *Coll. Sci.* Vol. Ⅴ. p.197 et seq.

117) 伐德巨里(벌덕거리).

118) 橫浦(횡포).

119) 公月峙(공월치).

120) 이 암석은 희끄무레한 미사장석으로 된 눈(1cm)이 몇 개 보이는 '안구상백립암(Augengranulite)' 이다. 유동성 띠 구조(flowage stripe)를 지닌 담갈색이다. 현미경으로 보면 석영, 미사장석, 사장석으로 이루어졌으며, 모두 파동성 소광현상을 보이고 쇄설성 입상 집합체를 이루고 있다. 인회석(apatite)이 아주 풍부하다. 미사장석에는 충식성 석영이 포함되어 있다. 미세한 섬유 모양을 하고 있는 흑운모 파편들이 편리 방향으로 흩어져 있다. 아마 이 암석은 조립질 하동 안구화강암의 주변 암상을 나타내는 것으로, 화강암질 마그마의 거의 완벽한 고결 이후 주입–유동(injection-flow)의 영향을 받은 것이다.

찰된다. 나는 이전에 거대편마상반암(giant-gneiss-porphyry)을 보지도 듣지도 못했으며, 적색 대신 흰색이라는 또 다른 사실 역시 아주 주목할 만하다. 지금부터 간편하게 하동 안구편마암이라 부르려 한다.

이와 같이 아주 커다란 렌즈모양의 눈이 어떻게 형성되었는지를 설명하기란 쉽지 않다. 최신 견해에 따르면, 마그마가 공융상태에 있을 경우 정장석 분자가 우세해지고 그것의 결정화 능력은 강해지며 질량작용(mass action)은 커지지만, 압력은 적절한 속도로 줄어든다.

하동 하동 읍내는 섬진강 하구의 동쪽 하안에 있는 안구편마암, 혹은 아주 조립질인 반상 화강암으로 된 구릉의 발치에 있다. 읍내 남쪽의 모든 산맥들은 한산 방향과 같은 북동동쪽으로 달리고 있다. 만조시 바닷물이 이곳까지 밀려오기 때문에, 하동은 일본 화물선의 아주 중요한 항구로서 기능했다. 즉, 남원, 전주, 금강을 거쳐 전라도에 있었던 옛 왕국 백제(BC 17~AD 660) 혹은 쿠다라(Kudara)의 수도까지 가는 최단거리 육로의 시발점이었다. 또한 이곳은 히데요시의 조선 침공[121] 당시 전장이었다.

안구편마암 지대를 지나 상류 쪽으로 하천의 급경사 하안을 따라 길이 나 있었다(도판 Ⅴ. 사진 2와 3). 조선 남부의 이 지역은 아주 추운 지리산 곳인데, 왜냐하면 지리산 매시프의 중심인 동시에 산지 협곡의 하천들이 완전히 얼어 있기 때문이다. 햇빛이 잠시 비추면 급류의 중심부는

---

121) 하동은 사람들이 대량 소비하는 식용 해조류의 생산으로 유명한 곳이다. 반면에 진주는 구근이 큰 무인 Raphanus sativus로 유명하다.

얼음 덩어리로 바뀌지만 곧 다시 얼어 버린다. 그 결과 표면은 마치 산지 빙하의 퇴석 벽(moraine wall)을 연상시킨다(도판 Ⅴ. 사진 2와 3). 8km를 나아가 한 지류 근처에 있는 개치[122)에 도착했다. 아마 이 지류를 따라 진주산맥의 북쪽 발치를 따라가면 진주로 가는 최단경로를 찾을 수 있을 것이다. 같은 암석을 따라 북서쪽으로 8km를 더 가면 화개장[123)에 도달한다. 이미 언급했듯이 진주산맥은 단층애가 북쪽으로 향한 채 이곳까지 계속해서 연결된다. 이 전위는 계단상 전위로, 관찰자가 개치 반대편에 있다면 못 볼 수가 없다. 백운산(1,234m)[124)의 북쪽 끝(도판 Ⅴ. 사진 1)은 진주산맥에 의해 지리산에서 단절된 지점임에 틀림없다. 뾰족한 억불봉(도판 Ⅴ. 사진 1)이 있는 남북방향으로 평행한 백운산 산맥들은 섬진강의 남안에 있으며, 지리산 매시프의 주축과는 연결되지 않는다. 우리는 섬진강 협곡의 산지 한가운데에 있었다. 지질학적으로 보자면, 이곳부터 구례[125)까지 그리고 더 나아가 동서방향으로 횡단하는 계곡은 진주단층에서 내려앉은 쪽(도판 Ⅴ. 사진 3)에 해당하는 구조곡으로 판단된다.

진주산맥은 확실히 개치 북쪽에 있다. 왜냐하면 산릉의 동서방향은 지류계곡에서 볼 수 있는 반면, 화개장 북동쪽 골짜기에 있는 모든 산맥들이 지리산 방향(N.20°E.)으로 달리고 있기 때문이다. 개치에서는 성곽처럼 생긴 낭만적인 고소성,[126) 봉황대[127)의 평정봉, 그리고 수심이

---

122) 介峙(개치).
123) 花開場(화개장).
124) 白雲山(백운산).
125) 求禮(구례).

66 朝鮮기행록

깊은 섬진강[128] 등을 볼 수 있다. 이 모든 이름은 중국 고전에서 따온 것이며 조선의 시인들은 이 절묘한 경치를 즐겨 읊었다. 이처럼 거친 산악경관은 하동 안구편마암으로 된 진주산맥의 변위 당시 자연의 힘으로 만들어진 것이다. 동일한 하동편마암이 눈 덮인 지리산 매시프(1,942m)와 어쩌면 억굴봉의 꼭대기를 이루고 있을 것이다. 화개장에서 볼 수 있는 엄청난 양의 유수는 지리산으로부터 흘러온 것이며, 여기서 4km 떨어진 산지 깊숙한 곳에는 수많은 거찰들이 있다. 그 중 하나가 쌍계사[129]로 100명의 승려들이 은거하고 있다. 이곳은 조선에서 가장 유명한 세 사찰 중의 하나이다.

화개장을 떠나 도로변 인근에서 밀바위[130]라 불리는 하동 편마암으로 된 커다란 고립 편삼각면체 암괴를 발견했다. 이것은 경상도와 전라도의 경계 구실을 했다. 약 15분 후 급경사의 지류계곡이 섬진강과 만나는 한 지점에 도착했다. 이곳이 하동 암석의 끝이고 서쪽으로 더 나아가면 편리 축의 주향이 N.20°E.이고 서쪽으로 약간 기울어진 편마상화강암을 볼 수 있다. 이 암석은 꽤 조립질이고 부스러지기 쉬운 담황색의 변종으로 흑운모가 많이 포함되어 있는데, 우리가 지금까지 지나쳐 온 지역의 암석(하동 안구편마암)과 같은 유형이다. 그러나 특징적인 커다란 '눈'은 부족하고 전단면을 따라 규선석(sillimanite)과 같은 압력

---

126) 姑蘇城(고소성).
127) 鳳凰台(봉황대).
128) 여기 이 하천을 동정호(洞庭湖)라 부른다.
129) 雙溪사(쌍계사).
130) 麥岩(맥암). 도판 V. 사진 2. 사진의 오른편에 있는, 열극이 나 있는 암괴가 밀바위다.

을 받은 광물을 볼 수 있다.

횡곡(transverse gorge, 도판 Ⅴ. 사진 3)은 한수내[131]에서 끝나고, 이제 지리산 협곡에서 빠져 나온 평평한 개활지로 올라선다. 남동쪽에는 화강편마암으로 된 거력들이 이미 언급했던 백운산의 높은 봉우리에서 계곡 쪽으로 미끄러져 내려와(도판 Ⅴ. 사진 3), 급경사 사면에 슬립단구(slip-terrace)를 이루고 있다. 이것은 진주 단층산릉(fault-ridge)으로, 우리는 이곳까지 이 산맥을 추적할 수 있다. 남서쪽으로는 적색 응회암과 호층을 이루고 있는 괴상의 적색과 녹색 각력암[132]이 우리가 가는 길을 방해하지 않고 강 쪽으로 삐져나와 있다. 이들 화산암은 마산포 부근에서 나타날 때 내가 자주 언급했던 층이며, 우리가 가는 길에 계속해서 나타날 것이다(p.38 참조).

한수내로부터 북치내[133]를 지나 구례 읍내까지 8km를 나아가면 서쪽에 있는 범람원으로 내려서는데, 여기서는 준편마암(paragneiss)로 된 남북방향의 산맥이 눈앞에 펼쳐지고 그 발치가 우리들의 종착지이다(도판 Ⅵ. 사진 1). 그 뒤로는 평행하게 달리는 또 다른 산맥이 보이는데, 지도에 의하면 섬진강 상류가 그 사이를 비스듬하게 흐른다. 북쪽으로 8~12km 정도까지 평원이 펼쳐져 있다. 평원의 동쪽은 지리산의 전라도 부분과 경계를 이루고 있으며 바로 이곳에 화엄사[134]라는 사찰이 있다. 더 북쪽으로 가면 밤치[135] 고개가 있는 동서방향의 산맥을 볼

---

131) 寒水川(한수천).
132) p.31 참조.
133) 北致川(북치천).
134) 華嚴寺(화엄사).

수 있으며, 이곳에서 남원 평야와 경계를 이룬다. 나의 두 번째 횡단여행 때 북쪽에서 같은 산맥을 다시 보았다.

구례　　구례로부터 멀리 해안가에 있는 순천[136]을 향해 남쪽으로 내려가면서 잔수에 도착할 때까지 처음에는 논, 자갈층, 나중에는 준편마암(편리방향, 북–남)을 지났다. 잔수[137]는 섬진강 상류의 만곡부에 있는데, 우리는 이곳에서 판상의 녹색 반암, 적색 응회암, 녹색 각력암[138]으로 이루어진 상부경상계(p.68 참조)의 화산암층을 볼 수 있었다. 휘석반암은 교직(pilotaxitic) 구조를 지니고 있다. 의심의 여지없이 이 복합체는 한수 내에서 관찰했던 것의 연장이다. 우리는 나루터를 건너 같은 지층으로 된 남바위[139]에 도착했다. 그러나 남바위에서는 준편마암과 규암이 녹색 층 밑에서부터 다시 나타나며, 괴남장[140]까지 계속 이어진다. 괴남장

---

135) 栗峙(율치).
136) 順天(순천).
137) 潺水(잔수).
138) 이 암석은 석영을 함유하고 있는 용융응회암(fusion-tuff)이거나 보다 엄격한 의미에서 라크로익스(Lacroix)의 마찰각력암(brèches de friction)이지 결코 정상적인 유수성 혹은 풍성 응회암이 아니다. 이 암석은 특정 화산 화도로부터 흘러나오고, 이에 암편들이 실려 운반 도중에 부분적으로 용해된다. 이 암석은 괴상의 층을 이루지만 간혹 응회암질 암석의 특징인 사금파리 형태의 껍질로 짜개진다. 육안으로 보면 흑색 그리고 간혹 초록빛의 각진 작은 파편(1cm)들이 초록빛의 석기 속에 들어 있다. 현미경으로 보면 초록빛의 파편들이 간혹 녹렴석화 작용을 받은 사장석 반정 혹은 녹니석화 작용을 받은 함철–마그네슘 광물의 반정과 함께 미세한 교직 구조를 지닌 분암으로 판정된다. 흑색 파편은 같은 화산성 물질로, 그 속에 마그네슘 결정이 풍부하다. 회색빛 물질은 미세한 입자로 이루어져 있고, 집합–편광(aggregate-polarization) 색상을 보여준다. 중요한 반상 요소로는 심하게 부식된 석영이 있다. 이는 응회암과 나중에 언급될 각력암과의 일부 발생학적 관계를 암시한다.
　　p.39의 각주 25 참조
139) 南巖(남암).
140) 槐木場(괴목장).

의 마지막 마을에서는 북동쪽으로 정지봉과 동쪽으로 모자 모양의 갓바위산[141]이 보인다. 둘 모두 녹색 암석들로 이루어져 있으며, 단층 혹은 침식으로 형성되었고 준편마암으로 이루어진 동서방향의 계곡에 의해 분리되어 있다. 서쪽으로는 북서서 방향으로 달리고 있는 녹색 암석으로 된 산을 볼 수 있으나, 그 지층이 서쪽으로 얼마나 연정되어 있는지 확인할 길이 없다. 흰 점이 박힌 분암(porphyrite)의 녹색 자갈들이 하상에서 볼 수 있는 주된 퇴적물이다.

남쪽으로 갈수록 지세는 좁아지며, 양편의 단애들은 녹색 분암과 호층을 이루고 있는 녹색 용융응회암(fusion-tuff)과 마찰각력암(friction-breccia)으로 이루어져 있다. 전자는 북창[142]에서 양수정[143]을 지나 솔치[144]까지 약간(3°) 남쪽으로 기울어진 채 펼쳐져 있다. 북창과 양수정에 이르는 협곡은 응회암층으로 이루어져 있으며 간혹 주상절리가 나타난다. 성층면과 절리의 특성 때문에 일련의 폭포와 급류가 나타난다.

솔치 고개 정상(도판 Ⅵ. 사진 2와 3)에서는 사장석과 석영이 점점이 박혀 있는 북쪽으로 기울어진 적색 응회암질 지층이 목질 정편마암(신장 방향 : streaching axis, 북서−남동)을 덮고 있다. 남쪽 하산길 발치에서는 목질 정편마암이 같은 신장방향을 유지한 채 하동 편마암으로 바뀌지만, 박구정[145]에서 그것의 축 방향은 동서로 바뀐다. 외등[146] 남

---

141) 笠巖山(입암산).
142) 北倉(북창).
143) 兩水亭(양수정).
144) 松峙(송치).
145) 博口亭(박구정).

쪽 2km 지점부터는 거대편마암질 반암(하동 편마암)이 사라지고 남바 위의 사질 준편마암(주향 E.20°N., 경사 30°S.)으로 대체된다. 그러나 이것도 잠시뿐이고, 목질 정편마암이 다시 노출되어 순천까지 계속 이 어진다.

구례에서 이곳까지 우회하면서 기저부는 정편마암과 준편마암의 복 합체이지만 둘의 상호 관계에 대해서는 알 수가 없었다. 이 복합체를 판상의 상부경상계가 덮고 있다. 이 상부층이 진주산맥 방향(서남서- 동북동)과 같은 잔수에서의 요곡지(trough)와 괴남정에서의 높은 안부 (air-saddle)를 설명해 준다. 솔치산맥은 융기된 능선으로 그것의 남쪽 은 동서방향을 달리고 있는 편마암지대 쪽으로 내려 앉아 있다. 솔치산 맥을 남쪽에서 바라다보면(도판 Ⅵ. 사진 3) 급경사의 단애가 멀리 이어 지는데, 이는 편마암 기저 위에 있는 녹색 층의 노두와 일치한다. 말이 난 김에, 와등 남서쪽에 있는 국수봉[147] 정상이 분절된 녹색 응회암체로 덮혀 있는 것도 주목할 만한 사항이다.

순천 　순천은 남해에 위치한 중요한 성곽 읍내로, 구례, 남원, 전주를 지나 는 전라도의 남북방향 간선도로의 시발점이자 종착점이다. 또한 순천 은 우리가 지금까지 왔던 서쪽으로의 해안도로에서도 아주 중요한 곳 이다. 히데요시의 조선 정벌시 고니시 장군이 부하들을 상륙시킨 곳도 바로 이곳이다. 읍 주변의 농촌지대에는 식생이라고는 전혀 없는 평탄

---

146) 瓦磴(와등).
147) 國守峰(국수봉).

한 편마암 구릉들이 펼쳐져 있다.

남서쪽 구릉의 고갯마루를 지난 후, 낙안[148]으로 이어지는 구조곡을 따라갔다. 우리의 행로와 여자[149]만 사이를 달리는 남쪽의 연속구릉(hill-ridge)은 높이가 일정하지 않았으며, 북쪽의 것은 고도가 더 높았다. 가는 길에 2개의 고개가 있었는데, 지경치[150]와 불치[151]가 그것이다. 우리는 순천으로부터 흰색 정장석의 작은 반점들과 함께 흑운모가 풍부한 엽편상(lamellar) 정편마암 지대를 지나 멀리 불치(320m)의 동쪽 발치까지 갔다. 여기서 병반 형태로 나타나는 새로운 암석을 만날 수 있었다. 내 표본[152]에 의하면 우중충한 흰색(분해된) 정장석, 둥근 석영, 부분적으로 자형인 흑운모로 이루어진 밝은 색의 부서지기 쉬운 적색 화강반암이었다. 마이아롤리틱 정동(miarolitic druse) 벽에 석영과 정장석 결정이 매달리는 것은 일반적인 현상이며, 이러한 정동이 널리 나타났다. 이처럼 미세한 정동 공간이 있어 암석은 밝은 색을 띠고 거칠어져 첫 눈에 유문암처럼 보이지만, 염결정질(halocrystalline) 및 화강암질 구조를 지니고 있다. 이 암석이 병반이라는 사실은 일본 주고쿠

---

148) 樂安(낙안).

149) 汝自(여자).

150) 地境(지경).

151) 火峙(화치).

152) 이노우에 씨는 신선한 색상의 정장석 반정(1cm)과 둥근 석영이 포함된 담황색 암석의 신선한 표본을 수집했다. 석영이 불규칙적으로 기다란 정장석(분해된)으로 둘러싸고 있는 것이 특징인데, 이 모두는 같은 방향을 하고 있다. 즉, 반미르메카이트(anti-myrmekite) 구조를 보여 준다. 석기는 단순히 석영과 정장석이 거칠게 연정을 이루고 있으며, 이 석영은 반정질 석영과 연결된 것으로 아주 독특한 현상이다. 단지 사장석, 각섬석, 흑운모로 된 자형의 작은 결정 몇몇이 보인다. 이 암석은 석영질 청도암(quartz-tsingtauite)이다.

(中國)[153]에서의 내 경험에서 연유한 것으로, 이곳에는 반화강암질 문상반암(aplitic granophyre)의 주변 암상과 연계되어 비슷한 암석이 도처에서 나타난다. 문상반암은 조선이나 중국에서 결코 흔치 않은 것은 아니다. 린네(Rinnes)의 청도암[154]은 교주(膠州, Kiau-Chan)에서 볼 수 있는 이들 변종의 하나이다. 꼭대기에 금강암이라는 암자가 있는 바위투성이의 전산[155]에 위치한 북쪽의 불치 그리고 남쪽의 오봉산[156]은 같은 암석으로 이루어져 있다. 한편 급경사의 내리막을 따라 내려가면 원형극장과 같은 낙안분지[157]에 이른다. 이 분지는 부서지기 쉬운 이 암체의 중심을 향해 진행된 육상침식(subaerial erosion)에 의해 만들어졌다.

불치 정상에서 바라다보면, 지형은 이미 통과한 구릉지에서 서쪽으로 제법 거친 산지로 급격하게 달라지고 있음을 확인할 수 있다. 하지만 불행히도 목포에 도착할 때까지 매일 겪었던 우박을 동반한 폭풍우 때문에, 당시 이들에 대한 우리들의 시야는 좋지 않았다. 지질도를 조사해보면 지형변화를 쉽게 이해할 수 있다. 왜냐하면 우리가 있는 이곳은 조선 남부의 등뼈에 해당하는 지리산 매시프 축의 남쪽 연장선상에 있기 때문이다. 또한 남쪽에 있는 흥양[158]반도는 이 축의 연장인 것으로 생각된다. 어떤 암석과 어떤 지층으로 이루어졌는지에 대해서는 현재

---

153) 예를 들어 다지마 현, 이쿠노 광산 14km 북쪽 다케다 부근.
154) *Zeitschr. d. D. geol. Gesell.* Bd. 56, S. 144.
155) 金錢山(금전산).
156) 五峰山(오봉산).
157) 이 마을은 아마포, 죽물, 목화, 쌀로 유명하다.
158) 興陽(흥양).

까지 완전히 무지하다. 소규모 돌출부가 바로 안구편마암 혹은 불치 화강암 지대일 것이다. 일본 수로국 소속의 T. 사토 씨가 수집한 두 개의 자료를 가지고 있는데, 하나는 흥양반도 최남단에 있는 불개진[159]의 것이고 다른 하나는 지오리[160]라 불리는 인근 섬에서 채취한 것이다. 전자는 백운모가 많고 석영이 적은 미세엽편상구조의 백운모편암이고, 후자는 기계적인 작용에 의해 고도로 입상화 되었다. 지오리의 암석은 이암반암(claystone-porphyry)의 형상을 하고 있는 구과상반암(spherulite-porphyry)이다. 일반적인 석기(groundmass)는 미세반정질 정장석 결정이 포함된 작은 방사상 집합체로 이루어져 있다. 우리들의 단편적인 지식으로는 흥양곶의 지질에 대해 어떤 긍정적인 이야기도 할 수 없다.

낙안

가난에 찌든 낙안에서 풍요로운 보성[161]까지 가는 길의 첫 절반은 남서로 가다가, 나머지 절반은 정서로 나 있었다. 1901년 2월 7일 신설이 내린 아침, 우리는 낙안을 출발해 낙승[162]의 화강암 지대를 지나 처구사치[163](150m)와 열개치[164]까지 걸어갔다. 여기서 다시 작은 눈과 불완전한 편리를 지닌 하동 안구편마암을 볼 수 있었다. 두 고개 모두 E.10°

159) 鉢浦鎭(발포진).
160) 之五里島(지오리도).
161) 寶城(보성).
162) 洛昇(낙승).
163) 尺沙峙(척사치).
164) 列開峙(열개치).

−20°S. 방향이고 정편마암이 펼쳐진 방향과 일치하는데, 왼편에 있는 존제산[165] 정상에서 최고봉을 이룬다. 그러나 우리 행로는 전위 방향으로 구릉정상(hill-crest)들을 비스듬하게 넘으면서 북동에서 남서로 달린다. 이곳에서의 전위는 지괴가 남동쪽을 향해 연속적으로 떨어져나간 것으로, 그에 상응하는 방향으로 기다란 득량만[166]이 형성되었다. 전형적인 단층애는 조금 더 나아가면 새치장[167]에서 관찰된다. 이는 전라도

---

165) 尊帝山(존제산).

166) 得粮灣(득량만).

167) 鳥峙場(조치장). 이노우에 씨는 사치장에서 처음에는 정북서쪽으로 봉내장까지 가서 다시 정남으로 보성으로 나아갔다. 봉내장은 보성과 동복 두 읍내 사이 거의 중간쯤에 있다. 그의 우회여행은 여러 가지 이유 때문에 나에게는 의미가 있었다. 첫째는 내 여정에는 동복의 중심부에 있는 구릉지대가 빠져 있고, 둘째는 그 지역이 단순히 상부 경상계의 분암과 그것의 각력암으로 된 암상으로 이루어진 것이 아니라 그곳의 지질이 해석하기가 어려울 정도로 복잡하다는 사실을 나중에서야 알았기 때문이다. 셋째로 이 지역은 전단변형을 받은 지리산 스페노이드(sphenoid)의 주변대이며, 마지막으로 금과 흑연(graphite)의 본고장이다. 현재 염두에 두고 있는 여행에서는 단지 농복 지역의 남쪽 가장자리만을 지나칠 예정이라, 추후에 언급해야 할 것 같다. 이노우에, 야베 두 사람은 다른 기회에 동복을 여행한 바 있다.
이미 언급한 새치장은 안구편마암 지대이며, 이노우에 씨는 여기서 그다지 멀지 않은 곳에서 미르메카이트 구조를 지닌 공극 석영(interstitial quartz)을 함유한 섬록암 표본을 발견했다. 갈색의 각섬석이 풍부하다. 방해석과 갈색의 흑운모가 나타난다. 사장석은 대상 구조를 하고 있다. 계속해서 그는 고개 정상에서 단지 미사장석과 흑전기석(schorl)으로 된 대단히 조립질의 표본을 수집했다. 이 암석은 맥암이다. 도중에 섬록암맥도 다시 나타난다.
5~6km 떨어진 곳에서 푸른 석영 반점을 함유한 석묵편암(graphite-schist)의 외양을 지니고 있는 흑색 암석을 발견했다. 현미경으로 보면 전단변형을 받은 석영반암이지만 섬록암질 석영분암의 형상을 하고 있다. 이 암석의 검은 색은 녹니석 막에 포함된 자철석 때문이다. 석영(액상 포유물에 풍부한)을 제외하고 모든 광물들은 작은 입자나 섬유상으로 줄어들었다. 또한 녹색 편상 암석은 불규칙적인 판으로 쪼개져 있다. 이 암석에는 파동 소광 현상을 보이면서 파쇄된 석영(8mm)을 다량 함유하고 있다. 하천에서 발견되는 섬유상의 녹니석 물질은 암석이 녹색을 띠는 원인이다. 이들 암석들은 압쇄암화 작용을 받은 지리산 스페노이드의 주변부를 의미함에 분명하다.
사금광은 봉내장에서 발견되지만, 그것의 근원에 대해서는 아는 바가 없다. 이곳부터 보성까지 모든 암석은 표본 조사에서 확인했듯이 모두 전단변형을 받았다. 내 여정은 보성 읍내를 지나친다. p.98 참조.

남쪽 해안의 일반적인 경향을 지배하는 다양한 의미를 지닌 지형요소이다. 우리 행로는 얕은 만의 해안에 있는 산맥과 평행하게 달리고 있다. 그 반대편에는 멀리 연결은 되지 않지만 고도가 비슷한 낮은 산맥들이 보인다. 이들은 해안에 평행하게 뻗어 있고 이미 언급한 흥양반도(고흥반도)를 이루고 있다(pp.73~74 참조).

우리는 파청[168]에서 해안을 벗어나 정서로 군머리라는 고지를 지났고, 다시 하동 편마암 지대를 통과해 기러기치 고개를 넘었다. 이곳에서부터 안구편마암의 결정 수가 점점 줄어들고, 작아지는 경향을 보였다. 농촌마을인 보성[169]에서 자형의 쌍정사장석, 전형적인 파상 소광(extinction)을 보이는 비교적 큰 타형의 정장석, 타형의 석영, 다색성훈(pleochroic halo)이 포함된 짙은 갈색의 흑운모로 이루어진 일반적인 정편마암으로 바뀐다. 간략히 말해 이 암석은 전단변형을 받은, 사장석이 풍부한 조립질 화강암이다. 이 암석의 산출상태에 기계적 파쇄와 압결정작용(piezocrystallization)이 얼마나 많은 영향을 주었는지를 말하기가 쉽지 않다. 우리는 이곳에서 편리 방향이 S.20°W.에서 N.20°E.로 급격하게 달라졌음을 확인할 수 있다.

보성

비록 보성[170]이 남해안에 인접한 소규모의 융기평탄면(elevated flat) 위에 있지만, 이곳 물은 북쪽으로 흘러 섬진강에 유입한다. 이 유로를 따라 보성에서 각각 4, 8, 16km 떨어진 광단,[171] 노동(사동),[172] 복내[173]

---

168) 波靑(파청).
169) p.75의 각주 167 참조.

에 사금이 있다는 이야기를 들었다.

서쪽으로 약 6km를 가서 버들치[174]라는 아주 낮은 구릉 안부에 도착했다. 이곳 암석은 반점이 있는 동일한 정편마암이며 북동–남서방향으로 뻗어 있다. 한 시간 후 감치라는 제법 높은 고개에 도착했다. 이곳에는 감나무가 한 그루 서 있는데, 히데요시 원정 당시 한 조선 사람의 영웅적인 죽음을 기념하기 위해 세워둔 비에 이 나무의 그림자가 드리워져 있었다. 오르막 길 암석 역시 정장석의 우중충한 흰색 반점(4mm)에 흑운모가 많은 동일한 정편마암[175]이었다. 정상에서 서쪽으로는, 호층

---

170) 보성에서 능주로 이어지는 조사는 F. 고바야시 씨에 의해 수행되었다. 그는 갈다리에서 사질 백운모편암을 발견했다. 이는 회색빛의 중립질 사암과 갈색빛 규장반암이 덮고 있는 강진 편암의 연장이다. 사암의 발견은 아주 흥미로운 사실이다. 왜냐하면 사암의 존재로 더 북쪽에 있는 동복의 흑묵(graphite)과 심하게 변성된 퇴적암 층을 이해할 수 있었기 때문이다. 사암은 석영과 사장석 입자로 된 각진 파편들과 백운모로 이루어져 있으며, 이들은 탄질 물질이 혼합된 규산 결정질 입자로 교결되어 있다. 또한 석영의 파쇄와 파동 소광을 근거로 사암이 진단변형을 받은 징후가 나타나며, 석영면이 거친 것은 이차적인 기원의 액상 포유물에서 비롯된 것이다. 이 암석은 보통의 사암이라기보다는 오히려 변성 응회암에 가깝다. 이 퇴적의 연대를 말하는 것은 쉽지 않으나 내 생각으론 상부경상계(중생대)와 같은 시기로 판단된다. p.87 참조.

171) 廣灘(광탄).

172) (蘆洞(所洞))노동(소동).

173) 福內(복내).

174) 柳峙(유치). 이노우에 씨는 이 지점에서 북서쪽으로 6km 떨어진, 전단변형을 받은 석영이 풍부한 정편마암 기반의 사창(社倉) 마을에서 금사광을 발견했다. 이 마을은 이미 언급했던 봉내정과 같은 대에 있다. 금가루는 8피트 두께의 자갈층 기저에 모여 있었으며, 이 층은 하상과 논의 기저를 이루고 있다. 오늘날 이곳 금사광은 거의 다 캐낸 것 같다.

175) 현미경으로 보면 백운모로 변한 정장석, 변형을 받은 석영, 사게나이트(sagenite)를 포함한 흑운모와 일부 미사장석 결정으로 이루어져 있다. 이들 조암광물의 집합방식은 다음과 같다. 흑운모는 무색광물을 눈 모양으로 둘러싸고 있어 마치 흰 반점처럼 보이게 하며, 잘 발달된 암석의 편리는 흑운모 박편이 하천 모양으로 배열된 데서 비롯된 것이다. 기계적 작용의 영향은 석영에서의 파동 소광을 제외하고는 발견되지 않는다. 석영이 물방울 모양의 흑운모, 정장석, 일정치 않는 둥근 석영을 둘러싸고 있는 것이 특징적인 현상이다. 간단히 말해 이런 편상 화강암은 심각한 변성 단계를 나타내거나, 압결정화 상태에서 마그마 주변부의 느린 이동시 형성된 것 같지는 않다.

을 이루고 있는 석영과 정장석의 엽층리 그리고 흑운모로 이루어진 단단한 엽편상의 정편마암[176]이 북서쪽으로 기울어진 채 펼쳐져 있다. 두 정편마암의 경계는 뚜렷이 보인다. 정상에서 보면 감나무치 고개 서쪽 지역은 천관산[177] 헤드랜드에서 끝나는 산지 축 방향과 비스듬하게 만나기 때문에 험준한 산지 특성을 보인다. 이는 이미 언급한 낙안 부근 산맥과 이와 만나는 흥양반도의 경우와 마찬가지이다. 흥양반도의 축 방향은 남북방향에 가깝다.

진주부터 이곳까지 농촌지역에는 사람이 거의 살지 않고, 제대로 자라지 못한 소나무로 덮여 있다. 장노로목[178]까지 하산길에서 진짜 삼림을 볼 수 있어 가슴이 후련했다.

서쪽으로 계속해서 자갈로 된 좁은 계곡을 가다보면, 낭만적으로도 보일 수 있는 수직 절벽과 함께 바위투성이의 수인산[179] 정상이 멀리 보인다. 수인산 서쪽 발치에 있는 소규모 산간분지에는 이곳 사람들이 병영[180]이라 부르는 조선군 군사기지가 있다. 조선 남부에서 이와 같은 화산지형을 발견하기란 쉽지 않은데, 내 추측은 장흥[181]에서 젊은 화산을

---

176) 위에 있는 단단한 정편마암은 파상 및 쐐기상 석영 엽편과 생물조직 형상을 한 띠나 섬유상의 풍화된 흑운모가 호층을 이루고 있다. 이러한 파상 구조 덕분에 간혹 무색광물 띠는 대개 길다란 눈으로 부풀어 오른다. 석영과 정장석 둘 모두 완전히 파쇄되고 끌려 직교니콜 하에서 식별이 쉽지 않다. 이 암석은 압쇄암화 작용(mylonization)의 극단적인 산물이다. 따라서 이 암석은 압쇄암(mylonite)이라 명명하는 것이 적절하다.
177) 天冠山(천관산).
178) 長獐項(장장항).
179) 修仁山(수인산).
180) 兵營 혹은 三位里(병영 혹은 삼위리).
181) 長興(장흥).

발견함으로써 입증되었다.

이제 우리는 2개의 작은 고개가 있는 남쪽으로 방향을 돌렸다. 지금까지 동서방향으로 달리는 산맥의 북쪽 발치를 지나고 있었고, 압쇄편마암(mylonitized gneiss, mylonite gneiss)으로 된 풍치[182]에서 이 산맥을 횡단했던 것이다. 고개 정상에서는 조선에서 지금까지 보지 못했던 동백나무를 보았다. 우리는 동쪽과 남동쪽으로 제왕산,[183] 사자산,[184] 암석으로 된 감나무치의 남쪽 능선을 보았다. 압쇄암화작용을 받아 부서지기 쉬운 정편마암이 낮은 각도로 북서쪽으로 기울어진 채 이들 산의 정상을 덮고 있고, 그 아래에 눈이 작은 안구편마암이 깔려 있다. 이처럼 층을 이루고 있는 외좌층(outlier)들이 완전히 노출된 뷰트(butte)와 같은 단애의 모습을 보이기 때문에 우리들의 관심이 집중되었다. 고립된 평정봉(flat top)은 한 때 심성암 기원의 안구편마암 중심 위에 하나의 껍질을 이루고 있었음에 분명하다.

장흥으로 내려가면서 화강암 기반 위에 자갈이 퇴적된 진정함 의미의 하안단구를 조선에서 처음으로 보았다. 최근에 해안이 미약하나마 상승한 것은 아닌가? 어찌 되었던, 그것이 홍적층(diluvium)이 아님을 밝혀야만 할 것이다. 조선에서는 진정한 홍적층을 본 적이 없다. 점토질 토양이나 홍적층이 없다는 것은 조선 지질에서 두 가지 특이한 사항으로 설명되어야 할 것이다.

| 하안단구 |

---

182) 風峙(풍치).
183) 帝王山(제왕산).
184) 獅子山(사자산).

우리는 동쪽이 열려 있고 장흥 읍내가 위치한 분지 바닥으로 내려갔다. 쓰러져가는 남문 밖에서, 북쪽으로 경사진 자주색 각력질 각섬석 안산암으로 된 좁은 협곡을 지났다. 현미경 관찰에 의하면, 화산암은 이삼산화철 입단과 함께 탈유리화작용을 받은 유리질을 기반으로 하며, 여기에 부식된 초록색 각섬석이 반정 형태로 끼여 있다. 미량의 무색 휘석과 다량의 인회석이 부성분광물로 들어 있다. 이 암석은 산성 화산암이다.

북쪽에는 이미 장노로목에서 우리의 관심을 끌었던 왕관 모양을 한 바위투성이의 수인산이 머리를 들고 있고, 작은 하천이 북쪽에서 들어오면서 많은 양의 화산암 자갈과 첨상섬록암(needle-diorite) 자갈을 운반하고 있다. 이곳이 젊은 화산지역임이 분명하다. 비록 풍화는 받았지만 이런 종류와 비슷한 이암을 여기서 멀지 않은 득량만[185] 입구의 작은 섬 금당도[186]에서도 채집하였다. 이 암석의 주요 물질은 액시올라이트(axiolite)와 함께 유동구조(flowage structure)를 보이는 탈유리화작용을 받은 유리질로 구성되어 있다. 반상 결정은 사장석과 정장석이다. 젊은 안산암질 분출암을 전라도 남해에서 간혹 볼 수 있다는 사실은 아주 인상적인 일이다. 120km 떨어진 제주는 화산 특성을 지닌 가장 가까운 섬이다. 하지만 그곳 암석은 안산암이 아니라 기본적으로 현무암이다.

화산지대를 4km 가량 지나자, 동서방향으로 긴 강진평야에 들어섰

---

185) 得糧灣(득량만).
186) 金堂島(금당도).

다. 이곳은 남해에서 가장 넓은 평야로, 그 넓이는 12×4km 정도이다 (도판 Ⅶ. 사진 1). 이 평야의 남쪽은 낮지만 날카로운 능선과 경계를 이루고 있는데, 감나무치 고개와 같은 유형의 부서지기 쉬운 정편마암으로 되어 있고, 동서방향의 계곡 축을 향해 급하게 기울어져 있다. 한편 북쪽은 같은 암석의 뒤쪽이 노출되어 있다. 강진에 도착하기 4km 전에 북쪽에 있던 산등성이(hill-edge)는 원추구조(loaf-sugar-like, 북동−남서 주향에 북서 급경사)를 지닌 백색 석영편암과 호층을 이루는 백운모편암(도판 Ⅶ. 사진 1)으로 덮여 있다.

강진   강진[187]은 계곡 끝에 있고, 남북방향의 좁은 내만 가장자리에 있다. 이 내만의 입구는 4개의 섬[188]이 가로막고 있는데, 내부 수역은 방어가 양호한 항구를 이루어 1894~1895년 청일전쟁 당시 일본 해군의 기지 역할을 했다. 강진만은 서쪽의 대둔 헤드랜드와 반대편의 천관산[189] 헤드랜드 사이에 있다. 다시 말해 대둔 헤드랜드의 등뼈는 강진의 서쪽을 달리는 산맥으로, 읍내에서 쉽게 바라다볼 수 있는 백운모편암으로 된 천덕산[190] 정상에서 정점을 이룬다. 영암[191]으로 가는 길은 이 산맥의 동쪽 발치를 따라 나 있다. 우리의 여정은 서쪽으로 백운모편암으로 된 산맥을 곧장 가로질러 낮은 고개[192]까지 이어진다. 이 고개에서 다시 눈

---

187) 康津(강진). 위에 언급된 전경 참조.
188) 숲으로 덮여있는 莞島(완도), 古今島(고금도), 薪智島(신지도), 助藥島(조약도).
189) 天冠山(천관산).
190) 天德山(천덕산).
191) 靈岩(영암).

이 작은 안구편마암 지대로 들어서고, 같은 암석을 따라가면 한천동[193]
으로 내려간다. 남쪽으로는 석영편암과 백운모편암[194]으로 구성된 날
카로운 수직(주향 N.30°E., 경사 80°S.E. 혹은 수직) 능선(reef)이 천덕
산으로부터 이어져 남서쪽으로 달리고 있고, 그 사이를 작은 하천이 성
문산 혹은 석문의 좁은 협곡을 지나 남쪽을 향한다(도판 Ⅶ. 사진 2).

　반점이 있는 편마암과 직접 접촉하고 있는 구과상 반암(spherulite-
porphyry)[195]으로 된 낮은 지대[196]에 도착했는데, 이곳은 해남 방면으
로 얼마 떨어지지 않은 곳에 위치해 있다. 이제 우리는 새로운 지질 지
대로 들어가고 있다. 나는 이곳의 지질연대와 다른 암석복합체와의 관
계를 지금까지 완전히 이해하지 못하고 있다. F. v. 리히트호펜[197]과 L.
v. 로치[198]는 중국에서 석영반암과 그것의 파생암석(derivative)의 산출
에 대해 언급했고, 지층에 관한 한 분명히 유럽 기준의 영향을 받은 이
들은 이 암석들을 페름기의 것으로 판단했다. T. 로렌츠[199]는 산둥의 페

---

192) 休手峙(휴수치).
193) 寒泉洞(한천동).
194) 현미경으로 보면, 이 암석은 밝은 갈색빛의 견운모(sericite)와 함께 납작한 석영 입자로 이루어져
　　있다. 이 편암은 미량의 정장석도 없는 견운모-석영 편암이라 부르는 것이 적절하다.
195) 구과상 석기 속에 석영 입자와 쌍정(3mm)이 풍부한 밝은 갈색빛 분출암. 풍화된 정장석과 흑운모
　　도 들어 있다.
196) 平水峙(평수치) 고개.
197) F. v. 리히트호펜(China와 Schangtung)은 동중국에서 대체로 페름기에 해당하는 석영반암과 응회
　　암을 발견했다. 그에 따르면 삼첩기의 석영반암과 응회암 역시 추산에서 닝포를 지나 홍콩으로 가
　　는 길에 나타난다(Zirkel, "Petrographie").
198) L. v. 로치(Die Reise des Grafen Széchennyi in Ostasien, p.681)는 중생대 초기에 분출한 화강암
　　과 관련된 석영반암의 산출에 대해 언급했다. 이는 쓰촨 서부 팅치시엔(Tsin-tschi-shien)의 도거
　　(Dogger)기 석탄층 아래에 있다. 그러나 그는 간쑤의 란저우에 있는 석영반암은 이 보다 더 오래
　　된(석탄기 이전의) 것으로 판단했다(p.657).

름기 지층에서 석영반암이 아닌 분암에 대해 언급했다. 나는 여행하는 동안 당연히 리히트호펜의 견지에서 석영반암과 그것의 파생광물을 찾았고 경상계라는 이름하에 조선 암석을 페름-삼첩기(페름-트라이아스기)[200]에 포함시켰다. 그 후 야베[201] 씨는 내 제안을 받아들여 조선에서 2번의 여행을 했고 경상계에서 쥐라기 층을 발견했다. 이보다 상위의 경상계는 상당한 두께[202]를 지닌 분암과 녹색 각력암의 복합체로 이루어져 있다. 예를 들어 마산포 부근에서는 반정질 암석의 기저에 석영반암(유문암)과 그것의 파생암석이 드물지 않게 나타난다. 따라서 오히려 석영반암이 경상계 분출암의 기본 요소가 아닌가 하는 생각이 든다. 내가 아는 한, 충적층을 제외한 지층에서 더 젊은 퇴적층이 나타나지 않는다. 그 아래에 있는 쥐라기 지층과 밀접한 관계가 있다는 점에서, 석영반암을 포함하고 있는 상부경상계는 쥐라기 혹은 쥐라기 이후 시대의 암석임에 틀림없다.

라기 암석

---

199) "Beiträge zur Geologie u. Palaeontologie von Ostasien." *Zeitschr. d deutchen geol. Gesell.*, 57, 1905, S.18.

200) "An Orographic Sketch of Korea." *Journ. Coll. Sci.* Imperial University of Tokyo, Vol. XIX. Article Ⅰ. p.15, 각주 참조. 이 책에서는 부록 p.355의 각주 19.

201) *Journ. Coll. Sci.* Imperial University of Tokyo, Vol. XX, Article Ⅷ.

202) 린네(Rinne, *Zeitschr. d. D. geol. Gesell.* 56, 1904)는 키아우차우(Kiau-chau) 만을 벗어난 슈일링샨(링탄)의 부분적인 지질단면을 제공하였다. 이곳은 셰일과 사암의 복합층이 반화강암 및 분암과 호층을 이루고 있으며, 이 전체를 반암질 각력암이 덮고 있다. 키아우차우의 퇴적암은 석탄기나 삼첩기의 것이라 하지만, 이곳 암석은 쥐라기 혹은 쥐라기 이후의 것이다. 린네의 단면에서 아주 흥미로운 사실은 반화강암과 분암으로 된 층이 협재하거나 암맥이 나타나며 각력암이 표층을 이루고 있다는 점이다. 암석과 암상은 의심의 여지없이 상부경상계층을 닮았다. 내가 조선의 지질을 이해하고 있는 한, 규장반암과 그것의 응회암과 함께 분암 및 그것의 파생암석은 마산암(화강반암, graniteporphyry)보다 더 오래된 것이다. 마산암은 분암과 규장반암 층을 위로 밀어 올리거나 관입하면서 얇은 병반 상으로 산출된다.

이미 언급한 평수치 정상에서 왼편으로 보면, 강진 산맥의 서쪽 연장임에 틀림없는 고도는 낮지만 일정한 동서방향의 산맥을 볼 수 있다. 우리 앞에는 또 다른 분지가 펼쳐져 있다. 남쪽에는 성문산의 날카로운 능선이 서쪽으로 달리고 있다. 약 6km를 지나 논으로 이용되고 있는 평야를 통과한 후, 도로가 갈라지는 고개의 발치에 최종적으로 도착했다. 하나는 영암으로 가는 것이고 다른 하나는 대둔산의 사찰을 향해 남서쪽으로 가는 길이다. 우리는 그 고개[203]에 올라, 아름다운 유동구조[204]를 보이는 핑크색의 치밀한 규장반암(felsophyre) 이외에 동일한 석영반암을 발견했다. 불행히도 우리가 목포에 도착할 때까지 우박을 동반한 폭풍과 눈이 계속되어 두 암석의 관계에 대해서는 확인할 수 없었다.

해남 가장자리가 규장반암이고 가운데가 정편마암으로 된 해남[205] 분지를

---

203) 牛膝峙(우슬치).
204) 현미경으로 관찰하면, 이 암석은 규장질 물질로 교결된 각진 쇄설물로 이루어져 있다. 개별 쇄설물은 유동구조를 보이며 이삼산화철 입자와 함께 핑크빛 규장질 띠를 이루고 있다. 육안으로 보면 이 띠는 호층을 이루는 무색 띠처럼 유동구조와 같은 방향을 달리는 것이 아니라 반대 방향을 달리고 있다. 반상질 결정은 약간 용식을 받았거나 고령석화 작용을 받은 정장석이다. 교결물질은 정장석 결정 파편들과 함께 석영입자로 된 식별이 쉽지 않은 집합체이다. 띠는 아마 옥수와 그것의 파생광물인 정옥수(quartzin) 혹은 루테사이트(lutecite)로 이루어졌을 것이다.
205) 이노우에 씨는 이곳에서 북쪽 산지(120m)를 너머 작은 만 입구(북창) 방향을 잡아 목포로 가는 최단경로를 택했다. 가는 길에 또 한번 정편마암 위에 규장반암이 놓여 있고, 이를 다시 분암 층이 덮고 있다. 분암과 규장반암과의 관계를 이해하는 일은 지질학자에게 매우 중요한 일인데, 그는 여기서 그것을 관찰할 수 있는 커다란 행운을 누렸다. 그후 이노우에는 서북쪽으로 나아가 헤드랜드를 가로질러 목포 반대편에 있는 용담으로 갔다. 작은 만으로부터 가는 길의 거진 1/3쯤 되는 지점(後頭, 후두)에서 그는 휘록응회암(schalstein)의 외양과 조직을 지닌 적갈색의 규장반암을 발견했다. 이 암석은 전형적인 석영청도암을 덮고 있는데, 후자는 독내정처럼 아주 먼 곳에서도 나타난다. 평행층리를 지닌 층응회암과 셰일(주향 N.70°E., 경사 S.E.)을 덮고 있는 동일한 적색 규장반암이 서창에서 서쪽으로 멀리 나루터, 심지어 목포에서도 발견된다.

출발했지만 그 후 깊은 눈에 파묻혀, 3일 동안 규장반암 산지 사이를 헤집고 나아갔다. 기대와는 달리 여호다리²⁰⁶⁾의 개활지로 빠져 나왔다. 이곳은 황해안에서 흔히 나타나는 특이한 지형인 얕은 바다와 낮은 구릉으로 이루어진 반도 지역의 시작점이다. 이곳부터 서쪽으로 나타나는 암석은 수평면을 따라 불규칙하게 판상으로 쪼개진다. 암석의 외형은 담녹색 석기 속에 각진 쇄설물(angular fragment), 녹색 녹니석 파편, 고령석화된 장석 입자들과 함께 전단변형을 받은 층상의 응회암상이다. 이 암석은 비록 완벽하게 분해되어 토양은 적색과 녹색으로 바뀌었지만, 해남의 그것과 같은 각력질 규장반암이다.

해남에서 14km 거리 안에 있는 삼림이 거의 없는 3개의 구릉 안부를 모두 통과했고, 이 모두 남북방향으로 달리고 있는 것이 특징적이다. 그 후 남리장²⁰⁷⁾ 갈림길에서 왼편 도로를 따라 그 유명한 명량진²⁰⁸⁾ 소용돌이의 남쪽 입구(도판 Ⅶ. 사진 3)를 찾기 위해 옥매산의 남쪽 발치를 따라 갔다. 이곳(삼지원²⁰⁹⁾)과 진도섬에 있는 반대편(벽파정) 사이의 수로는 그 폭이 단지 1.5km이고 벽파정²¹⁰⁾ 해협으로 널리 알려져 있다. 당시 물은 하천 급류처럼 남동쪽으로 흐르고 있었다. 그곳 암석은 마찬가지로 각력질 규장반암이었다.

앞서 말한 옥매산²¹¹⁾은 해안 가까이 있으며, 흰색의 두꺼운 이질 암석

---

206) 狐橋(호교).
207) 南里場(남리장).
208) 鳴洋津(명양진).
209) 三枝院(삼지원).
210) 碧波亭(벽파정).

으로 이루어져 있다. 이 암석은 광범위하게 채굴되어 정교한 담배상자 제작에 이용되고 있다. 서울의 상점에는 이 상자들과 함경도 단천에서 생산된 더 정교한 청색 혹은 황색의 옥돌[212] 상자와 용기가 함께 나란히 진열되어 있다. 적당히 치밀하고 매끈한 흰색의 이 이암[213]은, 현미경으로 보면 이질 물질로 된 비정질, 등방성 분말로 이루어져 있고, 아름다운 적철광 입단이 국지적으로 스며들어 암석에 양홍적색 무늬를 만들어 놓았다.

이처럼 두꺼운 흰색 점토가 형성된 것은 화성암이 분출한 직후 분해된 규장반암질 물질이 국지적으로 퇴적된 결과이며, 이에 미친 후화산 활동이 현재 무늬로 집적된 적철광을 형성하였다고 생각한다. 지질학적으로뿐만 아니라 암석학적으로 이 암석은 일본 비젠 현의 미쓰이시(mitsu-ishi) 돌을 닮았다. 이곳 암석은 현재 광범위하게 채굴되어 좋은

---

211) 玉埋山(옥매산).
212) 소위 조선의 옥(jade).
213) 따라서 이곳에서 채굴된 암석은 화반석 혹은 얼룩덜룩한 핑크빛 돌이라 불린다. 이 암석에 대한 화학적 분석은 아직 시도되지 않았다. 하지만 내화장치에서 실시한 실험 결과는 다음과 같다.

> No. 1. ---- 대형 세거 콘(Seger cone) No. 30 이상.
> No. 2. ---- 대형 세거 콘(Seger cone) No. 30 이상.
> No. 3. ---- 대형 세거 콘(Seger cone) No. 30 이상.
> No. 4. ---- 대형 세거 콘(Seger cone) No. 30 이상.
> No. 5. ---- 대형 세거 콘(Seger cone) No. 20 이상.
> No. 6. ---- 대형 세거 콘(Seger cone) No. 30 이상.
> No. 7. ---- 대형 세거 콘(Seger cone) No. 30 이상.
> No. 8. ---- 대형 세거 콘(Seger cone) No. 21 이상.
> No. 9. ---- 대형 세거 콘(Seger cone) No. 29 이상.
> No.10. ---- 대형 세거 콘(Seger cone) No. 30 이상.
> No.11. ---- 대형 세거 콘(Seger cone) No. 30 이상.
> No.12. ---- 대형 세거 콘(Seger cone) No. 25 이상.

내화용 벽돌이나 석필(slate pencil)을 만드는데 이용된다. 옥매산의 이 암석은 같은 목적에 유익하게 이용될 수 있으며, 상업적 가치로 보아도 매우 유망하다.

잠시 눈 덮인 길을 되돌아 다시 북서쪽으로 나아가면 망루를 지지하고 있는 석문을 지난다. 석문이 위치한 원문[214]의 좁고 낮은 협부(도판 Ⅷ. 사진 1)는 우수영[215] 해군기지를 보호하고 있다. 이곳 주민들은 옥매산에서 채취한 암석을 가공하고 있다. 우수영 주변에는 동일한 회백색 각력질 규장반암이 녹색 반점과 함께 다시 나타난다. 이 암석에는 물가에서 파도에 깍인 표면에 바늘 끝처럼 돌출한 석영 쌍추(bipyramid)와 부식된 석영결정이 많으며, 그 결과 거친 외양을 하고 있다.

| 우수영 | 우수영(도판 Ⅷ. 사진 2)은 이미 언급한 아주 유명한 소용돌이의 서쪽 입구이다. 이곳은 그 유명한 조선 수군의 장수인 이순신[216]의 해군기지가 있던 곳으로, 그는 이 치명적인 소용돌이(도판 Ⅷ. 사진 3)로 일본 군함을 끌어들여 1592~1598년 전쟁 기간 동안 일본 함대를 괴멸시킨 지휘관이다. 실제로 나는 소용돌이 가장자리 모래 속에 3세기 동안 반쯤 파묻혀 있던 옛날 닻의 사진을 찍었다(도판 Ⅸ. 사진 1). 그러나 그곳을 더 이상 찍을 수 없었는데, 아마 내가 다시 와 오랫동안 자랑거리로 삼

---

214) 轅門(원문).
215) 右水營(우수영).
216) 李舜臣(이순신).

아 온 역사유물을 훔쳐갈 것을 조선 사람들이 두려워했기 때문이었을 것이다. 나는 당시 부러운 눈으로 바라보는 조선사람 앞에서 내 코닥을 오용했음에 크게 후회했다. 이순신이 생각보다 빨리 사망했지만, 중국을 정복하려는 야심가 히데요시의 시도가 실패한 한 가지 이유는 일본 해군이 이순신에 의해 완전히 괴멸되었기 때문이다.

소용돌이 | 소용돌이 자체만으로도 이 소용돌이는 그리스의 에우리푸스(Euripus) 소용돌이와 고베 부근의 나루토 소용돌이와 쌍벽을 이룬다. 일부 사람들은 세계적으로 유명한 네그로폰트(Negropont)의 소용돌이를 만에서 나타나는 세이시(seiche) 현상 탓으로 돌린다. 나루토 해협, 혹은 굉음을 내는 이 해협에 대한 일반적인 설명을 제외하고는 그것에 원인[217]에 대해 들은 바 없다. 즉, 소용돌이는 강력한 조류의 드나듦에 의해 발생한다는 것이다. 명량진 소용돌이는 마길[218]과 정등[219] 해협 사이에 있고, 3곳이 목이 좁고 또 3곳이 V자로 홈이 파여 있는 특별한 지형 때문에 소용돌이를 일으키는데 아주 적절하다. 내가 명량 나루터를 찾았을 때, 조류는 밀물 즉, 북서쪽에서 들어와 남쪽(진도)을 쓸고 지나고 있었다. 그리고 목이 넓은 곳(도판 Ⅸ. 사진 2)에서는 반사 작용 때문에 역류가 북쪽 가장자리를 스치고 지나고 있었다. 수심이 얕고 나루터 폭이 좁기 때문에(1km), 요동치는 바닷물은 화산암으로 된 거친 바닥을 시속 7노트로 달린다. 이 때문에 급류와 같이 넘실거리고 폭풍우와 같이 굉음을 낸다. 굉음을 내는 바다라는 뜻으로 명량이라고 불린다.

진도 | 진도,[220] 나는 이 섬의 지질에 관한 한, 추측의 근거가 될 어떠한 자료

도 가지고 있지 않다. 적어도 이 섬의 북쪽은 우수영 부근의 반대편 해안의 암석과 같은 암석으로 된 것처럼 보인다. 그러나 F. 고바야시 씨에 의하면 육지와 분절된 이 섬의 대부분은 적갈색 규장반암으로 이루어져 있다. 이 암석은 면화 재배에 유리한 토양을 제공하며 이곳 날씨 역시 면화재배에 유리하다. 배를 타고 해안을 둘러보면서 멀리 대둔 헤드랜드의 남쪽 끝에서 남북방향의 주향에 서쪽 경사를 가진 편마암질 암석을 보았다. 진도의 남쪽 끝에 있는 말길만(Washington Bay)의 반대

217) 최근 나루토 소용돌이의 원인에 대한 의문에 대해 어렴풋이 그 해답이 제시되었다. 나루토의 좁은 해협은 빠른 해류와 그것에 동반된 와류로 유명하다. 이 해협은 약 1.1km 폭의 좁은 수로에 의해 태평양과 내해(Seto-uchi)를 구분한다. 내해에서의 조석 상황은 태평양의 그것과 정반대이다. 따라서 태평양이 고조인 경우 내해는 저조이며, 반대의 경우도 마찬가지이다. 따라서 내해에서 1 내지 1.5m의 수위 차이를 만들어낸다. 결국 급한 해류가 태평양에서 내해로, 조석 상황에 따라 반대로 흐른다. 조류가 최고 속도에 이르면 그 속도는 시속 10노트를 상외한다. 조류에는 항상 으르렁거리는 소리가 동반되고, 와류는 항상 조류의 뒤편에서 나타난다. [이 조류는 시코쿠와 아와지(Awaji) 섬 사이의 해협을 잇는 해저 산맥을 넘는다.] 와류는 직경이 6m를 넘고 수면에는 갈때기 모양이 형성된다. 작은 배가 여기에 들어서면 빠져나오기가 쉽지 않다.

해협의 바로 안과 바깥에서 조석 상황을 비교해보면 그것이 거의 정반대라는 일련 모순처럼 보이는 사실을 목격하게 될 것이다. 내해에서 이 지역의 수위는 원칙적으로 서쪽으로부터의 조석에 의해 결정된다. 태평양의 조석파(tidal wave)는 시코쿠 섬의 서쪽 끝에 있는 분고(Bungo) 해협을 통해 내해로 들어와 나루토 지역을 향해 동쪽으로 전진해 오며, 마지막 지점까지 오는데 약 5시간이 소요된다. 결국 나루토 해협의 안과 밖의 조석 상황은 실제로 관찰되듯이 약 6시간 차이가 나며, 그 결과 이미 언급한 대로 약 1~1.5m 가량의 수위 차이가 발생한다.

조류가 태평양으로부터 내해로 들어올 경우 흥미로운 현상이 나타난다. 조류의 속도가 빨라지면 약 2.5m 길이의 일정한 파장은 점차 뚜렷해지고 최대 파고는 약 18cm에 이른다. 조류의 속도가 줄어듦에 따라 파장도 점차 줄어든다. 태평양에서 해협으로 밀려드는 조류는 해협 주변 물에 정체진동(standing oscillation)을 일으킨다[부분적으로 나루토 해협을 횡단하면서 조류의 진행방향을 가로막고 있는 해저 기복에 원인이 있을 것이다]. 이는 마치 오르간의 파이프 입구에 불어넣은 공기 제트가 파이프 속 공기층에 정체진동을 일으키는 것과 같다.

218) 馬路灣(마로만).

219) 丁碯灣(정등만).

220) 珍島(진도).

편에서 이번에는 북북서-남남동 방향의 주향에 남서쪽 경사를 지닌 회색으로 보이는 편마암을 보았다. 지질학자들 눈에 한 가지 특이한 사실은 섬과 본토를 분리하는 해협의 방향(북북서-남남동)이었다. 또 다른 사실은 섬이 같은 방향으로 심하게 들쭉날쭉하다는 점이다. 우리가 만약 암석들의 주향 변화를 설명할 수 있다면, 이러한 사실은 특정 지질구조의 측면에서 심오한 의미를 내포하고 있음에 틀림없다. 진도는 조선 반도 남서쪽 가장자리의 전초기지로, 황해의 탁한 바닷물과 푸른 동지나해(Tung-hai)를 나누는 경계가 된다.

우수영   옛날 수군기지였던 우수영으로부터 규장반암이 풍화된 적색토 지대를 따라 정북쪽으로 6km 가량 가면 고도가 낮고 목이 좁은 곳이 나타나며, 이곳에서 토양은 녹색 변종으로 바뀐다. 이곳에서는 녹색과 흰색의 줄무늬를 가진 분암과 그것의 파생암석이 규장반암질 각력암을 덮고 있으며, 그것의 주향은 동서방향이고 경사는 남쪽이다. 경관적 특성이 완전히 달라진다. 봉우리는 제법 높아지고 동서 방향을 달리고 있으며, 동쪽 발치에서 바라보면 해안가에 목창[221]이라 불리는 흙으로 된 가축우리들이 집단을 이루고 있다. 녹색 응회암과 괴상의 분암층으로 된 구릉의 안부를 몇 개 오르다 보면, 최종적으로 우수영 헤드랜드 북쪽 끝에 있는 얕은 해안가에 도달하게 된다. 이곳은 저조위 때 육지와 연결되는 모래섬[222] 부근이다. 암석은 녹색의 층상 휘석분암[223]이다(주향

---

221) 牧倉(花源)[목창(화원)].
222) 沙島(사도).

북서-남동, 경사 북동).

　어디서나 얕은 바다에 점점이 떠 있는 동일한 분암으로 된 섬들 사이를 보트로 8km 가량을 가서, 결국 개항장인 목포(도판 Ⅸ. 사진 3)에 도착했다. 1901년 2월 16일이며, 이것으로 나의 첫 번째 조선 반도 횡단 여행이 끝났다.

목포에서 남평, 동복, 옥과를 경유해 순창에 이르는 구간에 대한 지질 노트

　나의 첫 번째 횡단여행 일지를 보충하고자, K. 이노우에 씨와 N. 야베 씨가 관찰한 기록을 여기에 첨부한다. 그들은 내 여행과는 무관하게 나의 첫 번째와 두 번째 횡단여행 경로 사이에 있는 지역을 나중에 다녀왔고, 친절하게도 자신들의 암석표본과 암석 스케치를 보여 주었다.

　이노우에 씨는 목포에서 출발해 적색 정장석반암으로 된 구릉지대에 있는 같은 이름을 가진 만의 북쪽 가장자리를 따라 20km를 가면서, 마지막 지점[224]에서 함석영 녹색 분암을 발견했다. 이 암석에는 석영현무암에서 석영이 산출되는 방식과 같이 첨상 휘석이 가장자리를 둘러싼

---

223) 현미경으로 보면 서로 거의 평행하게 배열된 장방형의 사장석 결정 집합체로 보이는 녹색 비현정질(aphanitic) 암석. 사장석 결정들은 단순쌍정구조이며, 전체적인 방향과는 반대로 −α축 방향으로 신장되어 있다. 함철−마그네슘 광물은 모두 녹니석화 작용을 받았고, 황색 녹렴석과 함께 같은 녹니석질 물질이 장석의 공극을 메우고 있다. 이 암석은 산에 반응한다. 이 암석은 아마 휘석분암일 것이다. 이 분출암은 치밀한 회색빛 이회암과 호층을 이루고 있다.
224) 松山(송산).

둥근 석영 이외에도 사장석 반정이 포함되어 있다. 이것의 기원에 대해서는 암석학자들이 나중에 집중적으로 논의한 바 있다. 석기는 유동배열을 하고 있는 미정질 장석으로 이루어져 있고, 미정질 장석 사이는 암석이 녹색조를 띠게 하는 녹리석류로 채워져 있다.

영산강 하구에서 주목할 만한 반정유문암질(nevaditic) 라파키비 화강암류(rapakiwi-like)의 결정반암을 발견했다. 이 암석은 미화강암질 집합체의 공극 석기와 함께 장석과 석영으로 이루어져 있고, 이외에 첨상의 청록색 각섬석과 갈색의 티탄석 결정을 확인할 수 있다. 자형의 흰색 사장석 결정(1~2.5cm)의 일부는 신선한 색상의 정장석 껍질 속에 둘러싸여 있고(이는 핀란드의 라파키비 화강암과는 반대이다), 석영(1cm)은 둥글고 간혹 쌍추구조를 하고 있다. 이 두 구성광물은 암석 전체에서 많은 부분을 차지한다. 이 암석은 석영마산암의 변종으로, 핀란드의 정장반정과 마찬가지로 화강반암의 한 종류인데, 조선에서는 자주 언급되는 마산암이 이를 대표하고 있다고 생각한다. 핀란드의 라파키비 화강암과 마찬가지로 장식용으로 이용된다. 그러나 장석과 석영이 쉽게 풍화를 받아 그 자리에 구멍이 생기므로 광범위하게 이용되지는 않는다.

이처럼 주목받는 석영마산암은 멀리 나주 부근의 영산포까지 이어진다. 이곳은 영산강의 가항종점으로, 사장석 반정을 지닌 녹색 분암이 나타난다. 석기는 미규장암질(microfelsitic)로 되어있고, 간혹 유동구조도 나타난다. 석기에서 흑운모도 발견된다. 이 암석은 독특한 유형인데, 어쩌면 함석영 녹색 분암의 주변 암상일 수 있다.

이질반암(claystone-porphyry)은 분암이 심하게 풍화를 받은 곳에서 멀지 않은 곳에서 발견된다.

그 후 이노우에 씨는 남쪽으로 방향을 돌려 그 유명한 월출산[225]("달이 뜨는 산", 775m) 발치에 있는 영암으로 향했으며, 이 산의 후미진 곳에는 많은 불교 사찰들이 있다. 마산암으로 이루어진 이 산은 거의 동서방향으로 달리고 있다.

금 사광이 있는 동창[226]까지의 거리쯤 되는, 행로의 절반까지는, 압축화강암(compressed granite)으로 된 구릉지대가 펼쳐져 있다. 유역분지의 남쪽에서는 담황색의 미사질 외양을 지닌 진정한 퇴적기원의 일반적인 준편마암을 볼 수 있다. 이것은 일본의 다카누키 편마암(흑운모 편마암)과 같고, 조선에서는 가장 오래된 퇴적암이다. 이 암석은 타원형 패치로 산출되며, 주향은 N.25°E.이고 경사는 N.W.이다. 시생대 지층의 남쪽은 앞서 언급한 영암의 마산암 지역이다.

남평에서
동복까지

남평에서 화순까지 가는 길에 처음으로 규장반암과 그것의 각력암을 발견했다. 이 암석은 넓은 지역을 차지하고 있고 멀리 능주[227]까지 이어져 있으며, 풍화 정도에 따라 담녹색 혹은 적갈색을 띠고 있다. 괴상의 녹색 분암은 그 다음 화순 부근에서 나타나고, 그 이후 규장반암이 다시 나타난다.

이곳부터 야베 씨와 이노우에 씨는 동복까지 16km를 갔다. 처음 사분의 일 되는 지점(4km)에서 편리상의 흑운모화강암을 발견했는데, 여

---

225) 月出山(월출산).

226) 東倉(동창). 동창은 이미 언급한(p.81) 영암과 나주 간 남북 방향의 길 중간 쯤에 위치해 있으며, 영암으로부터 14km 떨어져 있다. 금이 산출되는 지역은 남북방향의 평탄한 계곡이며, 이 사이를 한 하천(林川, 임천)이 영산강을 향해 북쪽으로 흐른다. 금사광은 하상을 따라 8km 가량 이어지며, 현재 2~300명의 인부들이 느긋하게 하상 모래에서 금을 찾고 있다. 하지만 전체 생산량은 알 수 없거나, 기업의 이익을 위해 비밀에 붙여졌을 수도 있다. 하천 양안에서 행해지는 세광은 하안 둑에서 측정해보니 대략 60피트 폭의 띠에 한정되어 있다. 하지만 아마 이웃한 논으로 계속 연장해도 충분히 승산이 있을 것이다. 금을 함유한 층의 두께는 10~20피트 가량 되고, 기저 역층의 두께는 0.5~1.5피트 가량 되는데 항상 그렇듯이 이곳은 금이 풍부하고 입자도 크다. 이노우에 : Loc. cit.

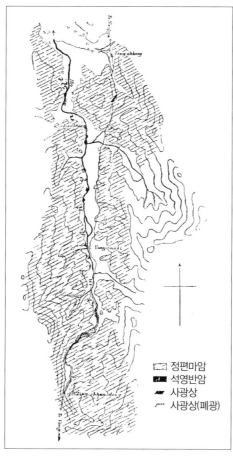

□ 정편마암
■ 석영반암
◀ 사광상
〰 사광상(폐광)

동창 사금광

기서는 장석 눈도 드물게 확인할 수 있었다. 그 후 천매암, 사암, 휘록응회암(schalstein) 혹은 그와 유사한 암석의 외양을 가진 심하게 풍화를 받은 암석들의 환상적인 복합체로 바뀐다. 현미경으로 보면 이들은 변성작용(metamorphosed)을 받은 화성암과 퇴적암들이다.

ⅰ. 첫 번째 암석은 미사질의 외양을 가진 판상 사암(flagstone)이다. 이 암석은 줄무늬의 구과상 암석으로 이루어져 있으며, 유문암과 석영반암의 분출 형태와 종종 관련이 있다.

ⅱ. 두 번째 암석은 입단화된 표면을 지닌 적색 적철광의 일종인 세립철광(flaxseed ion ore)처럼 보인다. 입단을 현미경으로 보면 백운모 엽층과 적색 적철광 분말이 뒤섞인 미세한 결정질 입자에 의해 교결된 석영 쇄설물이다. 이것은 풍화를 받은 철질응회암이다.

ⅲ. 세 번째 암석은 회색빛을 가진 고도의 엽편상 백운모편암인데, 백운모에 둘러싸인 석영입자 때문에 벽개면이 물결 모양을 하고 있다. 놀랍게도 현미경으로 보면 입자들은 가장자리가 부식되고 움푹 들어간 소위 반상석영으로 판명된다. 이 사실은 이 운모편암[228]이 화성(火成) 기원임을 명백하게 입증해 준다. 주된 석기는 지각의 전단운동에 의해 만들어진 견운모 막과 뒤섞인, 미세하게 파쇄된 분광 입자로 이루어져

---

227) p.77의 각주 170 참조.

228) 최근 살로몬(Salomon)은 운모편암의 기원을 석영반암의 압쇄암화 작용이라 주장한 바 있다. 그는 두 암석에 대한 분석 결과를 제시하면서, 전자는 나트륨과 다른 알칼리 염류가 부족한 반면 정상석이 여전히 운모편암 속에 대부분 남아 있는 것을 보여주면서 '알루미늄'으로 포화되어 있다고 주장하였다. ˝Die Enstehung der Sericitschriefer in der Val Camonica (Lonbardei),˝ *Bericht ueber die XXX. Versammlung des Oberrheinischen geologischen Vercins zu Lindau*, 1907.

있다. 반상석영 주변의 견운모 막은 일반적인 변형활동에 의해 만들어진 부분적인 틈새를 빠져나가지 못했다.

iv. 네 번째 암석은 파쇄된 탄질 판상사암인데, 청색 유리질 석영 반점이 그 사이에 끼어 있다. 파쇄된 석영 쇄설물은 뚜렷한 파동 소광을 보인다. 장석은 빠져나가 백운모 집합체로 변했다. 일반적인 석기는 보통의 점판암 박편과 정확하게 일치한다. 이 암석은 의심의 여지없이 쇄설 기원이다.

v. 석묵(graphitoid)층[229]의 기저 암석은 거무스름한 각사암(grit)인데, 고배율로 보면 백운모와 석묵 입자 이외에 파쇄물질로 교결된 고파쇄 석영입자로 이루어져 있다. 암석 전체에 다양한 모습으로 열극이 나 있고, 새로이 결정화된 석영과 견운모에 의해 메워져 있다. 몇몇 전기석 입자도 확인된다. 현재 변형 상태에서 이 암석이 화성 기원인지 퇴적 기원인지 말하는 것은 불가능하다.

vi. 상당히 두꺼운 석묵층은 귀암[230]에서 전술한 것과 관련되어 산출된다.

---

229) 광물학적으로 말해 이 석묵은 흑연(graphite)과 무연탄(anthracite) 중간 쯤 되는 변종이다. 주 암상은 다양한 규산질 혼합물로 이루어져 있지만, 석묵 층이나 광맥은 30피트가 족히 된다. 광맥의 하반은 미립질 사암인 반면에 상반은 점토질점판암(clayslate)으로 되어 있다. 이노우에(loc. cit.)에 의하면 이 복합체의 주향은 N.70°W.이고 경사는 N.E.70°이다. 석묵에 대한 화학분석의 결과는 다음과 같다.

Water.	Volatile Matter.	Coke.	Ash.	S.	Sp. Gr.
9.78	8.29	58.02	24.91	0.38	1.95

회분(ash)은 노르스름한 백색이다. 흑묵은 부서지기 쉽고 점결탄(caking-coal)으로는 쓸 수 없다.
230) 龜岩(귀암).

앞에서 언급한 암석들로 구성된 지질통(series)은 남동쪽으로 기울어져 있고 멀리 동복까지 하나의 지대를 이루고 있다. 녹색 분암이 이 통을 덮고 있고, 북서쪽으로부터 읍내를 굽어볼 수 있는 언덕을 이루고 있다.

전라도 한복판에 있는, 지질학적으로 흥미롭지만 층서학적으로 의심의 여지가 많은 이 복합체가 갑작스럽게 등장한 것은 조선에서 나의 경험에 비추어보면 의외이다. 제시된 간략한 설명에서 알 수 있듯이, 지리산 스페노이드(Chiri-san Sphenoid)의 조산운동 당시 강력한 전단작용 때문에 암석들은 대단히 파쇄되고 변형되었다. 따라서 이들 암석은 결정질 그리고 반결정질 편암의 이전 모습을 지니고 있다. 원래 이들 암석은 부분적으로 구과상, 응회질반상변정암질(tuff-porphyroidic), 사질쇄설암이다. 현재 내가 아는 바에 따르면 이들 암석을 중생대변성암(metamorphic messozoic)에 포함시키는 것이 좋겠다. 이 복합체는 라인 강 하류의 타우누스(Taunus) 견운모편암과 편마암이나, 또 어떤 점에서는 스위스 동부의 "Bündner Schiefer"을 너무나 많이 닮았다.

중생대변성암

봉내장[231]에서 산출되는 같은 종류의 암석에 대해서 이미 언급한 바 있다. 따라서 이 복합체의 범위를 남쪽으로는 보성까지, 마찬가지로 북쪽으로는 다음에 서술하게 될 옥과까지 넓혀도 무방하리라 생각한다.

동복에서
옥과까지

야베와 이노우에는 비록 다른 계절이었지만 화순에서 동복까지의 여

---

231) p.75의 각주 167 참조.

행과 마찬가지로 동복에서 옥과까지 북–남 경로를 잡았다. 처음 6km 까지는 전단변형을 받은 미사장석이 많이 포함된 거정질의 백운모화강 암이 나타났다. 그 후 독치[232] 고개에 도착했다. 이곳 암석은 전형적인 녹색 오트렐라이트천매암(ottrelite-phyllite)과 적철광편암, 그리고 오트 레라이트(ottrelite, 망간경록니석)로 이루어져 있고, 그 사이에 석영질 의 특성과 밝은 색을 지닌 거정질 쇄설암이 끼어 있다. 전기석과 자갈 색 고굴절 광물 그리고 복굴절 광물(저어콘?)이 부성분광물이다. 이 암 석은 이미 언급한 귀암의 석묵층의 북쪽 연장일 것이다. 같은 지층이 계속해서 관찰되며, 간혹 회색의 결정질 석회암[233]으로 된 자갈로 이루 어진 역암으로 덮여 있다. 역암은 섬진강 지류의 유역분지에 있는 다음 고개(동복에서 14km)까지 멀리 이어져 있다. 이 고개에서 옥과까지 사 질 백운모편암이 나타나는데, 이는 강진과 능주[234]의 것과 동일한 편암 대의 북동쪽 연장을 의미한다.

옥과에서 다리머리까지 흑운모를 많이 함유하고 있는 화강암의 입단 화 및 압축에 의해 형성된 흑운모편암이 나타나며, 부성분으로 전기석 을 포함하고 있다. 그 다음 제법 고도가 높은 동서방향의 산맥이 안구 편마암으로 된 순창[235] 평야까지 이어져 있다. 이 동명산 산맥은 옥과의 암석과 마찬가지로 사질 백운모편암으로 이루어져 있지만, 나는 지질

---

232) 獨峙(독치).
233) 슬라이드를 제작해 이 복합체의 연대를 확정할 희망으로 분석해 보았으나, 잔류 유기물의 흔적도 발견할 수 없었다.
234) p.75의 각주 170과 p.81 참조.
235) 淳昌(순창). p.110 참조.

구조적인 측면에 이 둘 사이에 어떠한 연관이 있는지 말할 수 없다. 순창은 나의 두 번째 횡단여행에서도 다룰 예정이다.

2차 횡단여행

(도판 IX~ XXV 참조)

　다음 설명문과 일지는 서해안의 목포에서 시작하여 부산에서 끝난 한 달 동안의 여행에 관한 것이다.

　자유항 목포와 일본인 주거지는, 영산강이 물과 퇴적물을 쏟아내는 얕은 만을 둘러싸고 있는 구릉성 곶(headland)의 남쪽 끝에 있다. 주요 수출품은 쌀이다. 항구는 서쪽으로 나주군도라 불리는 복잡한 섬들로 보호를 받고 있으며, 멀리서 보면 상어의 이빨과 같다. 이들의 지질은 전혀 모르겠지만, 영광,[1] 무장,[2] 흥덕[3]의 주향 방향을 반영하는 정편마암일 것으로 예상되며 호랑이가 출몰할 것 같은 이들 지역의 산지는 같

---

1) 靈光(영광).
2) 茂長(무장).
3) 興德(흥덕).

은 암석으로 되어 있다.

목포

　　목포에서는 진흙층와 탄화목[4]의 거무스름한 띠들과 호층을 이루고 있는 미세한 줄무늬와 평행 성층면을 지닌 회색의 층응회암(tuffite)을 볼 수 있다. 이러한 특징은 제3기 암석의 외양이다. 각력암과 유상 마산암이 위의 암석을 덮고 있거나 부분적으로 그 아래에 깔려 있다. 유달산[5]은 끝이 뾰족한 구릉이며 마산암[6]으로 이루어져 있는데, 일견 유문암을 닮은 것으로 종종 오해를 불러일으킨다. 그 동쪽 발치에 일본 영사관이 있다(도판 Ⅸ. 사진 3과 도판 Ⅹ. 사진 1). 이 암석은 여기저기서 다양한 구조를 보여준다. 어떤 것은 각력질이고 또 어떤 것은 진정한 의미의 화산암으로 유동구조를 보여준다. 이 암석은 회색의 거정질 암석으로, 소량의 흑운모 결정, 신선한 색상의 사장석, 그리고 부식된 석영 입자들과 쌍추 석영이 상당량 포함되어 있다. 둥근 석영은 석영반암에서 일반적으로 나타나는 특징이다. 석기는 입상미정질 규장암질 물질로 되어 있다. 그러나 반상 요소들이 너무나 많아, 이 암석을 결정질 반암(crystal-porphyry)이라 부르는 것이 적절할 것이다. 장석 반정들이 쉽게 풍화를 받아 구멍이 생기면 마치 거친 유문암의 모습을 나타낸다. 암체는 수직으로 서 있고, 북동에서 남동방향으로 이어져 있다. 석영반암과 유사한 이 암석은 미사장석 혹은 정장석 대신에 사장석을 포함하고 있다. 나는 이 암석에 반정유문암질(nevaditic, 혹은 네바다암질) 마

---

4) 아마 이 층은 상부경상계 화쇄류 층을 말하며, 지질학적으로 말해 모래섬의 일부를 이루고 있다. p.91 참조.
5) 儒達山(유달산).
6) p.41 참조.

산암이라 이름을 붙였고, 이에 대해서는 첫 번째 횡단여행[7]에서도 계속해서 언급한 바 있다.

나는 1901년 2월 20일에 목포를 출발했다. 당시 눈이 빠른 속도로 녹기 시작했고 완연한 봄 기운에 밀이 싹트기 시작했다. 무안으로 가는 길 중간쯤 작은 내만[8] 끝에서, 적색 장석반암을 닮은 반상마산암을 발견했다. 이 암석은 앞서 말한 암석과 같은 것이다.

무안 | 무안 부근에서 우리 일행은 두 지층의 경계를 따라 지나갔다. 오른편으로 공수봉[9]이라는 평정(flat-topped) 침식 잔재가 나타났다. 이 산에는 적색 반암으로 된 층상 암체의 단애들이 노출되어 있었다. 한편 이 암석에는 약간의 유동구조를 지닌 구과상 그리고 유리질 석기 속에 눈으로도 확인할 수 있는 석영과 붉은 빛을 띤 장석이 포함되어 있다. 높은 곳은 결정이 보이는 적색 이질반암이 덮고 있지만, 그것들은 장석 결정이다. 석영은 어떤 것에는 있고 또 어떤 것에는 없다. 이처럼 석영의 산출이 일정하지 않는 것은, 석영이 종종 부식을 받았거나 아니면 고화되면서 이런 종류의 반암으로 재흡수되었기 때문이다.

왼편으론 석묵편암(graphite-schist)을 볼 수 있다. 현재는 N.45°E.의 주향과 S.W의 경사를 이루면서 얇게 짜개진 적색토화된 자갈(shingle)로 풍화되어 있다. 융기산맥을 형성하고 있는 북서쪽의 천매암은, 내만

---

7) p.41 참조.
8) 宣磴里(선등리)의 堂峙(당치).
9) 公水峰(공수봉). 도판 Ⅹ. 사진 3.

뒤편의 헤드랜드와 같은 주향 방향으로 달리고 있으며 우리는 이 내만의 동쪽 해안을 지나고 있다. 현미경으로 살펴보면, 이 천매암이 동복[10]의 그것과 같은 것이고 어쩌면 같은 시대(중생대 변성암)일 것이라는 사실이 밝혀졌다. 뚜렷한 파동 소광 현상을 보이는 둥근 석영이 천매암 엽편에 의해 방사상으로 둘러싸여 있는 것이 확인된다. 백운모화작용을 받은 장석결정은 여전히 천매암 막 속에 보인다. 간단히 말해 이 암석은 극도로 풍화된 반상화성암의 외양을 갖고 있다.

다음으로 우리는 버림받은 것 같은 무안[11] 읍내를 나와 북동쪽으로 나아갔다. 흔히 그렇듯 성벽이 읍내를 감싸고 있으며, 이 성벽은 자색 이질편암과 반상마산암의 전형적인 표본들로 이루어져 있다. 그 후 나무라고는 전혀 없는 구릉성 평지(도판 Ⅹ. 사진 2)를 지나, 4km의 폭을 지닌 논으로 된 충적세층 구역(도판 Ⅹ. 사진 3)으로 들어갔다. 이곳은 북서쪽(함평)에서 강물이 들어와 영산강으로 배수된다. 다음으로 우리는 울진치 고개를 지나 고망골[12]로 갔다. 고개의 암석은 적색 이질반암, 부식된 석영을 함유하고 있는 녹갈색의 얼룩덜룩한 각력암, 그리고 회색빛 사질 층응회암이 호층을 이루고 있으며, 주향은 N.N.W–S.S.E.이고 경사는 N.E.이다. 방금 우리가 넘은 가장 낮은 고개가 지나는 구릉능선(hill-ridge)은, 우리가 건너온 왼편의 작은 평지와 앞으로 지나야 하는 오른편 평지를 나누면서 같은 방향을 달리고 있다. 지층은 해남에서

---

10) p.95의 iii과 p.97 참조.
11) 무안에서 장성을 지나 정읍까지의 여정에 대한 설명은 제3장 "제3차 횡단여행"의 제2절 상부경상계 분지를 참조할 것.
12) 古幕洞(고막동).

우수영 헤드랜드를 거쳐 목포에 이르는 동안 봤던 것과 같은 것이었다 (pp.84~91). 따라서 그것은 상부경상계이다.

여기서 새로운 지질구조 요소, 즉 전라도의 지배적인 방향과 직각으로 달리는 북서-남동의 주향 방향을 발견했다는 사실은 지적할 만하다. 이미 같은 요소를 우수영 헤드랜드와 진도[13]에서 관찰한 바 있다.

고망골을 출발해 동쪽으로 가면서 동일한 복합체로 이루어진 식생이 없는 불그스름한 구릉지대를 지났고, 북서쪽으로는 북동-남서방향의 노령 시스템의 산맥들을 볼 수 있었다. 우리는 키 작은 소나무가 듬성듬성 서 있는, 홍적세층[14]과 같은 높이의 황량하고 단조로운 지역을 지나고 있었다.

최종적으로 우리는 초동[15]에서 영산강의 작은 지류를 건넜다. 이곳 하상은 이질반암, 녹색빛 분암 그리고 그것의 파생암석로 된 자갈(도판 XI. 사진 1)로 덮여 있었다. 시야는 남쪽으로 열려있었고, 멀리 눈 덮인 영암의 월출산[16]이 동서방향으로 달리면서 북쪽으로 단애를 노출시킨 채 영산강 너머에 솟아 있었다.

나주로 가면서 다시금 4km 폭의 낮은 산맥을 넘었다. 이 산맥은 규장반암으로 이루어졌고 어떤 것은 규화작용을 받아 붉은빛이 도는 것이 있는 반면 또 어떤 것은 풍화를 받아 초록빛을 띠고 있었다. 읍내로 내려오는 길에 파쇄된 흑운모 화강암이 자신이 관입한 규장반암 밑에

---

13) p.90 참조.
14) 홍적세층은 조선에서 만나기 쉽지 않다.
15) 草洞(초동).
16) p.93 참조.

드러나 있는 것을 보았다.

여기서 동쪽으로 시야가 열려 있어(도판 Ⅺ. 사진 3), 폭이 18km나 되는 비옥한 나주평야를 내려다 볼 수 있었다. 광주 무등산[17]은 분암으로 된 깎아지른 듯한 산지로, 나주평야의 동쪽 경계를 이루면서 남북으로 달리고 있다. 산록의 구릉지대는 화강암으로 되어 있다.

나주

나주 읍내(30m)는 다른 읍내와 비교하면 그 위상이 아주 높다. 이곳은 사각형의 성곽도시로, 성벽은 서로 단단하게 얽혀있는 괴상의 화강암으로 이루어져 있다. 관공서 건물들은 비교적 크지만 비어 있다. 성벽 안의 대부분 공간은 사람이 살고 있지 않다. 주민들은 풀이 죽어 있고 침묵하고 있다. 청일전쟁 직전에 일어난 동학혁명의 고통 때문에 전체적인 분위기는 텅빈 공허한 장소, 바로 그것이었다. 인근에 임씨[18] 가문의 양반 거주지가 있었다고 한다.

그 후 우리는 처음에 논을, 나중에는 거정질 화강암질 마산암 기반의 침식을 받은 적색 구릉지대를 가로질러 나주에서 북동쪽으로 4km를 나아갔다. 이 암석을 현미경으로 보면 강력한 압력을 받은 독특한 희귀광물이 나타난다. 마지막으로 좁은 충적세 범람원으로 내려가 나룻배를 타고 영산강을 건너 서창[19]으로 갔다. 그곳부터 광주로 가는 마지막 고개까지 계속해서, 프린트상(flinty), 튜파상(tufaceous, tufa, 석회질퇴

---

17) 無等山(무등산).
18) 林氏(임씨).
19) 西倉(서창).

적암의 일종), 그리고 괴상 구조를 지닌 초록빛 분암이 나타났으며, 튜파상과 괴상이 종종 호층을 이루고 있고 동쪽으로 기울어져 있다. 구조와 관계없이 모든 암석이 적색토로 풍화되어 있었다. 마지막 고개[20]에서는 흑운모 화강암이 반상응회암을 관입하고 있었으며, 이 사실로부터 더 젊은 화강암의 연대를 추정할 수 있었다.

광주[21]

전라남도의 행정중심지인 광주(60m)는 기저 화강암으로 된 분지와 이를 덮고 있는 이미 언급한 판상의 무등산 분암의 애추 사면에 위치해 있다(도판 XI. 사진 3). 이 도시의 남쪽과 북쪽은 동쪽에서 읍내를 내려다보고 있는 무등산의 초록빛 분출암[22] 지맥에 의해 막혀 있고(도판 XII. 사진 2), 하천들은 졸졸 흘러 영산강의 낮고 널찍한 계곡으로 빠져나간다(도판 XII. 사진 1).

읍내에서 북쪽 길을 따라 담양[23]으로 가면서 녹색 반암으로 덮인 흑운모화강암으로 된 동서방향의 구릉 안부를 2개 넘는다. 10km를 걸어

---

20) 老人峙(노인치).

21) 光州(광주) - 全羅南道監察使所在地(전라남도관찰사소재지).

22) 이 암석은 흑색 반점이 있는 녹색빛 비현정질 암석이다. 현미경으로 보면, a축 방향으로 늘어서거나 단순히 알바이트 법칙(albite law)에 따라 쌍정을 이루고 있는 장방형의 사장석과 고도의 간섭색과 쌍정구조를 지닌 밝은 녹색의 짧은 각주상 투휘석질(diopsidic) 휘석으로 이루어져 있다. 휘석 기저에는 축극이 하나 있다. 녹리석 물질이 장석의 공극을 메우고 있고, 덕분에 이 암석을 육안으로 보면 녹색으로 보인다. 티탄철석(ilmenite) 덩어리는 많은데 류콕신(leucoxene)으로 변질되어 있다. 이 암석은 휘석분암이다.

23) 潭陽(담양).

가면, 길이 나뉘는 서태다리[24] 부근에서 화강암질 모래로 된 작은 범람원에 도착한다. 한 쪽 길은 물이 없는 계곡을 따라 동쪽으로 남평까지 이어진다. 남평은 판상의 무등산 분암이 끝나는 곳으로 생각된다. 그러나 우리는 북쪽으로 곧장 화강암 지대를 지났고, 이 암석은 곧 눈이 작은 백색빛의 안구편마암으로 바뀐다. 후자는 멀리 담양까지 이어지며, 담양은 치밀한 백색빛의 마산암 지대에 있다. 마산암의 미세한 반상 요소는 흑운모, 석영, 녹렴석화작용을 받은 장석이다. 담양(90m)은 나주평야의 북쪽 끝에 있으며(도판 XII. 사진 1), 상부경상계로 된 남서방향의 날카로운 능선이 둘러싸고 있다.

담양

안구편마암과 치밀한 마산암[25]의 경계를 따라 담양 읍내에서 동쪽으로 방향을 돌렸다. 편마암을 덮고 있는 마산암은 북서쪽으로 기울어져 있다. 우리는 점점 방축치(140m)[26]라는 평정봉을 오르면서, 동쪽에 있는 미정질 안구편마암으로 이루어진 아미산의 고립 압봉을 볼 수 있었다. 이 평정봉은 황해로 흐르는 하천과 남해로 흐르는 하천을 나누는 분수계이다.

순창

그 후 하산해서 안구편마암 지대를 흐르는 하천을 따라 순창까지 내려갔다. 이곳에서 야베 씨와 이노우에 씨의 여정[27]에 합류했다. 읍내는 화강암질 암석의 삭박분지 안에 있다. 이 분지는 조선의 다른 분지와

---

24) 芥橋(개교).
25) 이 백색 분출암은 유명한 옛 추월산성(秋月山)을 둘러싸고 있는 구릉을 이루고 있다.
26) 防築峙(방축치).
27) p.97 참조.

마찬가지로 단순히 침식과 평탄화에 의해 형성되었다. 주변은 헐벗은 "악지" 경관을 보여 주고 있다. 북쪽에는 이미 언급한 아미산과 마찬가지로 안구편마암으로 된 일군의 고립 산정들을 볼 수 있다. 이들은 반암으로 된 노령 시스템의 배후지에 있는, 대각선 방향으로 달리고 있는 능선과 인접해 있다. 남쪽으로는 안구편마암으로 된 작은 구릉지 뒤로 옥과의 백운모편암[28]으로 된 성벽과 같은 능선이 달리고 있다.

이제 남원으로 가는 길에 흰색 반상구조를 지닌 편마상화강암 (gneissoid granite)으로 된 고개들을 지났다. 이 암석은 빠른 속도로 암설로 부서지고 척박한 적색토로 풍화되었다. 두 시간만에 적성진 (115m) 나루터에 도착했다.

반대편에 있는 단애(도판 XII. 사진 3)는 지질학자의 관심을 끌기에 충분했다. 왜냐하면 규칙적인 수평 인장을 받은 거정질 엽편상 흑운모 정편마암의 편리면 뒤를 완벽하게 보기란 거의 불가능하기 때문이다. 길은 이 암석으로 된 우곡 사이에 나 있다. 이곳은 편리의 다양한 단계와 위를 덮고 있는 백운모편암과의 접촉면을 관찰하기에 아주 좋았다. 아래에 있는 암석은 강력한 압쇄암화작용을 받은 흑운모가 풍부한 정편마암이며, 나의 첫 번째 횡단여행[29] 당시 감나무치에서 발견한 것과 같은 특성을 지니고 있다. 이 복합체는 다양한 방향으로 뻗어 있지만, 대체적으로 말하자면 주향은 N.20°E.이고 경사는 50°S.E.이다. 능선은 같은 방향으로 달리다가 남쪽 약 2km 지점에서 끝난다. 마찬가지로 북

---

28) p.98 참조.
29) p.78의 각주 176 참조.

쪽으로는 점점 낮아지다가 단지 4km 지점에서 끝난다.

흑색과 녹색의 천매암과 함께 강진 유형의 사질 백운모편암이 정편마암을 덮고 있다. 이 접촉면을 관찰하는 것은 나에게 매우 흥미로운 일이다. 원래 미사질이었던, 편리면이 평행한 백운모편암과의 접촉면에 화강암질 물질이 관입하여 암맥이 되었다. 이는 정편마암이 화성기원이고 나중에 형성된 것임을 시사한다. 편마암과 편암의 복합체는 강진,[30] 옥과,[31] 능주[32]와 같은 지질단위에 속한다. 만약 이 패치들을 지질도에서 연결하면, 지리산 스페노이드의 서쪽 주변에 해당할 것임에 의심의 여지가 없다.

동쪽으로 가면서 우리는 백운모편암으로 된 자갈에서 작업하고 있는 금사광을 보았다. 이 암석은 비홍치[33] 고개(215m) 오르막길에서 확실하게 보이는 파쇄된 반상 흑운모화강암으로 바로 바뀌었다. 이 고개는 목포를 떠난 후 넘었던 고개 중에서 이름이 붙을 만한 첫 번째 고개였다. 분명히 이 산맥은 지리산 스페노이드의 서쪽 끝 산맥에 해당되며, 이미 지적한 백운모편암대와 나란히 달리고 있다. 이 산맥은 첫 번째 횡단여행[34]에서 언급한 감나무치로부터 지질학적 추적이 가능하다. 반대편을 내려오면서 전단변형을 받은 화강암으로 된 저기복의 파랑상 구릉을 세 번이나 더 오르내렸다. 이 암석에 녹리석화작용을 받은 흑운

---

30) p.81 참조.
31) p.98 동명산 암석 참조.
32) p.77의 각주 170 참조.
33) 飛鴻峙(비홍치).
34) p.78 참조.

모가 포함된 회색빛의 조면세정암(보스토나이트, bostonite)이 종종 관입하여 암맥을 이루고 있다. 이 암맥은 쉽게 붕괴되고 풍화를 받아 불그스름한 사질토로 바뀌었다. 최종적으로 새술막[35]에서 교룡산[36] 옛 산성 발치에 있는 숲속을 지나 남원에 도착했다.

남원 | 남원은 해발고도가 단지 50m 밖에 되지 않는 산간퇴적분지의 중심에 위치해 있는 중요한 읍내이다(도판 XIII. 사진 3). 남원은 순천에서 시작된 전라도의 중요 도로 상에 위치하며, 서쪽으로 가는 길과 운봉[37]을 거쳐 동쪽으로 가는 길의 교차로에 입지해 있다. 이곳은 순천[38]이나 섬진강[39] 하구에 상륙한 일본인이 군산평야에 있는 옛 백제왕국의 폐허가 된 수도로 가는 길에 나타나는 중요한 내륙 거점이 아닐 수 없었다. 1597년 히데요시의 침공 시 파괴는, 주민들의 마음속에 지워지지 않는 분노로 남아 있다.

분지는 산으로 둘러싸여 있고, 단지 곡성으로 가는 남서쪽으로만 열려 있다. 이 방향을 따라 하천의 맑은 물이 넓고 얕은 모래 하상을 흘러내리고 있다. 일반적으로 이야기해 조선의 산지는 그다지 높지 않다. 그러나 산지의 윤곽이 날카롭고 이러한 특징의 규칙성에 영향을 받아 여행객들은 산지가 아주 높다는 강력한 인상을 받게 된다(도판 XIII. 사

---

35) 新酒店(신주점).
36) 蛟龍山(교룡산).
37) 雲峰(운봉).
38) p.71 참조.
39) p.65 참조.

진 2). 이곳이 좋은 예이다. 서쪽으로는 그저께 넘었던 비홍치[40] 산맥이 보인다. 남쪽으로는 일정한 고도와 규칙적인 방향성을 지닌 장벽(도판 XIII. 사진 1)과 같은 밤치(200m)에 의해 이미 언급한 바 있는[41] 구례 평탄지와 나뉘어진다. 이 산맥은 지리산 매시프를 비스듬하게 자르면서, N.70°E. 방향으로 산청까지 이어진다. 이 산맥은 동서방향의 한산 시스템 지형 요소 중에서 가장 두드러진 것이다. 북쪽으로는 노령의 구릉지대가 있고, 동쪽으로는 이제 넘어야 하는 지리산 내측산맥(inner Chirisan ridge)이 있다.

읍내에서 여원치[42] 고개(435m)까지 도로는 장석질 자갈 하상을 흐르는 하천을 따라 나 있으며, 고개의 암석은 약간 압축을 받은 흑운모화강암이다. 사면은 반쯤 풍화된 순수 화강암 기반에 소나무가 듬성듬성서 있다(도판 XIV. 사진 1 참조). 이 경치는 조선 사람들의 견지에서 보면 훌륭한 것이다. 도로변 자연석 표면에는 비문이 2개 있는데, 1593~1594년 명군(明軍) 총사령관 유정 도독[43]이 히데요시의 군대를 조선 반도로부터 축출하러 가는 길에 이곳을 통과한 것을 과시하듯 기념하기 위해 새겨놓은 것이다. 물론 그는 조선 반도에서 성공을 거두지 못했다. 자연석 표면에 커다랗게 한자를 세기는 관습은 조선에서 여전히 유행하고 있고, 금강산[44](혹은 다이아몬드 산)에 특히 많다.

---

40) p.112 참조.
41) p.98 참조.
42) 女院峙(여원치).
43) 征倭都督劉綎(정외도독유정).
44) 金剛山(금강산).

여원치 정상에 있는 제법 입자가 큰 화강암(녹렴석이 포함된)은 육십 령 고개 쪽인 N.20°E. 방향으로 전단변형을 약간 받았다. 육십령 고개[45] 는 여기서 북쪽으로 보이며, 산맥으로 이어져 있다. 서쪽 지평선 위로 비홍치 산맥이 일정한 방향으로 달리고 있다(도판 XIV. 사진 1). 이제 우리는 운봉고원(370m)의 가장자리에 있으며, 이곳으로부터 동쪽으로 지리산 산맥의 주능선이 보인다. 이 능선은 성벽과 같은 날카로움을 지 닌 침강산지의 특성을 지녔으나(도판 XIV. 사진 2) 고도가 거의 같은 산 등성이며(1.239m), 밤치 단층에 의해 비스듬하게 잘려나간 결과 북동 쪽을 바라보면서 갑자기 끝이 난다. 고원의 배수 유로와 도로는 이렇게 해서 만들어진 풍극(wind-gap)을 따라 지난다.

운봉 | 운봉[46] 읍내에서 북동쪽으로 4km 떨어진, 앞에서 언급한 풍극의 입 구에 비전[47]이라는 마을이 있다. 비전이란 글자 그대로 석조 기념물이 있는 사찰 마을을 의미한다. 이곳은 일본으로 보아서는 운이 없었던 전 장이었다. 왜냐하면 군기가 빠져 동요마저 일으키던 조선군이 압도적 인 적을 두 번이나 물리쳤기 때문이다. 사당이 셋 있는데(도판 XIV. 사 진 3), 팽나무 숲에 의해 그늘이 져있다. 한 곳에는 1594년 일본에 대한 승전을 기념하는 비명이 들어 있고, 이는 화강암 자연석에 새겨졌다. 두 번째는 일본 남부의 극악무도한 왜구를 물리친 이성계[48] 장군을 기

---

45) 六十嶺(육십령).
46) 雲峰(운봉).
47) 碑殿(비전). 도판 XV. 사진 1.
48) 李成桂(이성계).

넘하는 명판이 있는 훌륭한 사당이다. 그 후 이 장군은 힘을 길러 고려의 마지막 왕을 폐하고 현재 왕조의 첫 번째 군주가 되었다. 세 번째 사당이 가장 크지만, 나는 그 안에 있는 내용물의 특성을 알 수 없었다.

이 같은 전략적 지점(도판 XV. 사진 1)과 경상도에서 전라도로 통하는 진정한 입구를 벗어나서, 편마상 각섬석화강암,[49] 편상 석영이장암(adamellite), 반상의 보통 화강편마암, 순수한 정편마암 등으로 이루어진 좁을 통로를 빠져나왔다. 화강암질 마그마의 다양한 변종인 이들 암석의 편리방향은 N.80°E.이다. 이는 밤치산맥의 방향과 일치한다. 이 방향은 붉은빛이 도는 반화강암의 수많은 암맥이 관입한 방향과 같으며, 도로나 하천단애에서 항상 관찰이 가능하다. 이 암맥은 마치 줄무늬가 있는 백운모편마암인양 편리방향을 정확하게 따르고 있다. 다만 몇몇은 편리방향을 가로지르며 지난다.

인월(도판 XV. 사진 2)부터 팔령치[50]까지 도로는 인지할 수 없을 정도로 점점 높아진다. 팔령치는 고도가 430m(도판 XV. 사진 2 참조)로 앞에서 말한[51] 여원치와 거의 같은 고도이며, 운봉고원의 동쪽 끝 그리고 지리산 산맥의 주능선 가장자리에 있다. 고개에서 바라보는 파노라마 전망은 탁 트여 있다(도판 XV. 사진 3). 바로 아래에 있는 극도로 개

---

49) 각섬석이 포이킬리틱 장식으로 둥근 조장석 입자를 포함하고 있으며 형태가 탁면(pinacoid) 그리고 돔형인 타형의 석영을 사장석이 둘러싸고 있다는 사실을 이 암석의 특성으로 지적할 수 있을 것이다. 내 생각으로 이 암석은 반심성과 심성 사이의 특별한 환경에서 고화된 것이다. B. Popoff, "Ueber Rapakiwi aus Süd-Russland." *Travaux la Sociélé Imperial es Naturalistes de St. Pétersbourg* vol.1, 31.

50) 八嶺峙(팔령치).

51) p.114 참조.

석을 받아 헐벗은 함양의 구릉상 화강암 지대와는 대조적으로 경상도와 경상계의 낮고 어두운 산맥들이 배경으로 드러난다.

앞에서 언급했듯이 팔령치의 사면은 약간 푸른빛을 띤 화강편마암으로 이루어져 있지만, 갑자기 편상의 반화강암으로 바뀌기도 하고 간혹 안구편마암으로도 바뀐다. 이쯤에서, 모든 암맥이 밤치 방향인 N.80°E.으로 달리고 또한 그 방향으로 전단변형을 받았음을 지적하는 것은 나름의 의미가 있다.

함양

우리는 함양[52] 읍내(도판 XVI. 사진 1)를 통과하고 급류를 따라 흰색 미정질 안구편마암 지대에 있는 사근[53]까지 내려갔다. 이 급류와 북쪽에서 오는 지류가 이곳에서 만난다. 안의[54] 읍내는 이곳에서 북쪽으로 단지 11km 거리에 있으나, 다음 횡단여행에서 그곳을 지날 예정이다. 눈 덮인 지리산 봉우리 사이의 고원(370m)에 위치한 비전에 도착했을 때(1901년 3월 11일), 나는 서리와 언 하천을 보았다. 그러나 사근에서는 온화한 봄 안개를 만났다. 경상도와 전라도의 기후 차이는 아주 뚜렷하다. 사근은 진주-남원 간 도로와, 전주에서 출발해 육십령을 경유하는 도로가 만나는 곳에 있다. 이곳부터 우리는 멀리 산청까지 야베의 경로를 따랐다. 그는 산청에서 진주[55]까지 정남향으로 내려갔다.

처음 만난 암석은 갈색빛의 미정질 양운모(two-mica) 정편마암으로,

---

52) 咸陽(함양).
53) 沙斤(사근). 현재 함양군 수동 – 역자 주.
54) 安義(안의).
55) p.58의 각주 95 참조.

현미경으로 보면 주로 타형의 미사장석과 파쇄된 석영으로 이루어져 있다. 갈색빛은 포이킬리틱(poikilitic) 석영입자를 포함하고 있는 사장석의 미약한 분해에 기인한다. 편리는 N.60°E. 방향이다. 이 암석은 늘봍장[56] 직전에서 섬록암질 구성의 우흑암(melanocrate) 암맥이 관입한 치밀한 반화강암질 암석으로 바뀐다.

　반화강질 우백암(aplitic leucocrate)은 사장석과 석영의 화강암질 입상(granitic-granular)의 집합체이다. 정장석도 일부 나타난다. 현미거정암상(micropegmatitic) 구조는 거의 없다. 우흑암은 결정질 편암에서 일반적으로 나타나는 광물과 유사한 각섬석, 흑운모, 사장석, 티탄석으로 된 미세립질 암석이다. 이 두 암석 모두 남쪽으로 기울어져 있으면서 N.30°E. 방향으로 전단변형을 받았다. 나는 그것들 모두 중요한 암맥이라 생각했다.

　남원과 함양 사이 구간 전체에서 화강암질 마그마의 다양한 변형물 모두가 N.70°E. 방향으로 전단변형을 받았다. 이는 밤치산맥 방향인데, 조선 남부의 전위를 특징짓는 한산시스템의 방향과 일치한다. 특히 사근에서 산청까지 같은 방향으로 암맥의 형태로 나중에 관입한 것이 무수히 많고, 암맥의 지리적 분포가 밤치 축의 직교 방향과 일치하고 있다. 이러한 두 가지 사실로 미루어보아, 지각변동으로 전라도의 지배적인 구조선 방향이 비스듬히 잘린 것처럼 밤치의 동서방향으로 지각 전위가 나타났다는 것은 중요한 의미를 지닌다. 이러한 변형이 경상도 다

한산 방향

---

56) 於外場(어외장).

른 지역에 얼마나 영향을 미쳤는지 그리고 어느 시기에 이러한 변동이 일어났는지, 이 모두는 다음에 설명하게 될 중요한 질문들이다.

생림장[57]과 재거리[58] 사이의 구릉 안부에서 갑자기 새로운 암석을 만났다. 이는 외부 형상, 구조, 색상으로 보아 거정질 대리암을 닮았다. 육안으로 보아 몇몇 표본에서 녹니석화 작용을 받은 각섬석의 선 배열에서 미약하나마 편리를 찾아볼 수 있었다. 현미경으로 보면 고집편사장석(highly polysynthetic plagioclase)의 반자형입상(hypidimorphic-granular) 집합체로 이루어져 있다. 모두 녹니석화 작용을 받은 각섬석과 백운모를 몇몇 표본에서 발견했다. 이 지역 암석에서 공통적으로 발견되는 파쇄구조는, 대리암이 같은 조건에서 그러했던 것처럼, 쌍정의 발달로 인한 응력의 해소로 나타난 것은 아닌 것 같다. 우백암이 암맥의 형태로 산출되는지, 그것이 화강암질 암석의 마그마적 차이를 의미하는지, 나의 짧은 여행에서 결정하기란 불가능하다. 물론 두 번째 설명이 그럴듯해 보인다. 이 암석은 조회장암(labradofels)도 사장암(anorthosite)도 아닌데, 물론 이 암석과 연관될 수도 있는 반려암이나 소장암(norite)과 같은 암석도 없다. 현재는 그 암석을 간단히 사장암류(plagioclasite)라 부르려 한다. 편리 방향은 이미 알고 있듯이 N.20°E.이다. 용탈된 토양은 회청색이고 점토질이며, 암설은 잿빛이다.

산청 　　사장암류로 된 거친 바윗길을 5km나 돌아서 산청[59](80m)에 도착했

---

57) 生林場(생림장).
58) 眼牛里(안우리).

다. 이곳은 각섬석 정편마암[60]으로 된 침식 구릉(도판 XVI. 사진 2) 위에 있다.

급류인 남강 유로를 잠시 벗어나 어두운 색감의 각섬석 편마암으로 된 애추사면을 따라 동쪽으로 청머리치[61] 고개(360m)까지 올랐으며, 고개는 이미 밝은 색의 일반적인 정편마암으로 바뀌었다. 각섬석질에서 흑운모질 암석으로 갑자기 변해 전자가 후자에 관입한 것이 아닌가 생각하게끔 했다. 하지만 이곳부터 단성[62]과 황대치[63]를 지나 멀리 곤양 서쪽 남해안까지 지리산 스페노이드의 동쪽과 안쪽 가장자리 모두

동쪽 띠

를 따라 뚜렷한 띠를 이루고 있는 각섬석 암석이 계속해서 나타난다는 사실에 주목할 필요가 있다. 이곳은 후속 연구자들의 연구를 위한 공개된 현장이다.

고개에서는 남동쪽으로 지리산 내부를 조망할 수 있었다(도판 XVI. 사진 3). 우리는 독립 산맥이 아닌 적어도 밤치산맥 유형의 평행 산맥 둘을 볼 수 있었으며, 둘 모두 남강의 서안에서 갑자기 끝났다. 동쪽으로는(도판 XVI. 사진 1) 낙동강의 구릉상[64] 저지대(70m)가 내려다보이고, 그 뒤로는 강 너머 경상도의 녹색 화산암층으로 된 높은 산맥이 보인다.

---

59) 山淸(산청). 남강 동안에서 바라봄.
60) p.58의 각주 95 참조.
61) 尺旨峙(척지치).
62) p.58의 각주 95 참조.
63) p.62의 각주 112 참조.
64) 모든 구릉이 남북방향으로 달린다.

남북방향으로 60km나 뻗어 있는 낙동 저지대 기복은 마치 무대 양편과 같다(도판 XVI. 사진 1). 퇴적암 지층으로 이루어진 융기 능선들은 분지의 축 방향으로 서로 평행하게 달리고 있으며, 모형과 같은 규칙성을 보이면서 서쪽으로 노두가 드러나 있다(도판 XVII. 사진 1 참조). 나는 첫 번째 횡단여행[65]에서 이 분지의 지형에 관해 이미 언급한 바 있다.

청머리치 동쪽은 깎아지른 듯한 절벽이다(도판 XVII. 사진 2). 노출된 암석은 우리의 기대와는 달리 서쪽으로 기울어진 미정질 안구편마암이다. 발치에는 하천이 있는데, 이 하천의 동안이 동쪽으로 약간 기울어진 낙동통으로 된 단애라는 사실을 발견하고 놀라움을 금치 못했다.

청머리 고개

하안에 있는 잡치[66]라 불리는 곳에서 삼가[67]까지 10km를 가야만 했고, 이 길에서 평균고도가 70m쯤 되는 낮지만 급경사의 구릉지 안부[68]를 2개 넘어야 했다(도판 XVII. 사진 3). 이 안부의 암석은 판상의 회색 백운모사암에 평평하지 않은 성층면(주향 N.20°E., 경사 S.E.)을 지닌 녹색 운모질 이회암 층 몇 개가 끼어있는 형상이었다.

화강암 지대에서 많은 날들을 보낸 다음, 그곳을 떠나 내 첫 번째 횡단여행에서 친숙했던 짙은 색상의 경상계를 다시 만난 것은 커다란 위안이었다.

이제 길가의 구릉들은 드문드문 서 있는 소나무와 초지로 덮여 있었다. 논농사 지대는 구릉들 사이에서 발견되지만 집은 없다. 쓸쓸한 여

---

65) p.55 참조.
66) 鋪峙(포치).
67) 三嘉(삼가).
68) 中峙(중치)와 古德峙(고덕치).

정이었다(도판 XVIII. 사진 1). 암석들은 회색토로 풍화되어 있고, 간혹 많은 철을 함유하고 있음을 암시하는 짙은 자색을 띠고 있다. 그것은 끈적끈적했다.

이 복합체는 점점 토양 특성이 변해, 높은 고도에서는 괴상의 사질층으로 바뀌었다. 이미 첫 번째 횡단여행 당시 우리는 진주와 봉계 사이에서 동일한 복합체를 본 적이 있다. 그곳에서 이 복합체는 야베[69] 씨가 '낙동통(도거-마름기)'이라는 특별한 이름을 붙여준 하부경상계의 기저층을 이루고 있었다. 물론 이곳 역시 같은 띠 위에 있다.

삼가

삼가 읍내(50m)는 사질의 퇴적 평탄지로, 서쪽으로는 오전에 넘었던 청머리치의 성벽과 같은 낭떠러지 능선이 올려다보인다. 그리고 동쪽으로는 상부경상계의 회색 이회암과 적색 응회질 사암의 복합체가 드러난 능선으로 가로막혀 있다.

초록빛의 이회질 사암과 녹색 이회암 지역을 따라 북동쪽으로 8km 거리를 조랑말로 가서 대곡치[70] 능선[71]에 도착했다. 이 암석들은 낙동통의 식물화석층과 대개 일치할 것이다. 우리가 정상에 오를 때까지 다양한 각도의 경사가 나타났다. 그곳에서 성암[72]으로 내려오면서, 주향 N.20°E., 경사 20°S.E.인 이암질 암석과 함께 녹색 분암이 관찰되었다. 이를 붉은빛의 사질 매트릭스와 화강편마암 및 적색 각섬석분암의 자갈로 이루어진 단단한 역암층이 덮고 있으며, 또한 대곡치 능선의 적색

69) *Journ. Coll. Sci.* Imperial University of Tokyo, Vol. XX. Article 8.
70) 大谷峙(대곡치).
71) 도판 XVII. 사진 2와 3. 대곡치 고개에서 청머리 고개를 향해 서쪽으로 바라다본 전경.
72) 城岩(성암). 도판 XVIII. 사진 2.

사질 및 이회질 복합체의 기저층을 이루고 있다. 이 역암은 국사봉이라는 높고 뾰족한 단애를 이루고 있고, 이 고개에서 보는 전망은 매우 뛰어나다.[73] 이 역암은 같은 층에서 계속 나타나면서, 비화산성 낙동통(하부경상계)과 화산성 경상계의 경계를 이룬다.

작은 흙집에 사는 사람들이 먹는 우물 옆 작은 하천을 따라 성암 주막(85m)에서 동쪽으로 길이 나 있다. 이 집들은 적색 석회질 층응회암 층(주향 N.20°E., 경사 5°S.E.)을 자르는 침식 하도 안에 있다. 닥품과 혼합된 뽕나무로 종이를 제작하는 이 지역의 가운데를 얕은 계곡이 지나고 있다. 계곡 끝에 있는, 장사가 잘되는 신본[74] 주막(10m)에 도착했다. 이곳은 사방 20km 거리 내에 있는 주변 6개 읍내로부터 같은 거리에 있으며 읍내간의 도로 결절지이다.

그 후 낙동강 경계에 있는 둔내나루[75]를 향해 정북쪽으로 나아가면서, 낙동강 강가로 갈수록 습지화 되어 있는 자색을 띠는 황량한 구릉지를 지났다. 우리는 여전히 회색과 녹색의 수평 사암층으로 이루어진 '적색층(red formation)'[76] 위에 있다. 실제로 이 암석은 수성화산(aqueo-igneous) 및 쇄설 기원의 층응회암으로, 석회질과 철질 물질로 함께 교결되어 있는 각섬석분암의 자갈과 석영, 각섬석, 사장석, 석기 파편들로 이루어져 있다. 이 암석에서 형성된 토양은 철질이 많고 끈적끈적하다.

낙동강을 건넌 후 침수된 범람원을 지났다. 이곳에는 적색층으로 된

---

73) 도판 XVIII, 사진 2.
74) 新本(신본).
75) 屯川津(둔천진).
76) 도판 XXXV. 제2차 횡단여행 지질단면도의 BC 단면에 표시된 ml.

2장 2차 횡단 여행 123

낮은 구릉들의 후미진 곳에 물이 고여 있는 갈색빛의 웅덩이가 군데군데 있다. 동쪽으로는 창녕의 녹색 분암 산지에 의해 시야가 가려지며, 이 산은 기저로부터 마산암의 관입을 받았다. 이 산의 산릉은, 경상도 남동쪽에서 넓은 면적을 차지하고 있는 판상의 화산암과 녹색 각력암으로 되어 있다.

적색층은 곧 사라지고 대신에 거무스름한 세일과 초록빛의 프린트질 층응회암이 나타난다. 이 암석은 마산포[77] 부근에서 나타나는 암석과 똑같이 그것의 석영 맥에서 금을 얻기 위해 가공되고 있다. 주향과 경사는 이곳에서 N.10°E., N.E.로 바뀐다.

만리 교차로 창녕의 북쪽에 있는 말리[78]에서 나의 한반도 세 번째 횡단여행 때 지났던 간선도로를 가로질러, 자갈 계곡을 따라 북동쪽으로 방골치[79]까지 올라갔고, 청도[80]에는 그 다음날 도착했다. 우리는 여기서 진해[81] 지층에 대비되는 '흑색통(black series)'을 벗어나 녹색 화산암 지대로 들어갔다. 자갈로 된 넓은 계곡을 내려와서는 밀양[82] 가는 길에서 벗어나 북쪽으로 두 번째 고개(285m)까지 올랐다. 그 후 이전보다 더 열린 개활지(125m)로 내려왔다. 지나온 도로가 동서방향의 산맥을 가로지르고 있는 것을 볼 수 있다. 내 생각으론 이 산맥이 멀리 동해안까지 이어져

---

77) p.47의 각주 53 참조. 용담금사광.
78) 萬里(만리).
79) 芳洞峙(방동치).
80) 淸道(청도).
81) p.49, 도판 XXXIV. 제1차 횡단여행 지질단면도의 AB 단면에 표시된 No.2의 sh, 그리고 도판 XXXV. 제2차 횡단여행 지질단면도의 BC 단면에 표시된 sh 참조.
82) 密陽(밀양).

울산 북쪽 동해로 뛰어들 것이다. 녹색 반상질 암석 지대에 들어선 이후 도처에 자갈과 애추가 늘어서 있어, 농촌 풍경은 황량하고 쓸쓸했다. 때때로 흰색 반점이 찍힌 적색 분암을 발견할 수 있었다.

풍각장[83]에서 동쪽 길을 따라 장석질와케(arkose and wacke, felspathic wacke) 모래로 된 범람원을 건너 14km를 가면 청도에 도착한다. 남쪽으로는 처음에 약간 동쪽으로 경사진 녹색 화산암 단애가 나타나지만, 미약한 곡지를 이루는 청도 읍내(화산[84]) 부근에서는 반대방향으로 기울어져 있다.

청도

마침내 청도[85]에 도착했다. 이 도시는 조선 남부의 공공도로 중에서 가장 붐비는 부산과 서울 사이의 간선도로 상에 있다.

소규모의 청도평야(90m)로부터 대구로 가는 간선도로를 따라 처음에는 팔조령[86](449m)을 넘어 분암과 각력암으로 된 좁은 자갈 계곡으로 내려섰다. 각력암 자갈은 간혹 붉은 빛을 띠고 있다. 오동[87]에 이르면 지표는 홍수로 운반된 마산암 자갈로 덮여 있다. 이 홍수는, 아마도 병반의 형태였을 화강암질 암석이 녹색 화산암을 관입한 서쪽에서 유입

---

83) 風角場(풍각장).

84) 華山(화산).

85) 淸道(청도). 목포를 떠난 후 빈대가 들끓는 여인숙에 기거하면서 18일을 보냈지만 일본인을 한 명도 만나지 못했다. 따라서 일본 헌병대의 욕조가 그렇게 반가울 수 없었다. 그곳에 있는 유일한 헌병은 무장한 채 몇 일 전 읍내 남쪽 언덕에서 미국인 선교사를 위협해 그의 짐을 강탈한 강도를 찾고 있었다. 다음 날 손에 기다란 머스킷 총을 든 채 가마를 타고 가는 여행객을 보았다. 그는 조선 복색을 하고 다니는 나를 수상하다는 듯이 바라다 보았다. 5년이 지난 지금 이 읍내는 경부선 철도의 한 역이 되었다. 이 나라는 급속히 달라지고 있다.

86) 八助嶺(팔조령).

87) 梧洞(오동).

된 것이다. 이곳의 계곡은 좁고 급류가 흐른다. 왜냐하면 동서방향의 산맥이 북쪽으로 단층애를 노출시킨 채 이곳을 지나기 때문이다. 주변 구릉지의 사면들은 잘 가꾸어진 소나무 인공림으로 덮여 있는데, 삼림이 헐벗은 조선 반도에서 흔치 않은 모습이다.

대구[88]

모래와 자갈로 된 대구 평야는 구릉상의 경상도 중심에 있는 가장 큰 평야이다. 읍내는 적색 이회암으로 된 낮은 언덕의 동쪽 발치에 있다. 이 암석의 주향은 N.80°E.이고 낮은 각도로 남동쪽으로 기울어져 있다. 오동 풍극의 북쪽에서 적색층이 녹색 각력암 아래 노출된 이래 계속해서 적색층을 볼 수 있었다. 내 판단으론 토양이 대단히 비옥한 것 같지는 않다. 현재는 철도 교통이 매우 활발하지만, 과거 낙동강에서는 주로 선박을 이용하였고 나루터는 사문[89]에 있다.

대구는 상위 행정중심지이며 조선 남부에서 인구가 가장 많다(도판 XIX. 사진 1과 2).

주변 농촌지대의 파노라마 전경은 시사하는 바가 아주 크다. 적색층으로 된 파랑상의 구릉지대 너머 서쪽 지평선에는 그 유명한 고령의 가야산[90](1,184m)이 보인다. 이 산은 북쪽으로 녹색 비현정질암으로 된

---

88) 大邱(대구).
89) 沙門(사문).
90) 伽耶山(가야산).

선산[91]의 금오산[92][812m)까지 이어진다. 이것은 청머리치[93]의 연장이며 화강암으로 된 지리산 스페노이드의 동쪽 가장자리이다. 남쪽은 오동에서 넘었던 단층애로 막혀 있다(도판 XIX. 사진 2). 북동쪽으로는 날카롭지만 일직선이 아닌 팔공산(1,138m) 산맥이 북풍으로부터 대구평야를 보호한다(도판 XIX. 사진 1). 팔공산의 하단 2/3는 담황색(마산암)을 띠고 있고 소나무가 듬성듬성 서 있다. 하지만 상단의 1/3은 흑색 세일과 적색 층응회암 통의 복합체가 덮고 있다.

나는 하양[94]과 영천[95]을 거쳐 동해안에 있는 영일까지 여행을 계속했다. 처음에는 적색과 녹색의 이회질 층응회암의 언덕들을 지났다. 이 암석의 지배적인 주향은 N.70°E., 경사는 5°S.E.이다. 남쪽으로는 단층애가 동서방향으로 달리고 있으며(도판 XIX. 사진 2), 동쪽으로는(도판 XX. 사진 1) 초록빛의 프린트질 층응회암으로 된 남북방향의 산맥이 멀리 있는 지평선을 따라 달리고 있다. 그 후 우리는 금호강[96]을 건너 반야월[97]로 갔다. 이곳에서는 팔공산으로부터 이어진 화강암질 마산암 지괴가 마을 안쪽에 흩어져 있는 것을 볼 수 있다. 다음으로는 거무스름한 세일과 함께 간혹 이회질 세일도 나타난다. 하양 못 미쳐 있는 봉수전[98] 읍내에서는 밝은 색의 중립질 흑운모화강암이 '흑색통'을 짧게

---

91) 善山(선산).
92) 金烏山(금오산).
93) p.120과 도판 XVII. 사진 2와 3 참조.
94) 河陽(하양).
95) 永川(영천).
96) 琴湖江(금호강).
97) 半夜月(반야월).

관입한 단애에서 이 암석을 발견할 수 있다. 이는 팔공산 마산암의 한 쪽 가지임이 틀림없다. 이곳 노두에서 상부경상계 암석과 비교해 이 관입암의 젊은 연대를 결정할 수 있는 실마리를 찾을 수 있다.

북쪽으로 18km 떨어진 화산[99](806m)과 봉림산[100]의 전경을 보면서, 사질이 우세한 범람원 위를 조랑말을 타고 정동쪽으로 6km를 나아갔다. 이 산들은 동서방향의 산맥을 이루고 있으며, 적색층 위에 있는 넓은 안덕[101] 평탄지(300m)의 남쪽 가장자리[102]를 형성하고 있다. 4km를 더 나아가면 우리는 하천을 벗어나고, 다시 북서쪽으로 방향을 돌리면 낮은 고개의 발치에 도달한다. 이곳은 흑색 셰일 지대로, 사광에서는 금을 얻기 위해 작업을 하고 있다. 이회질 셰일 속에 금을 포함하고 있는 석영 광맥은 창녕[103]과 용담[104]의 그것과 같은 유형이다. 이는 이회암 금(marl gold)[105]이라 불리는 광상의 한 유형이다.

영천　　영천[106] 읍내는 하안에 있는 구릉 북쪽의 분지 안에 있으며, 이 분지의 암석은 주향 N.S., 경사 20°E.의 세일이다. 때때로 사암층과 호층을 이루고 있는 동일한 지질통은 번화한 읍내로부터 거의 평지에 가까운

---

98) 烽燧店(봉수점).

99) 華山(화산).

100) 鳳林山(봉림산).

101) 安德(안덕).

102) 이 산맥은 북쪽에 있는 수평 적색층 위에 기댄 채 남쪽으로 기울어진 흑색층의 날개층(flanking bed)으로 이루어져 있다.

103) p.124 참조.

104) p.47의 각주 53 참조.

105) p.54 참조.

12km 거리를 가는 동안 내내 관찰되었다. 그러는 사이, 우리는 청경[105] 부락, 그리고 같은 이름의 고개(150m)로 가는 하천의 한 지류를 따라 동쪽으로 계속 올라갔다.

이곳에는 초록빛의 프린트질 줄무늬 층응회암이 나타나고, 금을 얻기 위해 옥산으로부터 운반된 이 암석의 자갈이 가공되고 있었다. 이 또한 이회암 금이었다.

진해[108]로부터 창녕[109]을 지나 이곳까지 초록빛의 각암류(hornstone-like) 암석이 흑색 이회암이나 세일 띠의 상부층으로 계속해서 나타났으며, 경주 부근에서 광범위하게 나타날 것이다. 고개의 동쪽 발치의 기반은 좁은 구간에 걸쳐 프린트질 암석을 좁게 관입한 각섬석 흑운모 화강암이며, 마치 프린트질 암석에 접촉변성만을 일으킨 것처럼 보인다. 그다지 높지 않지만 청경고개는 태백산맥[110]에서 가장 중요한 지형 요소 중의 하나이며, 동해를 따라 달리는 경상도의 두 번째(내륙) 해안 산맥이다.

서쪽으로 기운 프린트질 암석으로 된 단애를, 안강[111]으로 가는 고개

---

106) 永川(영천). 야베 씨는 이곳에서 바로 오래된 수도인 경주를 향해 남동쪽으로 나아가면서, 길가에서 흑색 이회암질 사암층을, 삼거리에서는 화강암질 암석을, 더 나아가 경주에 다와서는 호층을 이루고 있는 프린트상 층응회암을 발견했다. 하지만 경주에서는 반화강암질 마산암이 읍내의 서쪽에 있었다. 도판 XX. 사진 2.

107) 淸景(청경).

108) p.48 참조.

109) p.124 참조.

110) "An Orographic Sketch of Korea." *Journ. Coll. Sci.* Imperial University of Tokyo, Vol. XIX. Article 1, 지질구조도 참조. – 이 책에서는 부록 도판 II 참조.

111) 安康(안강).

(90m) 발치에 있는 노실주막에서 북쪽으로 바라보면서, 동일한 암석으로 된 황량한 자갈 평탄지(도판 XX. 사진 3과 도판 XXI. 사진 1)를 통과했다. 같은 방향으로 16km 떨어진 구릉지 배후에, 가보지 않은 높다란 토함산 산맥이 달리고 있다. 아마 이미 언급한 화산[112]의 연장일 것이며 해안에서는 청하[113] 남쪽에서 끝난다. 남쪽으로는 경주의 널찍한 자갈 황무지가 나타나는데, 그 방향으로부터 거친 하상을 따라 형산포[114]가 흐르고 있다.

그곳에서 우리는 형산강의 협곡을 통과한 후, 수심이 얕은 영일만(Unkofsky Bay)의 끝에 있는 영일의 제3기층 평탄지로 나왔다(도판 XXI. 사진 2). 읍내 자체는 무방비의 사질 평원 위에 위치해 있지만, 포항[115]은 하천 하구에 있는 항구이고 동해안에서 가장 번화한 항구이다. 협곡은 상부경상계의 초록빛 각력암[116]으로 된 해안산맥을 횡단하고 있으며, 이 암석은 이곳에서 두꺼운 층(주향 N.20°E., 경사 10°N.W.)으로 나타난다. 이 암석은 미황색(light-yellow) 토양으로 풍화되면서 마치 입상붕괴된 화강암처럼 보인다.

---

112) p.128 참조.
113) 淸河(청하).
114) 兄山浦(형산포).
115) 浦項(포항).
116) 녹색 반점이 있는 규장반암 기반의 용융각력암. 주성분은 미규장질 물질인데, 각섬석 결정, 부식된 석영 그리고 장석류가 삽입된 유동구조를 지니고 있다. 사장석은 마치 반상 석영처럼 심하게 부식되어 있다. 내 생각으로 이 암석은 상부경상계의 녹색 각력암으로 보인다.

해안 여행 그리고 경주로

목포에서 동쪽으로 영일까지 나의 두 번째 횡단여행을 끝내면서, 장기[117]를 향해 해안을 따라 남쪽으로 방향을 돌렸다. 가는 도중에 읍내에서 4km 떨어진 호동치[118] 구릉 안부를 넘을 수 있었다. 이곳은 밝고 부드러운 크림 색상의 층응회암이 수평층을 이루면서 명확한 층서를 보여 주고 있었다. 이것은 조선 반도에서 내가 처음으로 본 전형적인 3기 층이었다. 성층면에는 식물화석으로 가득차 있었고, 이외에 물고기 뼈, *Cassis*(까막가치밥나무열매), *Lucina*(*Hamearis lucina*, 나비의 일종)도 있었다. 식물화석에는 *Acer pictum* Thunberg, *Zeikova keaki* Siebold, *Fagus ferruginea* Ait., *Styrax*, 그리고 여러 다른 형태의 *Quercus*와 *Salix*가 있다. 이상에 대해 예비 판정을 내린 야베 씨는, 이 층을 플라이오세 층으로 생각하는 경향이 있었다. 야베와 이노우에는 같은 장소를 다시 방문하여 고화된 표본을 수집하였다. 나중에 이노우에 씨는 이미 언급한 영일만 끝에 있는 포항 부근에서 같은 층의 화석을 다른 장소에서 발견하였다.

호동치 고개에서는, 영일만 및 흥해[119] 해안의 제3기층 산록 구릉지대(도판 XXI . 사진 3)와 함께 각력암으로 된 가파른 해안산맥 너머, 시력이 허락하는 저 멀리까지 볼 수 있었다. 그곳부터 작은 하천을 따라

---

117) 長鬐(장기).
118) 好洞峙(호동치).
119) 興海(흥해).

내려가다가, 다시 키작은 소나무로 덮인 제3기 층응회암 능선으로 올라 갔다. 성원치[120] 분수계는 고도가 120m이며, 이 높이는 동일한 크림 색 상의 제3기 플라이오세 층응회암으로 된 영일 헤드랜드의 평균고도인 것 같다. 남동쪽으로 흐르는 하천을 따라 내려가다가 괴상의 갈색 층응 회암 아래에 있는 층상(stratified) 층응회암을 발견했다. 이 갈색 층응회 암은 괴상 암석[121]의 암설과 반쯤 하식작용을 받은 자갈층으로 뒤섞여 있으며, 이는 다시 마산암질 반암[122] 위에 놓여 있다. 마지막 암석은 북 동쪽으로 영일 헤드랜드의 축방향으로 연장되어 있다. 이 헤드랜드는 주변의 제3기 구릉지대 위로 불쑥 솟아 있으며, 동을배곶[123]에서 끝난 다(C. Clonard).

이 지역의 기저를 이루고 있는 반암을, 거칠고 조립질의 규장반암 암 편과 함께 층상구조를 갖지 못한 암회색 점토와 모래가 덮고 있다. 이 는 화산으로부터 최근에 발생한 이류와 집괴암의 특성을 지니고 있다. 그 후 우리는 고도가 약간 높은 곳(노실)을 통과했다. 이곳에서는 앞에 서 말한 암석을 다시 비층상구조를 지닌 크림 색상의 층응회암이 덮고

---

120) 城院峙(성원치).
121) 이 화산성 자갈에는 암색에서 밝은 갈색 사이의 석기가 포함되어 있으며, 이는 반상 사장석과 석영 을 둘러싸고 있다. 현미경으로 보면, 일부 갈색빛의 각섬석 결정 이외에도 반상 요소로서 전형적으 로 부식을 받은 사장석과 석영이 나타나며 또한 이들 광물은 마그마 재용융(magmatic resorption) 을 겪었다. 석기는 유동구조를 지닌 미규장질이고 간혹 규장질 물질로 된 띠도 나타난다. 이 암석은 각섬석-석영-사장석 규장반암이다.
122) 마산암질 반암이란, 자주 언급되는 마산암(p.41)의 외양을 지닌 밝은 갈색의 반암을 의미한다. 반상 광물은 자형의 장석과 석영이다. 사장석과 정장석 모두 분해가 심하지 않아 신선한 색상을 지니고 있다. 석기는 석영과 장석의 미화강암질 집합으로 이루어져 있다. 이 암석은 병반상 화강반암 (graniteporphyry)이다.
123) 冬乙背串(동을배곶).

있다. 그 위로는 알아차리지 못하는 사이에 식물화석층에 대비되는 층상 층응회암으로 바뀌었다. 2km도 채 되지 않는 이곳과 장기 읍내 사이에서, 그 암석을 저품위의 가느다란 갈탄층(주향 N.70°E., 경사 40° N.W.)[124]이 포함된 조립질 모래층이 부정합으로 덮고 있다. 그 위를 회색 사질 층응회암이 덮고 있고, 이를 다시 판상의 흑색 용암(?)[125]이 덮고 있다.

현무암질 용암으로 된 뷰트상(butte-like)의 침식 구릉 혹은 메사(messa) 위에, 성벽으로 둘러싸인 궁색한 읍내(90m)가 위치해 있다(도판 XXII. 사진 2). 이 성벽은 이전에 해안에 출몰하던 왜구를 막기 위해 만들어진 것이다.

인용된 주상단면도(p.135)는 영일에서 장기까지 관찰한 것이다. 단면도에서 보듯이 마산암질 반암은 이 지역의 기저를 이루고 있고, 이를 어두운 색상의 규장반암으로 된 일련의 자갈층과 크림 색상의 층응회암이 덮고 있다. 둘 모두 층상구조와 비층상구조를 지니고 있으며, 전자는 제3기 식물화석을 포함하고 있다. 이 통을 갈탄층이 부정합으로 덮고 있고, 전체 암석을 장기의 현무암류(玄武巖類, basalt flow)가 덮고 있다. 쇄설성 부분의 전체 두께는 대략 120m 가량 된다.

이 지역에 대한 관찰로부터 도출된 일반적인 결론은 다음과 같다. 첫째, 현무암류는 제3기 말에 나타났으며, 이는 일본[126] 혼슈의 서쪽 절반

---

124) 저자는 토상 및 엽편상 갈탄(lignite)으로 된 이 빈약한 광맥을 본 최초의 외국인이다. 이때부터 여행자들이 이곳은 수차례 방문하였다.
125) 이곳은 明洞(명동)이라 불린다. 도판 XXII. 사진 1 참조.

을 포함하는 동아시아 토양구(petrographic province)의 현무암류와 같은 것으로 추정된다. 둘째, 일본과 대륙의 연륙은 제3기 말이나 홍적세 초에 끊어졌다. 셋째, 현무암 분출을 동반한 대규모 조륙운동(epeirogenic movement)이 동아시아에서 일어났으며, 그 결과 현재와 같은 이 지역 모습이 만들어졌다. 넷째, 상부경상계의 일부는 어쩌면 제3기의 것일 수 있다.

장기

해안에 있는 장기 읍내로부터 가나치(370m)를 거쳐 경주로 갔다. 처음에는 고개 2개(먼치와 감치, 361m)를 넘으면서 언덕길을 따라 남쪽으로 8km를 나아갔다. 이 지역은 반정유문암류(네바다암류, nevaditic)처럼 보이는 희끄무레한 결정질 반암[127] 아래를 덮고 있는 크림 색상의 층응회암 토양을 뚫고 돌출한 전형적인 현무암 암괴와 층상 응회암(주향 N.20°E., 경사 30°N.W.)으로 되어 있다. 크림 색상의 층응회암을 만든 물질은 아마도 이 화산암의 분출시 공급되었을 것이다. 크림 색상 층응회암 토양의 분말을 염산에 넣고 가열한 후 그 용액을 따라냈다. 용해되지 않은 부분을 살펴보니 규장반암의 반쯤 분해된 장석질 석기 입자들로 되어 있었다. 따라서 층응회암을 구성하고 있는 것은 진흙이

---

126) 이 암석구 혹은 동원 마그마 지역에서 현무암은 보통 자소휘석(hypersthene)과 석영이 포함되어 있으며, 내 생각으로 발생학적으로는 바인쉔커(Weinschenk) 교수가 처음 설명한 시코쿠의 사누카이트(sanukite)와 밀접한 관련이 있다. N. J. Beilageband Ⅶ. S. 148.

127) 감치(감고개)에서 따온 암석은 밝은 회색에 약간 보랏빛이 나는 암석으로, 구조적인 측면에서는 규장반암질에서 반정유문암질(nevaditic)까지 다양하다. 반상 요소들은 오목 들어간 석영과 자형의 장석으로 쌍정을 이룬 것도 있고 아닌 것도 있다. 반정유문암질 변종에는 일부 밝은 갈색빛 녹색 각섬석과 이것의 가상(pseudomorph)인양 사각형 흑운모 집합이 포함되어 있다. 석기는 파동구조를 지닌 미규장질(규장반암)에서 석영과 정장석의 미문상구조(implication structure)(반상유문암질 마산암)까지 다양하다. 인회석(apatite)은 부성분광물로 풍부하게 나타난다.

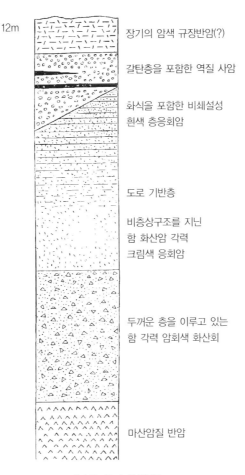

12m

장기의 암색 규장반암(?)

갈탄층을 포함한 역질 사암

화석을 포함한 비쇄설성
흰색 층응회암

도로 기반층

비층상구조를 지닌
함 화산암 각력
크림색 응회암

두꺼운 층을 이루고 있는
함 각력 암회색 화산회

마산암질 반암

장기의 제3기 화쇄류통

나 점토가 아닌 실트였다. 또한 화산지대에 살고 있는 일본인들이 친근하게 바라보는, 따라서 그것인양 쉽게 오인할 수도 있는 부석질 (pumiceous)의 점토질 응회암의 한 종류는 아니었다. 조선의 응회암은 분해될 경우 일본의 응회암에 비해 당연히 더 비옥한 토양이 만들어진다.

영일에서 해안을 따라 남쪽으로 가면 농촌지역 인구는 희박해진다. 특히 농촌지역에 있는 장기에서 숙박하기 위한 여관을 찾기란 결코 쉬운 일이 아니다. 벌거벗은 해안 언덕길은 희끄무레한 규장반암과 마산암, 누르스름한 층응회암으로 이루어져 있으며, 빠른 속도로 입상붕괴되고 있다. 또한 얕은 계곡은 메워져 모래 황무지로 변화하고 있다. 암설 물질이, 극심하게 개석을 받은 애추 사면으로부터 마치 소규모 빙하인냥 모든 방향으로 항상 내려오고 있다. 농촌지역은 진정한 의미의 '악지' 경관을 보여 주고 있다(도판 XXII. 사진 3).

서쪽에 경암으로 된 산릉이 있다. 와읍[128](20m)이라는 빈궁한 마을에서 출발해 가나치(375m)를 거쳐 경주로 가기 위해 우선 그 산릉 쪽으로 발길을 돌렸다(도판 XXII. 사진 3 참조). 그 산릉 발치에서 우연하게 유리질의 유리기류정질(hyalopilitic) 석기와 함께 조면암질 외양과 구조를 지닌 흑운모–각섬석 안산암[129]을 만났다. 곡류하는 개천 가에 주막이 있는 산지 협곡 입구에서 다시금 상부경상계의 녹색 석영–각섬석분암을 보았다. 같은 암석으로 된 가나치(375m)까지의 오르막은 제법 가팔랐지만, 습골까지의 하산 길은 각력암이 사이사이 들어 있는, 반점

---

128) 臥邑(와읍). 우리가 지금 지나고 있는 건천의 하상은 이곳에서 동쪽으로 돌아 해안에 있는 구길(九吉)에서 끝난다. 지림사(祇林寺)라는 사찰은 이곳에서 2km 떨어져 있다.
129) 이 젊은 분출암은 규장반암과 마산암의 다양한 변종을 지나 화강암으로 이어지는 일련의 암석 중에서 한 쪽 극단이다. 이 암석들은 남부 조선에서 함께 산출되는데, 이는 동일한 마그마 기원이지만 아마 고화되는 깊이에 의해 좌우되는 단지 구조적인 차이뿐임을 의미한다. 간혹 석영을 함유하며 그래서 경상계 최상층에서 특징적으로 나타나는 녹색의 투휘석(각섬석) 분암은 같은 마그마의 기본 암상들이다. 이 흥미롭고 지질학적으로 중요한 일련의 암석들의 세부 사항이나 관계를 추적하고자 하는 암석학자들에게는 이 현장의 문호가 개방되어 있다.

이 있는 흰색 분암으로 점점 바뀌었다. 이 암석은 '흑색 셰일통'의 프린 트질 층응회암에 접촉변성작용을 일으켰다.

습곡에서는 줄무늬의 프린트질 암석(주향 N.20°E., 경사 50°N.W.)으 로 된 협곡 사이로 난 시쪽 길을 따라 북서쪽으로 나아갔다. 풍극은 해 안산맥의 가장 높은 부분을 지나고 있으며, 풍극의 최저점 기저에는 흑 운모화강암이 드러나 있다. 협곡의 서쪽 출구(새술막, 110m)에는 그 폭 이 2km에 달하는 자갈로 된 침식단구가 산맥의 서쪽 발치에 이어져 있 다. 이런 유의 지형은 조선에서 보기란 쉽지 않으며, 동해안이 점점 바 다로부터 융기하고 있음을 시사해 준다. 지세는 서쪽으로 열려 있지만 암석 특성(주향 N.20°E., 경사 5~10°N.W.)은 멀리 경주의 그것과 동일 한데, 성천[130]강을 따라 제대로 드러나 있다(도판 XXⅢ. 사진 1).

경주

경주(75m, 도판 XXⅢ. 사진 1)는 BC 209년경 건국된 조선 남부의 삼 한 중 하나인 진한[131]의 옛 수도이다. 나중에 BC 57년에서 AD 936년까 지 '삼국'의 하나인 신라의 거대도시였다. 진구황후 섭정 당시인 AD 209, 233, 249년에 일본이 침공했을 때, 경주는 공격 목표 중의 하나 였다.

고대 일본인의 눈에 경주는 조선 반도의 유일한 거대도시였다. 당대

---

130) 星川(성천).
131) 辰韓(진한).

(AD 618~907)에 신라는 중국과 밀접한 관계를 유지하였고 그 수도는 신라 사람들의 문명과 불교의 진정한 중심지였다. 전시와 평시를 망라하고 신라 사람들과 일본의 접촉은 일본의 종교, 미술, 과학에 반동적인 영향을 미쳤으며, T. 세키노[132]에 의하면 그것이 네이라쿠 시대 일본 미술에 반영되었다.

이처럼 신라의 황금시대(AD 655년경)에 경주의 도시인구는 90만 명에 달했다. 신라가 가졌던 고도의 문화와 문명은 오래 전에 사라지고, 이제는 단지 흙으로 지은 오두막집만 남은 절망적인 도시로 바뀌고 말았다(도판 XXIII. 사진 1). 이전의 영광을 나타내는 몇몇 유물들은 아직도 볼 수 있다. 그 중 하나는 분황사[133]의 9층 석탑으로, 지금까지 남아 있는 셋 중의 하나이다. 두 번째는 극도로 뛰어난 장인의 솜씨로 만든 가장 큰 조선의 종(직경 2.25m)인데, AD 775년에 주조되었다. 세 번째는 지금은 폐허가 된 화강암 벽돌로 만든 원통형의 천문관측소로, 기저의 지름은 17피트이고 높이는 29피트이다. 이것들이 지금 볼 수 있는 고대도시의 모든 유물들이다.

덧붙여서 경주는 조선 사람들이 쓰고 있는 고가의 안경을 제작하는 곳으로 유명하다는 사실을 지적하고자 한다. 이 안경은 그들의 나쁜 시력을 보완하기 위한 것이 아니라 단지 자신의 외모를 고상하게 보이기 위한 것이다. 그들의 생각으로 안경을 사용함으로써 얻을 수 있는 유일한 이익은 눈에 대한 냉각효과[34]일 것이다. 안경알을 만드는 재료는 화

---

132) "Report on Korean Architecture." (in Japanese). *Bull. Coll. Engin. Imp. Uni*, Tokyo 1905.
133) 芬皇寺(분황사).

강암으로 된 남산에서 나는 수정[135]이다. 남산은 여기서 5km 떨어진 곳에 있어 전체가 잘 보이며, 길이 갈라지는 곳에 우뚝 솟아 있다. 한 쪽 길은 언양으로 이어지고 다른 쪽 길은 울산으로 이어진다. 가공 전의 렌즈는 장축방향에 직각으로 렌즈 원석을 잘라 만든다. 이를 위해 기술이 요구되고, 재료가 낭비되는 것은 당연한 일이다. 간단한 근대적 절단기를 이용하면 이런 어려움은 사라질 것이다. 조선의 안경제작자들이 왜 다른 단면보다 이와 같은 특별한 단면을 선호하는지 알 수 없다. 그들은 이와 같이 특별한 방향으로 절단을 하면, 예를 들어 틈, 이물질, 그 밖의 등등의 결함을 최소화할 수 있다고 단순히 말한다. 광학적으로 이야기하면, 일축성 광물의 주축에 직각인 단면은 당연히 동일한 탄성을 지닌 면이 되겠지만, 다른 단면에서는 결코 그렇지 않다. 나는 이 문제를 안과의사에게 문의할 예정이다. 렌즈 원석의 연마는 여러 개의 숫돌을 이용하며, 숫돌의 입자는 점점 가늘어진다. 이 숫돌은 대개 미세한 석영으로 된 사암의 특성을 지니고 있다.

사각형 성곽도시인 경주(도판 XXIII. 사진 1)는, 한 하천의 여러 분지(分枝) 사이에 있는, 모래로 약간 덮인 프린트질 자갈 평탄지 위에 입지

---

134) 이는 아마 자외선이 눈에 미친 영향 때문일 것인데, 이 광선의 위해성은 현재 과학자들 사이에서 많이 논의되고 있다.
135) 강원도 고성과 마찬가지로 남산은 아주 일찍부터 수정 생산으로 유명한 곳이다. 수정은 단지 안경 제작에만 사용된다. 최근 부산에 사는 한 일본인이 이곳에서 아름다운 자수정과 사금석 석영(aventurine quartz)을 발견했다. 후자는 길이가 1.5피트나 되며 지금까지 내가 본 것 중에서 가장 크고 훌륭했다. 이들은 1906년 우에노 박람회에 전시되었고 지금은 미쓰비시 박물관에 보관되어 있다.

해 있다. 나에게 가장 인상적인 것은 이 평탄지 위의 인공적인 기복이다. 이 기복은 모형 화산을 닮은 20개 가까이 되는 비교적 높은, 일단의 흙무더기에서 비롯된 것이다(도판 XXⅢ. 사진 2). 이는 신라왕의 유물이 묻혀있는 장소를 의미하지만, 일부 흙무더기는 단지 전망대로 쌓은 것이다.

경주평야는 태백산맥의 지맥들 사이에 있다(도판 XXⅢ. 사진 2). 왼편은 이미 언급한[136] 청경치 산맥이고, 오른편이 토함산[137] 산맥으로 조금 전 막 넘었던 것이다. 한 세기 전 조선의 한 지리학자는 이 평야의 진정한 지형적 상황을 지적한 적이 있으며, 나는 단지 그의 견해에 사족을 달 뿐이다. 이 평야는 "흑색 지질통"의 녹색 프린트질 층응회암으로 된 산맥들에 의해 양쪽으로 잘려 그 폭이 단지 5km에 불과하며, 서쪽의 산맥이 둘 중에서 더 높다. 그러나 평탄지는 남북방향으로 길게 늘어서 있고, 나는 그 위를 따라 남쪽으로 울산까지 갔다.

이미 언급했던 폐허가 된 천문관측용 탑을 지나니, 서쪽으로 열린 초승달 모양의 자갈 구릉(충적세 층?)이 녹색 프린트질 층응회암을 덮고 있었다. 이곳은 월성[138]이라는 신라도시의 옛 장소로, 그 형태에서 이름을 따온 것이다. 우리는 마산암[139]으로 된 남산[140] 능선의 왼편으로 장

---

136) p.129 참조.
137) 吐含山(토함산). 아주 오래된 사찰이 동대산 산맥의 일부인 이 산에 있다.
138) 月城(월성).
139) 구조적인 측면에서 마산암은 중립질 화강암과 거정질 반화강암 사이에 있다. 유색광물은 단지 소량만 나타나며, 흑운모가 그 예이다. 사장석도 마찬가지이다. 전체 암석은 단순히 석영과 정장석으로 된 유백질 집합체이고, 현미경으로 보면 거칠게 연정을 하고 있고 아주 불규칙한 형태를 하고 있는 미문상구조를 지니고 있다.(p.41 참조.)

석질 모래로 된 평지에 나있는 길을 따라갔다. 화강암질 암석은 프린트질 층응회암 아래에 있고, 새술막 부근에서 다시 나타났다. 주막은 모래로 된 고원에 있으며(도판 XXⅢ. 사진 3), 이 고원이 분수계를 이루고 있다. 우리는 고원을 따라 남쪽 하류 방향인 울산쪽으로 갔다. 해안 역시 프린트질 층응회암과 이회암 통으로 덮인 화강암질 마산암(도판 XXⅢ. 사진 3 참조)인데, 상부에 있는 두 암석이 동쪽 해안과 우리 사이에 있는 동대산[141] 산맥을 형성하고 있다. 이노우에 씨는, 제3기층을 군데군데 뚫고 나온 현무암은 해안에서 패치로 나타나며, 이 암석을 현미경으로 보면 전형적인 현무암으로 판단된다고 지적한 바 있다.

울산 직전 4km 지점 부근에서 모래와 자갈 주머니 더미로 교각을 만든 널빤지 다리를 건넜다(도판 XXⅣ. 사진 1). 이 다리는 조선에서 일반적인 교량 건설 방법이다. 남천이라 하는 모래 하상의 하천은 울산만 끝으로 흘러든다. 하구 근처에 염포[142]가 있다. 이곳은 히데요시 침공 이전에 일본인 거주지가 있던 곳이다. 이 만입지는 동쪽으로 염포 헤드랜드에 의해 막혀 있으며, 이 헤드랜드 남쪽 끝에 방어진곳(Cape Tikhmenef)이 있다. 이곳은 태백산맥의 해안지맥 끝이며, 원산으로부터 남쪽으로 절벽과 같은 해안과 접하고 있다.

평정봉 위에는 한때 중요한 요새로 좌병영이라 불리던 성곽으로 둘러싸인 널찍한 마을이 자리잡고 있고, 그 발치에 널빤지 다리가 있었

---

140) 옥산 혹은 이미 언급한 수정이 산출되므로 보석산이라 불린다(p.139의 각주 135 참조).

141) 通大山(통대산).

142) 鹽浦(염포).

다. 이 구릉은 울산 주변에 넓게 펼쳐진 내좌층의 일부인 '적색층' 으로 이루어져 있다. 이 층은 '흑색통' 아래에서 산출된다. 이것은 첫 번째 횡단여행 때 언급했던 진주[143] 동쪽의 것, 그리고 두 번째 횡단여행에서 낙동강[144] 유역분지에서 발견한 것과 같은 지질통이다. 다리와 읍내 사이에 있는 고립된 뷰트 형상의 평정봉(도판 XXIV. 사진 1, 주향 N.20° E., 경사 S.E.)에서는 주변의 충적세 층을 내려다 볼 수 있다. 이곳은 히데요시 침공의 끝무렵에 전투가 치열했던 증성[145]이라는 이전의 요새가 있던 곳이다. 명(明)과 조선의 연합군에게 쫓기던 일본군이 찾아들어간 곳이 바로 이 요새이다. 극심한 기근으로 이 요새가 함락 직전에 이르렀을 때 가토의 지원군이 제때 도착하여 1598년 2월 9일 포위군을 물리치고 일본군을 구출했다. 우리 측에서 보면 이 마지막 성공으로 그 위대한 전쟁은 종말을 고했다.

좌병영과 증성의 구릉, 울산 주변의 고위평탄면(the flat elevation), 경주의 평탄지뿐만 아니라 내만, 나중에 언급할 서창의 계단상 단구, 이 모두는 한때 광범위하게 침식을 받았고 그 후 동해안의 융기에 영향을 받았다는 증거가 된다.

| 울산 |

울산 읍내를 지나 남쪽으로 가다가 같은 '적색층' 으로 된 산등성이를 돌면 언양[146] 방향으로부터 오는 횡곡을 지나는 하천을 만난다. 우리는

---

143) p.55 참조.
144) p.123 참조.
145) 甑城(증성) 혹은 鶴城(학성).
146) 彦陽(언양).

대화천[147](태화강?) 하안을 따라 2km를 나아가면서 우리 앞에 있는 태백산맥의 내측 지맥을 보았다. 이 지맥은 남북방향으로 일정하게 달리고 있으며, 자인의 운문치[148] 고개에 있는 계곡에 의해 깊게 절단되어 있었다. 그러나 우리는 삼포다리에서 하천을 건너 부산을 향해 남쪽으로 발길을 돌렸다. 이곳 적색층(주향 N.W.–S.E., 경사 N.E. 방향으로 약간)은 담황색 반화강암질 마산암에 의해 관입을 받았는데, 이는 마산암의 젊은 나이에 대한 또 다른 증거가 된다.

약 4km를 지나 지통(40m)에 도착했다. 이곳은 화강암질 마산암으로 된 산이 적색층을 삐져나온 형상이다. 이 적색층은 곧 그 아래에 있는 녹색 층응회암(주향 N.W.–S.E., 경사 S.E.)으로 대체된다. 층응회암은 남창과 해안을 향해 동쪽으로 열려 있는 자갈로 된 평탄지에 계속해서 나타난다.

서창(대화강으로부터 16km)까지 하천을 따라 가다가 왼편으로 괴상의 대화산[149]을 보았다(도판 XXIV. 사진 2). 이 산은 녹색 각력암과 판상의 분암으로 이루어져 있었다. 이 지층은 최상부경상계로, 여기까지의 층서 변화로 보아 그럴 것이라 예상된다. 이 산에서 자철광이 발견되었다는 보고가 있다. 자철광은 서창에서 북서쪽으로 수 km 떨어진 웅골[150]에서도 발견되는 것으로 보고되고 있다. 그곳 광체(ore-body)는 기저 마산암 주변의 녹색 각력암에서 나타나는 것처럼 보인다. 이는 부

---

147) 大和川(대화천).
148) 雲門峙(운문치).
149) 大和山(대화산).
150) 熊洞(웅동).

산[151]의 지질구조와 같은 유형이다. 오른편으로는(도판 XXIV. 사진 2) 경주에서 시작된 분암으로 된 산맥이 달리고 있다. 이 산맥은 부산항에서 끝나며, 태백산맥의 내측 지맥이다.

길은 분암 자갈로 된 연속된 2개의 단구를 올라가고 있다(도판 XXIV. 사진 2). 경상도에서 이런 유의 지형을 본 것이 이번이 두 번째이다. 첫 번째는 경주[152] 동쪽에서 나타난다고 이미 언급한 바 있다. 둘 모두 동해안의 점진적인 융기의 지표가 된다. 판상의 분암 밑에 드러난 마산암을 따라 여기부터 길은 남쪽으로 내려간다. 황다리 내리막길에 있는 능선은 다른 관점에서 의미가 있다. 왜냐하면 그것은 마산포 북쪽에서 낙동강의 물금 협곡을 지나 동해안으로 이어지면서 동서방향으로 달리는 단층애[153]이기 때문이다. 단층의 남쪽으로는 동쪽과 서쪽의 산지가 분리되어 있고 고도도 낮다. 서쪽의 것은 마산암 기반이고, 동쪽의 것은 분암 기반이다.

송정[154]에서 우리의 행로는 기장에서 양산으로 가는 길과 교차했다. 탁 트인 남쪽은 마산암 지대로, 금정산에 의해 서쪽이 막혀 있다. 이 산의 북서 사면은 분암으로 된 외좌층(outlier)이 꼭대기를 덮고 있고, 이곳 후미에 범어사[155]가 있다. 금정산[156] 남쪽 발치에는 동래 온천[157]이

---

151) p.30 참조.
152) p.137 참조.
153) p.36와 p.183 참조.
154) 松亭(송정).
155) 梵魚寺(범어사). p.34 참조. 보통 보마사로 불린다.
156) p.34 참조.
157) 금산동 온천이라 부르는 것이 적절하다.

있는데(도판 XXIV. 사진 3), 읍내로부터 단지 2km 떨어져 있다. 이곳의 목욕 역사는 정확하게 알려져 있지 않지만, 1691년 이래 온천휴양지였다. 광천수는 건천의 하안에 있는 화강암질 모래로부터 부글부글 샘솟아 오르며(도판 XXIV. 사진 3 참조), 이를 모아 목욕탕으로 보낸다. 1901년 이 광천수를 병에 담아 본국으로 가져왔다. 친절하게도 동경제국대학 K. 탐바 교수가 이 표본을 분석해 주었고, 그 결과가 다음과 같다. 이것은 과학적으로 분석한 조선의 최초 광천수이다.

나트륨(Na)	0.2776(g/l)
칼륨(K)	0.01015
칼슘(Ca)	0.0667
마그네슘(Mg)	미량
염소(Cl)	0.4570
삼산화황(SO_3)	0.06775
이산화규소(SiO_2)	0.1216
산화알루미늄(Al_2O_3)	0.0012
이삼산화철(Fe_2O_3)	0.0020
순수 물	1.00869

물은 무색이고 투명하며, 냄새가 없다. 약간 짠 맛이 나고, 알칼리 반응이 나타나며 온도는 76℃이다.

나는 마산암 지대에 있는 동래(도판 XXV. 사진 1)와 부산진(도판 XXV.

사진 2)을 횡 하니 지나 부산의 일본인 거주지가 있는 분암 지대로 다시 들어섰다. 이때가 1901년 3월 19일로 이번 횡단여행을 시작한지 거진 두 달이 다 되었다(p.29 참조).

야베의
우회로 야베 씨는 울산에서 기장[158]을 지나 동래까지 해안가 간선도로를 따라 오면서, 그 길의 서쪽을 달리는 시골길에서의 내 관찰을 보완해주었다. 그는 울산에서 출발해 '적색층'으로 된 개석된 침식 평탄지를 따라 정남쪽으로 나아갔다. 남창 부근에서 나의 프린트질 층응회암에 대비되는 녹색 층응회암을 '적색층' 아래에서 만났다. 남창의 남쪽 화토령[159] 고개에서는 녹색 화산암을 볼 수 있었다. 이는 대화산[160] 산체의 한 쪽 가지이다. 이곳은 적색 암석으로 분해된 각력암과 판상의 녹색 분암으로 이루어져 있다. 그 후 그는 멀리 기장까지 층응회암, 석탄질 반점이 있는 사암, 탄질 층이 끼어 있는 셰일로 된 언덕길을 지났다.

나는 그러한 복합체를 내 여행 도중에는 본 적이 없다. 야베 씨는 그 층이 어린 제3기층인지 하부경상계인지 결정할 수 없었다. 현재 그것의 층서로 보아, 나는 그것을 상부경상계의 흑색통(도판 XXXV. 제2차 횡단여행 지질단면도 AB에 표시된 No.2)에 포함시킬 예정이다. 기장에서 동래까지 분암이 기저 마산암 위에 고립된 외좌층으로 산출되고 있다.

---

158) 機張(기장).
159) 火吐嶺(화토령).
160) 大和山(대화산). p.143 참조.

또한 야베 씨는 동래에서 출발해 양산,[161] 언양[162]을 지나 경주까지 내 경로의 서쪽을 따라 평행하게 여행을 했다. 언양까지 전 구간에서 두 지점을 제외하고는 줄곧 마산암 지대를 통과했다. 첫 번째는 분암이 하나의 패치로 나타나는 양산 부근이며, 두 번째는 통도사[163] 부근 두 읍 사이인데 분암이 항상 화강암질(마산암질) 암석을 덮고 있다. 언양 북쪽에서 울산의 '적색통'이 도로를 따라 다시 나타났고, 북쪽으로 가면서 석영[164] 산지로 이미 언급한 바 있는 남산에서 마산암 노두로 바뀌었다.

161) 梁山(양산).
162) p.142 참조.
163) 通度寺(통도사).
164) p.139 참조.

3차 횡단여행

(도판 XXVI~XXXIII 참조)

　나의 세 번째 횡단여행은 지금까지 자주 언급한 부산과 군산 사이의 공간에서 이루어졌으며, 도경계를 이루는 육십령[1] 고개를 통과했다. 그러나 여행을 진행했던 순서라는 단순한 이유 때문에, 이번 나의 답사 일정은 군산에서 시작할 예정이다.

　군산(도판 XXVI. 사진 2와 3)은 목포와 마찬가지로 1898년에 개항된 자유항이다. 쌀과 콩이 이 나라의 주곡이다. 이 도시는 금강[2] 하구에 위치해 있다(도판 XXVI. 사진 1). 이 하천은 차령산맥과 노령산맥[3] 사이를 지나고, 조선 남부에서 가장 큰 평야인 전주 논농사지역에 물을 댄

---

1) 六十嶺(육십령).
2) 錦江(금강).
3) 車嶺及蘆嶺(차령급노령). *Journ. Coll. Sci.* Imperial University of Tokyo, Vol. XIX, Article 1, pp.14~16.

다. 이곳은 화강암 지대가 침식을 받아 움푹 패여 있다. 항구 자체는 구릉에 의해 서풍으로부터 보호를 받을 수 있는 하천 남안에 있다(도판 XXVI. 사진 3).

가장 낮은 층은 (1)주향이 N.30°E.이고 경사는 수직이거나 미약하게 서쪽인 천매암질 견운모편암(도판 XXXIV. 제1차 횡단여행 지질단면도 FG에 표시된 Ph)으로 되어 있다. 이 층을 (2)각섬석편암 혹은 희미하게 자색을 띤 입상각암(cornubianite)의 외양을 하고 있는 푸른빛의 치밀한 암석이 덮고 있으며, 부두에서도 이를 분명하게 확인할 수 있다. 현미경으로 이 암석을 보면 석영 입자와 초코릿–갈색의 흑운모 엽편과 불규칙한 엽층으로 이루어져 있고, 이들은 호온펠스 구조와 유사한 방식으로 모여 있다. 박편에서는 망간경록니석(ottrelite)과 황철광(pyrite)도 보인다. 따라서 이 암석은 망간경록니석질 흑운모편암(ottrelite-biotite-schist)이다. 견운모편암이 풍화를 받아 퇴적물의 장석질 점토를 이루듯이, 흑운모편암은 모래를 이루고 있다. 그 위로는 (3)암맥 혹은 일반 지층의 형태로 무색 거정질 규암이 덮고 있는데, 나로서는 어느 쪽인지 알 수 없다. 이를 다시 (4) 2cm 길이의 띠 반점이 있는 가르벤쉬퍼(Garbenshiefer, 반상변정을 가지고 있는 점문점판암)가 다시 덮고 있으며, 점차 (5)매끈하고 초록빛을 띤 보통의 천매암으로 바뀐다. 이들 반점은 잘 모르겠으나, 아마 사장석일 것으로 생각되는 무색 균질의 결정질 석기에 석탄질 입자들이 모여 있는 곳이다.

극도로 변성작용을 받은 이 퇴적암의 시기를 확실하게 말할 수 없지만, 지질연대에서 다른 시간대로 바꿀만한 사실들을 발견할 수 없기 때문에 현재로는 이 암석들을 중생대 변성암(Metamorphic mesozoic)에 포함시킨다. 이 퇴적변성암과 유사한 암석은 동복과 무안[4]에서 산출되는 것으로 이미 확인된 바 있다.[5] 그러나 이들 암석은 원래 일부는 화성 쇄설암, 또 일부는 괴상의 화산암이고 극히 일부만이 석묵질 무연탄(graphitic anthracite)과 석회암질 역암(limestone-conglomerate)이라는 점에서 다르다. 더욱이 동복 암석은 극도로 파쇄되고 심하게 변성작용을 받았으며, 천발성 교대작용(katogene)의 흔적이 있다. 하지만 군산 편암은 심성변성작용(anogene metamorphism)을 받았다.

간조 시에 언덕 마루에서 서쪽을 바라다보면, 광활한 간석지가 15.5 피트 크기의 조차 때문에 나타난다. 만조가 되면 금강의 수심은 하구에서 상류로 35km 떨어진 강경[6]에서 6~12피트가 된다. 따라서 강경은 실제적으로 항구의 구실을 한다. 멀리 북쪽에 있는 차령산맥은 비스듬히 내륙을 가로지르면서 달리다가 남포[7]의 북서쪽 해안에서 끝난다. 이 것은 편마암 산맥이다. 산맥의 남쪽 구릉지대는 점판암, 미정질 화강암, 사질 석영편암[8]으로 된 단단한 중생대(?) 역암층 지역이다. 내 지질도에 나타나겠지만 문제가 많은 이 중생대층이 해안을 따라 혀 모양의 패치로 넓게 나타난다.

---

[4] p.93와 p.98 참조.
[5] p.105 참조.
[6] 江景(강경).
[7] 藍浦(남포).
[8] 그곳을 여행할 기회가 없었기 때문에 한반도의 이 부분에 대한 내 지식은 부족하다. 그러나 F. 고바야시 씨가 수집한 몇몇 암석표본을 본 적이 있으며, 또한 그는 나에게 이 암석의 일반적인 분포에 대해 알려 주었다.

평야와 얕은 만을 넘어 남쪽으로는 고도가 높은 변산[9] 헤드랜드가 남서쪽 방향으로 바다를 향해 돌출해 있다. 이곳은 바위투성이의 산악지대로, 최고로 높은 곳이 524m이다. 끊임없는 벌목으로 그 가치는 낮아졌지만, 이곳은 조선 왕실의 삼림보호지역이다. 전 황제의 아버지로, 악명 높았던 고 대원군은 자신이 집권하자 호사스러운 궁궐을 짓기 위한 목재를 이 산에서 구했다. 현재 이 궁궐은 서울에 있지만 인적은 끊어져 있고, 조선 사람들이 이야기하듯이 나라도 거의 망해 가고 있다. 이처럼 앞으로 쑥 내민 삼림으로 덮여 있는 이 헤드랜드는, 이곳을 제외한 황해의 벌거벗은 평평한 해안에서 독특한 경관을 제공해 준다. 그곳까지 여행을 했던 고바야시 씨는 압쇄암화작용을 받은 화강암의 산출에 대해 나에게 일러 주었다. 전단벽개(shear-cleavage) 방향으로 판단하건데 이 암석은 군산 동쪽에 있는 임피[10]의 암석과 같은 것으로 추정된다. 이에 대해서는 조만간에 다시 언급할 예정이다.

전주평야 뒤, 즉 남동쪽으로 보면 변성암으로 된 전주의 모악산[11] 산맥이 변산 뒤에 있다.

군산을 떠나기 전에 나는 항구의 남서 해안을 따라 앞서 언급한 변성암을 덮고 있는 역암, 사암 그리고 셰일로 된 띠를 언급하지 않을 수 없다. 이노우에 씨가 그 암석을 관찰하고는, 이미 지적한 대로 문제가 많은 남포 중생대층의 연장처럼 보인다고 나에게 일러 주었다.

---

9) 邊山(변산).
10) 臨陂(임피).
11) 母岳山(모악산).

동쪽으로 수 km를 가면 이제 우리의 관심이 집중될 언덕들을 볼 수 있다.

군산에서 전주까지

논농사 지대를 가로질러 전주로 가는 길에 비가 내려, 길은 진창이 되고 여행은 엉망이 되고 말았다. 그 이유는 오로지 논농사 지역이 황해의 낮은 해안에 있는 간석지의 일부이기 때문이다. 사람들은 나무로 된 엉성한 나막신을 신고 대나무 지팡이를 들고 지나간다. 그들의 집은 대나무 숲으로 둘러싸여 있는데, 이 광경은 일본 농촌의 그것과 거의 비슷하다. 조선을 오랫동안 여행을 하면서, 나는 이곳처럼 넓게 점토질 토양이 펼쳐진 곳을 거의 본 적이 없다. 한반도 토양의 거의 대부분은 자갈이 아니면 장석질 모래로 되어 있다. 일반적으로 계곡은 자갈로 채워져 있거나 자갈 무더기를 이루고 있을 뿐이고, 충적세와 홍적세 단구는 거의 없다. 이것이 한반도 지형(지질적인 면에서도 마찬가지)의 특징이다. 비록 조선의 토양은 일본의 그것에 비해 석회질과 알칼리 염류가 더 풍부하지만, 농업경제학자들은 자신의 목적을 위해 더 많은 점토를 요구하고 있다.

임피

한 시간을 걸어 우리는 임피의 구릉지대로 들어섰다. 암석은 모두 다양한 구조를 지닌 화산암질 편마암이다. (1)하나는 흑색 운모질 띠에 석영-장석 물질로 된 커다란 눈을 가진 거정질 편상 편마암이다. (2)다른 하나는 미사장석 혹은 나트륨미사장석(anorthoclase)의 반점과 함께 흑운모가 많은 호상편마암(Lagengneiss)이다. 운모는 두 종류인데, 흑운모는 초코릿-갈색이고 장방형(lash-shape)이다. 석영은 입자로 쪼개져 파동 소광을 보인다. 위의 둘은 전형적인 편상 정편마암이다. (3)세 번째는 희끄무레한 얇은 편상 암석으로, 석류석 반점이 있는 평행한 편리면을 지니고 있다. 현미경으로 보면 정장석과 사장석, 석영과 미량의 녹색 흑운모로 이루어져 있으며, 이 외에 지르콘석과 석류석도 있다. 지르콘석을 제외하고는 모두 고도의 파쇄상 구조를 지니고 있다. 보통의 석류석에는 파쇄되어 평행하게 갈라진 틈이 나타나고 이를 녹니석이 메우고 있다. 이 암석은 관입한 화강암과 함께 편상 구조가 형성된 우백암질 암맥이다. 현재의 형태로 보아 백립암(granulite)이다. 전체 복합체의 주향은 N.20°E.이고 준벽개면(pseudo-cleavage plane)은 서쪽으로 기울어져 있다. 따라서 이 복합체는 군산[12]의 '중생대(원생대?)' 편암 아래에 있다. 만약 주향 방향이 변하지 않는다면, 이 복합체는 이미 언급한 바 있는[13] 삼림으로 덮인 변산 헤드랜드까지 이어진다. 전체적인 경관은 삭박을 받은 10~20m 높이의 구릉이며, 현재는 심하게 개석되었고 함열[14] 읍내처럼 자갈 단구로 메워진 곳도 있다. 삭박을 받은 구릉은 강경까지, 심지어 더 북쪽까지 이어진다. 강경 남쪽에서는 간혹 급경사의 암석 등성이가 마치 사구처럼 아주 규칙적으로 달리고 있다.

하천[15]을 건너고 북쪽을 바라보니, 제법 높은 화강암질 고립 구릉이 나타났다. 이 구릉은 동쪽 산으로부터 서쪽으로 튀어 나온 것으로 전체 경관을 지배하고 있다. 평탄한 정상에는 옛 성이 있고, 남쪽 발치에 익

---

12) p.152 참조.
13) p.155 참조.
14) 咸悅(함열).
15) 태양(太陽)에 있는 사물(泗水).

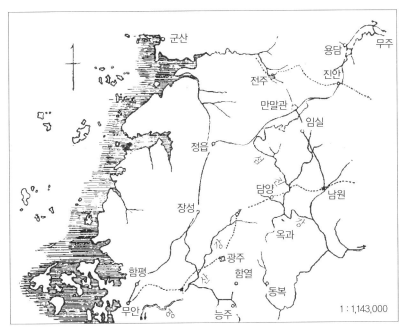

"주걱 모양의 중생대 지역(Spatulate Mesozoic area)"에서 야베 씨의 경로를 나타내는 개략도
이며, 점선은 저자의 경로이다.

산[16] 읍내가 있다. 이곳은 백제(혹은 One hundred Families)[17] 왕국의
옛 수도 중 하나였다.

다시 평야를 지나 화강암으로 된 언덕(도판 XXXVII. 사진 1)을 넘어 도
청소재지인 전주에 최종적으로 도착했다. 평야 위에 낮은 원추형의 화
강암 언덕이 여기저기 흩어져 있는 반면, 같은 화강암일지라도 비정상
적 변종인 압쇄암화작용을 받은 화강암(정편마암)은 해자와 같은 모양

---

16) 益山(익산).
17) 百濟(백제).

을 하고 있다. 따라서 입상의 화강암은 전단변형을 받았거나 압력을 받은 화강암에 비해 더욱 쉽게 풍화와 삭박을 받는다고 판단해도 무방할 것이다. 우리가 지나친 평야는 차별침식에 의해 형성되었고 화강암 지대가 깎여 나간 것이다. 이러한 화강암 분지는 종종 만날 수 있으며, 이 나라의 특징적인 지형의 하나를 이루고 있다. 동시에 이 분지는 아주 오랜 지질 시대 동안, 적어도 제3기 초기 이래 조선 반도가 육화되어 있었음을 시사해 준다.

I. 전주-남원 간 지질단면

전주(도판 XXVII. 사진 2와 3) 주변의 지질은 아주 복잡하고 흥미롭다.

나는 무엇보다도 내가 노령산맥[18]으로 명명한 것을 가로지르는 전주-남원 간 지질단면에 집중할 예정이며, 이들 도시는 만말관[19]을 지나는 조선 남서부의 간선도로 상에 있다. 이곳을 여행한 이는 야베 씨로, 그가 수집한 암석에 대해 간략히 설명한 것을 나는 그대로 받아들였다. (p.157의 개략도 참조)

나는 이미 두 번째 횡단여행[20]에서 남원의 화강암에 대해 언급한 바 있다. 그것은 밝은 색의 약간 핑크빛(정장석) 거정질 흑운모화강암으

---

18) "An Orographic Sketch of Korea." *Journ. Coll. Sci.* Imperial University of Tokyo, Vol. XIX, Article 1, p.14. - 이 책에서는 부록 pp.353~354.
19) 萬馬關(만마관).
20) p.113과 p.114 참조.

로, 미약하게나마 편리와 반상구조를 보여 준다. 치밀한 암회색 암석의 암맥이 이 화강암을 관통하고 있다. 현미경으로 살펴보면 견운모 석기 속의 장석과 흑운모의 미반정(microphenocryst)으로 이루어져, 점점이 편광을 보인다. 반정들은 모두 분해되어 있고, 특이한 점은 장석이 모두 방해석으로 교대되어 있다는 사실이다. 북쪽으로 가면 이 암석은 티탄석을 함유한 '안구편마암'으로 바뀐다. 2cm 크기의 '눈'은 렌즈 모양의 흰색 장석으로 이루어져 있다. 화강암이 이런 암석의 일부인지는 아직 알려지지 않았다. '안구편마암'에는 전기석(tourmaline) 암맥들이 다양하게 지나고 있다.

임실 임실[21]부터 중생대층 지대로 들어섰다. 처음 만난 암석은 회색 편상 암석과 석영으로 된 역암으로, 장석질 물질로 교결되어 있다. 이 역암이 녹색 이회암과 흰색 층응회암으로 덮혀 있고, 석문이 서 있는 유명한 만말관 고개 근처에서 배사구조를 이루고 있다(주향 N.30°E., 경사 N.W. 혹은 S.E.).

북쪽 측면은 다시 정편마암으로 이루어져 있지만, 이 암석에는 '눈'이 없다. 거정질이지만 단단하고 불그스름한 화강암이다. 현미경으로 보면, 견운모로 변한 자형(idiomorphic)의 조회장석(oligoclase)이 정장석과 미사장석으로 둘러싸여 있다. 마찬가지로 정장석은 백운모화작용을 받은 징후가 있는 반면, 미사장석은 망상(reticulate)구조를 보이며 신선하다. 흑운모는 녹렴석과 녹니석으로 바뀌어 있고 신경조직 형태

---

21) 任實(임실).

의 띠에 몰려 있다. 비교적 큰 인회석(apatite)과 작은 지르콘석 결정들이 나타난다. 석영은 쇄설성 입자로 변해 있다. 이 암석은 알칼리 정편마암이다.

중생대편암

전주 도청소재지 부근에서는 이 암석이 중생대 견운모편암 복합체를 덮고 있다.

이들 중 하나가 엽편상의 흑운모 준편암(para-biotite-schist)으로, 석영질 띠들과 호층을 이루고 있는 미정질 흑운모 인편(scale)으로 이루어져 있다.

두 번째는 벽개면에 매끄러운 광택을 지닌 회색빛 석묵질 편암(graphite-schist)이다. 주된 물질은 호온펠스 구조를 보이면서 소량의 사장석과 함께 석영으로 이루어져 있다. 나머지는 석탄질 입자와 함께 견운모 막으로 이루어져 있다. 입단화된 벽개면은 석영입자에 의한 것이다.

세 번째는 연옥(nephrite)과 같은 외양을 가진 미정질 입상 편암이다. 현미경으로 보면 석영 그리고 포이킬리틱(poikilitic) 구조의 석영 입자와 함께 있는 가느다란 투각섬석(tremolite)으로 이루어져 있다. 장석은 없지만, 방울 모양의 티탄석이 나타난다. 이 암석은 투각섬석 편암이다. K. 이노우에 씨는 여기서 멀지 않은 금구[22]의 금사광 지역에서 이와 유사한 외양을 지닌 편암을 발견했다. 하지만 이 암석은 투각섬석(tremolite) 대신 백휘석(malacolite)을 포함하고 있다. 이 둘은 불순물

---

22) 金溝(금구).

이 섞인 석회암으로부터 변질된 것으로 보인다.

네 번째는 미약하나마 노란 색조를 띤 사질 석영편암이다.

마지막은 엽편상 천매암질 견운모편암인데, 이것은 두 번째 암석이 약간 바뀐 것이다. 반점은 석묵(石墨, 흑연)의 집적으로 이루어졌다. 석기는 벌집 구조의 석영 입자로 이루어져 있다. 일부 전기석 맥(rod)은 부성분광물로 나타난다.

이들 다양한 편암은 주향이 N.60°E.이고 경사 70°N.W.이며, 전주의 옛 성에 제대로 드러나 있다.

전주 서쪽에는 같은 편상 지질통이지만 상이한 토양 특성을 지닌 층들이 노출되어 있고, 주향과 경사는 일치한다. 지배적인 암석은 흰색의 견운모질 '호상편마암'이며, 호온펜스 구조를 가진 석영-정장석 복합체로 이루어져 있다. 비교적 큰 입자의 미사장석은 포이킬리틱 방식으로 석영 입자를 포함하고 있다. 견운모는 얇은 엽층으로 산출된다. 주향은 N.60°E.이고 경사 80°N.W.이다.

위 복합체와 호층을 이루면서 소위 호상(Lagen) 및 목질 구조가 혼합된 미조직(microtexture)을 가진 녹렴석-각섬석 편마암이 산출된다. 개별 입자들은 호온펜스 구조를 이루면서 집합되어 있다. 구성 물질에는 입상의 석영과 미량의 장석, 그리고 바늘 또는 채찍날 모양의 초록색 각섬석이 있다. 방울 모양의 티탄석과 녹렴석 입자 모두 나타난다. 암석은 주입된 가지암맥(apophysis)이고, 전단변형을 받아 결국 현재의 형태로 바뀌었다.

이 복합체는 북쪽 끝에서 반대 경사로 휘어져 있어, 흑운모화강암을 기반으로 한 향사구조를 이루고 있다.

II. 상부경상계 분지 혹은 노령산맥 지역

1. 무안에서 정읍까지(p.157 개략도 참조)

앞서 설명한 전주–남원 간 지질단면 개요에서 알 수 있듯이, 우리는 만말관에서 임실과 서원 사이의 노령산맥을 횡단했다. 이러한 단면을 지닌 노령산맥은 역암, 흑색 이회암, 밝은 색 층응회암으로 이루어져 있으며, 상부경상계의 '이회암통(Marl Series)'에 상응하는 것이다. 또한 노령산맥은 삽 모양을 한 상부경상계 분지를 가로지르며 달리고, 현재는 차별침식을 통해 조선 남서부의 뚜렷한 산맥으로 솟아 있다.

상기 복합체의 범위, 지질 구조적 조건, 주변 지층과의 상호관계에 관한 몇 가지 명확한 결론에 도달하기 위해 이 주걱 모양 지역의 남서쪽 끝부터 시작하기로 했다. 내 스스로 이 지역을 들른 적은 없다. 다음에 제시하는 것은, 야베 씨가 제공한 야외 스케치와 암석 표본을 바탕으로 그려 낸 복합적인 그림이다.

조약항인 목포에서 무안까지 나의 두 번째 횡단여행에서, 무안에서 주향이 N.E.–S.W.이고 경사가 S.E.인 엽편상의 석묵–견운모 편암[23]에 대해 언급한 바 있다. 중생대 변성암에 속하는 이 편암은 함평[24]에서 견

---

23) p.105 참조.

운모-석영 편암을 정합으로 덮고 있다. 니이야마 씨는 영광[25]까지 정북으로 가면서, 가는 길에 편마암질 화강암 위에 녹색 규장반암질 각력암이 혀모양으로 산출되는 것을 발견했다. 그러나 야베 씨는 함평에서 장성[26]까지 중생대 변성암의 주향을 따라 북동쪽 길을 가다가, 처음에는 주향이 N.N.W.이고 경사가 N.E.인 동일한 각력암 층을 만났다. 이곳은 두 번째 횡단여행에서 약간 자세하게 설명했던[27] 각력암 지역의 한 부분이다. 계속 나아가면서 그는 화석이 없는 회색 줄무늬의 결정질 석회암, 흰색 규암, 평행한 벽개면을 지닌 불그스레한 견운모-석영 편암(중생대 편마암), 적색 규장반암을 만났다. 이곳은 외치[28]로, 불그스레한 편마암질 화강암이 다시 모습을 드러내고 있다. 석회암에는 미세 엽편상(microscopic patch) 견운모와 석영 입자가 포함되어 있다. 고개 마루의 동쪽에 있는 장성 쪽으로 약 7km 떨어진 곳에서, C. 고체(Gottsche) 교수[29]는 석류석과 베즈브석(vesuvianite)이 포함된 또 다른 석회암(싸리치)[30]을 발견했다. 이는 의심의 여지없이 중생대 층들 중 하나이다.

장성은 1883년 고체가 이곳까지 여행한 이래 지질학자들에게 잘 알려진 곳이다. 그에 의하면[31] 우동[32]에서는 편마암과 반암질 응회암 사

장성
중생대암

---

24) 咸平(함평).
25) 靈光(영광).
26) 長城(장성).
27) p.106 참조.
28) 外峙(외치).
29) "Geologische Skizze von Korea," Sitzungsber, d. Akad. d. Wiss. zu Berlin, XXX, 1886, S. 864.
30) 柚峙(유치).

이에 다음과 같은 층이 나타난다고 한다.

1. 미립상 사암, 10m,
2. 복족류(gastropoda), 개형충(ostracoda), 식물 흔적을 지닌 암색 이회암질 점판암, 3m,
3. 중립질의 역암, 20m.

이 복합체의 주향이 낙동, 울산, 고성(경상도)의 그것과 일치하기 때문에, 그는 고생대 층에 잠정적으로 포함시킨 것이다.

야베 씨의 표본에 의하면, 장성 북쪽에서 청암[33]까지는 다음과 같은 암석으로 대표될 수 있다. (1)미적색조를 띠는 규장반암과 (2)미정질 마산암. 청암에서 북쪽으로 가면 (3)초록빛의 행인상(amygdaloidal) 암석, (4)융식(resorption, 화성암 형성시 마그마가 재용융하는 과정 – 역자 주) 경계가 있는 미갈색 휘석(석기는 무색의 다공질 유리질이다)에 둘러싸여 있는 각섬석 반정을 지닌 치밀한 암회색의 휘록암질 비현정질암(aphanite), (5)식물 흔적이 있는 회색조의 두꺼운 비석회질 셰일, (6)녹색빛을 띤 미립상 비현정질 투휘석 분암(diopside-porphyrite), (7)갈색조의 용융–각력암(fusion-breccia), (8)전단변형을 받은 거정질 화강암, (9)앞서 언급한 화강암이 미세하게 변화한 것, 마지막으로 (10)두 가지 운모를 가진 정편마암으로, 이 암석은 비늘 모양으로 불완전하게 편상을 보이며, 인회석과 전기석을 포함하고 있다. 잘 알려진 노령[34] 고

---

31) Loc cit. S. 868.
32) 牛洞(우동).
33) 靑岩(청암). 장성에서 북쪽으로 수 km 떨어져 있다.
34) 蘆嶺(노령).

개에서는 회색조의 반상 암석이 나타난다. 이 암석은 7mm 크기의 사각형 사장석을 포함하고 있고, 거의 사각형인 정장석과 함께 미화강암질 석기 속에 석영 입자가 들어 있다. 이 암석은 반상 마산암이다. (1)에서 (7)까지 암석은 당연히 경상계 층에 포함되어야 한다.

노령 고개에서 정편마암 구릉지를 지나 정읍과 전주평야를 향해 북쪽으로 농촌지대가 갑자기 펼쳐진다. 경상계 지대를 따라 점점 올라가다가 정편마암 지역 너머로 갑자기 내려서는데, 이것이 노령산맥 '주걱 모양 지역(speculate area)'의 특징적인 지세이다.

고체의 방문 이후, 이 지역의 지질학은 그다지 각광을 받지 못했다. 이곳의 암석학적 특성으로 보아 장성층은 쥐라기 이후의 상부경상계의 '흑색통'과 일치하는 것으로 생각하기 시작했다. 이곳에 발달한 복합체와, 이보다 조금 남쪽에 있는 고망골[35]의 녹색 각력암과의 관계를 고려해 보면 넓은 의미에서 이들 암석은 동시대의 것으로, 단지 다른 암상을 나타낼 뿐이다. 따라서 나는 내 지도에 다른 색상으로 표시했다.

2. 정읍에서 진안까지(p.157의 개략도 참조)

아직 발간하지 못한 내 지질도에서 '주걱 모양 지역'의 범위를 확정짓기 위해, 야베 씨는 정읍[36]을 떠나 이미 언급한 바 있는 만말관[37]을

---

35) p.106 참조.
36) 井邑(정읍).
37) p.158 참조.

거쳐 진안[38])에 이르는 동서방향의 여행을 했다.

　　전주평야의 남쪽 끝에 있는 정읍 읍내에서 동쪽으로 출발해 화강암 지대를 지났다. 이 화강암은 전단변형을 받은 회색빛의 거정질 암석으로, 사각형 장석(1.5~2cm 길이의 정작석 혹은 미사장석)이 포함되어 있다. 야베 씨는 염암[39])에서 순창-전주 간 간선도로(남북방향)를 가로질렀다. 이곳에서는 정편마암이 상부경상계의 몇몇 기저층들과 접촉하고 있다. 첫 번째 암석은 (1)암회색의 석회질 휘록암질 비현정질암으로, 적색의 석회질 이회암[40])과 함께 녹리석화작용을 받은 투휘석의 미반정을 지니고 있다. 염암에서는 하천들이 (2)정편마암 자갈로 가득차 있으나, 진안으로 가는 고개는 이미 (3)규화작용을 받은(silicified) 흰색의 구과상(spherulite) 암석, (4)탈유리화작용을 받은(devitrified) 희끄무레한 진주암(perlite), (5)현미경으로 보면 (1)과 유사한 암색의 프린트질 휘록암질 비현정질암, (6)회백색 행인상(杏仁, 살구씨 모양의) 휘록암으로 된 젊은 층이다. 이들 여러 가지 화산암은 경사가 W.N.W.이고, 멀리 만말관[41])까지 암색 이회암[42])과 사암 복합체 위 혹은 아래에 있다. 이회암은 불완전한 식물 화석을 지니고 있으며 주향은 N.30°E.이고 경사는 처음에 N.W.이다가 나중에 S.E.로 바뀐다. 이 복합체는 완만한 배사구조를 하고 있고 층서적으로는 C. 고체[43])가 처음 발견했던 장성층과 일치한다.

---

38) 鎭安(진안).
39) 鹽岩(염암).
40) 성황당(城隍堂)에서.
41) p.157 야베 씨의 여행 경로 참조.
42) 여기서 멀지 않은 곳에서 이회암을 덮고 있는 토양으로부터 금이 세광되고 있다.

만말관 고개

야베 씨는 간선도로 상에 있는 만말관에서 시골길[44]을 따라 동쪽으로 나아갔다. 이 길은 동일한 이회암질 및 녹색 튜파질(tufaceous, 석회질 퇴적암의 일종) 암석 위에 나있고, 주향은 같으나 남동 방향으로 기울어져 있다. 또 이 암석을 진안 부근에서 단단한 중생대 역암층이 덮고 있고, 멀리서 보면 한 쌍의 쫑긋 세운 조랑말의 귀를 닮은 독특한 침식 지형으로 나타난다(도판 XXVII. 사진 2와 도판 XXIX. 사진 1). 이것으로부터 말이산(마이산)[45]이라는 이름이 나왔다. 이 산은 신성한 쌍봉으로 간주되며, 테살리아 칼라바카(Thessalia Kalabaka, 그리스 중북부 지방)의 제3기 역암층처럼 지역민들 사이에서 잘 알려져 있다.

나는 다음 여행에서 진안 읍내를 지날 예정이다.

다른 지역에서 채집한 내 표본과 야베 씨의 것을 비교해 보면, 상부경상계의 주요 암상인 (1)적색 층응회암, (2)흑색 이회암과 녹색 층응회암, (3)판상의 분암(도판 XXXIV. 제1차 횡단여행 지질단면도 AB 단면에 표시된 No.1, No.2, No.3.) 모두 이 주걱 모양 지역에서 나타나고 있다는 결론에 이른다. 다만 이러한 내 생각을 지도로 표현할 수는 없다.

전주에서
진안까지

잠시 우회한 후 우리는 이제 도청소재지인 전주(도판 XXVII. 사진 1과 2)를 벗어나 진안을 향한 우리의 여정을 이어간다. 견운모 호상편마암과 녹렴석이 주입된 편마암(주향 N.60°E., 경사 N.W.)으로 된 구릉들의

---

43) p.163 참조.
44) p.158 참조.
45) 馬耳山(마이산).

산각을 지나면서 동쪽으로 나아갔다. 이 암석에 대해서는 이미 전주의 서쪽에서 나타난 것으로 언급한 바 있다. 이들 암석에서는 주향에 대해 직각(N.W.−S.E.) 방향으로 나 있는 다양한 모습의 단층을 볼 수 있다. 우리는 멀리 구진리[46]까지 10km를 이 암석을 따라갔다. 구진리에는 반상 마산암이 드러나 있으며, 미결정질 석기 안에 정장석과 사장석의 반정이 들어 있다. 이 암석은 북쪽으로는 고산[47]까지 뻗은 거대한 암체의 일부분이다. 적색 층응회암이 북동쪽에서 내려오는 하천 자갈에 아주 많이 나타나지만, 그것의 기원에 대해서는 아는 것이 없다. 장석 역암 역시 평탄지에서 암괴로 발견된다. 둘 모두 상부경상계가 인근에 있음을 암시해 준다.

그 다음에는 남동쪽으로 돌아(도판 XXVIII. 사진 1), 450m 높이의 정내치[48]로 올라간다. 이곳은 마산암, 거정질 전기석 페그마타이트, 석회석(?), 그리고 준벽개면(psuedocleavage)의 주향이 N.60°E., 경사는 S.E.이며 전단변형을 받은 반화강암 등의 화성암 지대이다. 꼭대기에는 백운모 페그마타이트가 관입한 전주 편마암으로 되어 있다.

고원(320m) 위의 세동[49]에서 우리는 중생대 층으로 된 '주걱 모양의 지역'으로 다시 들어간다. 이곳 암석은 초록빛 프린트질 층응회암과 흑색 이회암으로 되어 있다. 후자에는 둘쭉날쭉한 열극 경계(fimbriate fissure-border)를 가진 피스타치오−녹색의 녹렴석 결핵체(concretion)

---

46) 九津里(구진리).
47) 高山邑(고산읍).
48) 笛川峙(적천치).
49) 細洞(세동).

(직경 2cm)가 포함되어 있다. 이처럼 고유하지만 특징적인 결핵체, 더 군다나 이런 경도(硬度)는 동해안에 있는 평해[50]에서 화강암과 접촉한 이회암에서나 볼 수 있다. 또한 일본 나가토 현의 분암과 접촉한 중생대 이회암에서 볼 수 있는데, 이곳에서는 '포도암(grape-stone)'이라는 이름으로 불린다. 다른 산출지에서도 유사한 것으로 보아 화강암이나 휘록암질 분암과의 접촉변성작용으로 만들어진 것으로 생각된다. 그러나 나는 실제 접촉한 것을 본 적은 없다. 이회암과 사암으로부터 형성된 붉은 색조를 띤 또 다른 접촉 호온펠스는 야베 씨의 표본이다. 세 번째 접촉 암석은 제법 인상적이다. 이 암석은 암색의 거정질 편상 운모 편암으로, 홍주석(andalusite) 결정(길이 1.5cm)들로 가득 차 있다. 현미경으로 보면 피나이트화작용을 받았거나(pinitized) 아니면 신선한 홍주석 둘 모두 그리고 이것들이 둘러싸고 있는 흑운모, 이외에도 포이킬리틱 석영을 둘러싸고 있는 커다란 정장석을 볼 수 있다. 석영 석기는 전형적인 호온펠스 구조를 보여주고 있다. 초콜릿—갈색의 불규칙한 엽상의 흑운모와 백운모는 침상미정질(felted)의 규선석(sillimanite)과 함께 발견된다. 접촉 암석 셋 중 두 번째와 세 번째의 지질관계에 대해서는 아는 바가 없다.

이회암 통은 적색 역암에 덮혀 있다. 이 역암은 정마그마, 불그스름한 분암, 이회암으로 이루어져 있고, 주향은 북동쪽이고 경사는 남동쪽이다. 이 퇴적암은 평정봉(300m)을 지닌 낮은 산맥을 이루고 있으며,

---

50) 平海(평해).

그 위로 인기 있는 말이산[51]이 남쪽으로 우뚝 솟아 있다. 도발적으로 솟아 있는 역암 봉우리는 편마암질 화강암 위에 직접 올려져 있다. 진안 읍내 자체는 전단변형을 받은 이 안구편마암 위에 위치해 있다.

진안에서 용담[52]과 무주[53]까지 추가 답사(p.157 개략도 참조)

상부경상계의 '주걱 모양 지역'의 동쪽 경계를 확정하기 위해 북쪽으로 잠시 우회하는 것이 좋다고 생각했다.

야베 씨는 전단변형을 받은 안구편마암 지대에 놓인 하천 하류를 따라 북쪽으로 4km를 나아갔다. 그는 그곳에서 상부경상계를 만났다. 이 지층은 정편마암, 규암, 사암으로 된 두꺼운 적색 역암과 이회암의 얇은 층으로 나타나며 S.S.E. 방향으로 기울어져 있다. 이 방향은 이 복합체의 일반적인 방향과 일치한다. 깊은 하도를 가진 하천은 역암의 주향 방향을 따라 흐르고 있다.

그러나 용담 부근에서는 전단변형을 받은 안구편마암이 다시 나타나며, 그 다음으로 거정질 편상 흑운모 정편마암이 나타난다. 이와 함께 약간의 석회질, 녹리석질, 견운모-사장석 편암이 나타나는데, 이는 압쇄암화작용을 받은(mylonitized) 기저 암맥이다. 이곳 퇴적암 복합체는 그 폭이 단지 6km에 불과하다. 북쪽에 있는 용담과 금산[54] 사이는 주로

---

51) p.167와 도판 XXVIII. 사진 2 그리고 도판 XXIX. 사진 1 참조.
52) 龍潭(용담).
53) 茂朱(무주).
54) 錦山(금산).

편마암질 화강암이 차지하고 있지만, 금산 못 미쳐 4km 지점에서는 일종의 남삼석(glaucophane) 편암의 외양을 갖고 있는 경철광(ironglance) 운모편암이 보인다(도판 XXVIII. 사진 3). 이 암석은 섬유상의 규선석과 함께 전단변형을 받은 석영으로 이루어져 있으며, 이외에도 불투명한 경철석과 은백색의 견운모가 포함되어 있다. 이 운모 준편암(para-mica-schist)의 산출 상태는 알 수 없다. 금산 읍내 자체는 반상화강암 위에 입지해 있다.

나의 네 번째 여행에서 자세한 것을 기대하며, 이제 나는 야베 씨의 경로를 따라 동쪽에 있는 무주로 향했다. 처음에는 편마암질 화강암을, 그 후 멀리 무주 읍내에서는 거정질 편상 흑운모편마암을 보았다. 야베 씨의 표본 중 무주 읍내의 것에서, 미정질 석기에 녹니석과 견운모로 이루어진 조장영판암류(adinole-like) 암석을 볼 수 있다. 이 암석의 지질적 관계는 알 수 없다. 무주에서는 적색 석회질 층응회암과 적색 규장반암, 이와 함께 사암과 역암에 덮여 있는 반상 마산암을 볼 수 있다. 이 암석은 남서쪽으로 약간 기울어져 있다. 읍내의 옛 성은 급경사의 단애로 둘러싸인 평정봉 위에 있으며, 이 단애는 붉은 색 치마를 연상시킨다(도판 XXVIII. 사진 1). 여기에서 적상산(赤裳山)[55]이라는 이름이 유래한다. 이는 미국 서부의 뷰트처럼 생겼다. 이곳은 우리가 장성[56]에 서부터 추적해 온 '주걱 모양 지역'의 동쪽 끝이다.

잘 알려진 대덕산 고개를 지나 무주에서 경상도의 지례로 가는 길에,

---

55) 赤裳山(적상산).
56) pp.162~169 참조.

야베가 수집한 표본에서 보듯이 비정상적인 화성암층들이 나타난다. 한 암석은 아마 압력−입상화작용(pressure-granulation)에 의해 반화강암에서 활석질(talcose) 석영편암으로 바뀐 것이다. 또 다른 암석은 결정화작용−편리(crystallization-schistosity)를 보이는 정편마암이다. 이 암석의 석영과 정장석은 입상의 미문상구조(implication-structure)를 보일 정도로 집합되어 있다. 세 번째 암석은 석영반암의 특성을 지니고 있는 용융각력암으로, 유리구조(fluxion structure)를 지닌 은미정질(cryptocrystalline) 석기에 무수한 석영 파편들이 있다.

이 모든 암석들은 화강암질 마그마의 주변 암상의 특성을 지니고 있다. 비록 암석학적 견지에서 흥미롭지만, 암석 표본의 단순한 조사만으로는 이들의 지질 관계를 확정하는 데 도움이 되지 않는다. 그러나 바꾸어 말하면 전형적인 타우누스(Taunus, 독일 중서부 고산지대 − 역자 주) 편암의 그것과 꼭 닮은 견운모편암은 지각의 표생변질 전단작용(katamorphic shearing)에 의해 두 번째나 세 번째 암석 중 하나로부터 형성된 것이다. 이 전형적인 견운모편암은 잘 알려진 추풍령[57] 고개를 자르는 기차선로를 따라 도경계에서 발견된다. 소위 중생대(상원계?) 변성암인 이 암석은 이미 동복[58]에서 나타날 때 언급한 바 있다.

진안 이처럼 잠시 우회한 후, 이제 나는 진안으로부터 본래의 일정으로 복귀했다. 읍내는 분수계(300m) 위에 있으며, 한 쪽 사면의 하천은 흘러

---

57) 秋風嶺(추풍령).
58) p.97 참조.

서 남해 다도해로 흘러들고 다른 한쪽 사면의 하천은 흘러 황해로 간다. 도로는 조편상(coarse-lamellar) 흑운모화강암으로 된 구릉 안부를 지나고 있다. 이 암석은 처음에 변화가 심하지만 최종적으로는 주향이 N.20°W.이고 경사는 N.E.이다. 다음으로 물거실[59]의 작은 평탄지에 도착했으며, 이곳에서 기대치 않았던 각섬석분암을 만났다. 이 암석은 암맥의 동쪽 어깨 쪽에서 흰색 반점과 함께 회색의 지그재그 엽편상 운모편암을 포함하고 있는 넓은 암맥(주향 N.20°W., 경사는 80°N.E.)으로 산출되며, 동쪽으로는 주향 N.40°W., 경사 N.E.의 준벽개면을 가진 전단변형을 받은 불그스레한 정편마암을 덮고 있다. 백운모와 커다란 전기석 결정을 지닌 거정질 미사장석 페그마타이트가 이 암석을 가로지르고 있다. 이 암맥은 N.E.-S.W. 방향이며, 남쪽으로 아주 멀리까지 구릉을 이루고 있다. 접촉변성작용을 받은 운모편암은 퇴적기원으로, 포과변누리 구조(helicitic structure)를 지녔고 갈색 흑운모와 부서지기 쉬운 흰색 백운모로 된 지그재그 모양의 거친 띠와 호층을 이루고 있는 사질 석영입자로 이루어져 있다. 이 암석이 분암, 접촉편암, 불그스레한 편마암류 화강암(gneissoid granite)과 함께 나타난다는 사실이 나에게 모순된 것처럼 보였다. 여기서 우리는 충상단층지괴의 희미한 흔적을 다루어야만 할 것 같다(도판 XXXIV. 제2차 횡단여행 지질단면도 FG 단면에 표시된 ph.).

파고개(490m)로 올라가는 길은 압쇄된 정마그마로 이루어져 있으며,

---

59) 物巨谷(물거곡).

이외에 주입된 지맥, 변성편마암(metagneiss), 미사장석과 문장석(perthite)과 함께 파쇄된 페그마타이트도 나타난다. 따라서 페그마타이트는 알칼리 변종이다. 송담(350m)으로 내려가는 길 역시 남쪽으로 기울어진 뚜렷한 준벽개면을 지닌 전단변형을 받은 화강암이 나타난다. 조금 전 막 통과한 파고개는 중요한 지형 요소이다. 이 산맥은 비홍치[60]에서 북쪽을 향해 오다가 이곳을 지나 북쪽으로 추풍령 고개(p.172)까지 이어지는 날카로운 산맥이다. 물론 추풍령 고개에서는 이곳으로 몰려오는 다른 산맥들과도 만난다. 동쪽 지평선 위로 도 경계를 따라 눈 덮인 육십령 산맥이 아주 당당하게 솟아 있다. 이 산맥은 남북방향의 '적강(Red River)' 계곡에 의해 파고개 산맥과 분리된다. 다음 날인 1901년 1월 10일에 이 산맥에 올랐는데, 전라도 내륙 고지에서 가장 높은 지점 중의 하나에 오른 셈이다.

　다음 날 남쪽 개활지로부터 북쪽으로 난 좁은 협곡으로 '적강'를 건넜다. 그 후 판고개[61]에서 화강편마암을 지났다. 이 암석에는 암석 경사와 같은 방향인 동쪽으로 기울어진 전단면이 나타났고, 우리는 소규모의 산간분지인 장계장[62]에 들어섰다(도판 XXIX. 사진 3). 정확히 말하자면 이곳 암석은 미립상 각섬석 편마암질 화강암으로, 사장석, 정장석, 암갈색 흑운모의 불규칙한 인편(scale), 또한 석영 준결정을 포이킬리틱 구조로 둘러싼 암녹갈색 각섬석의 불규칙한 판(plate)으로 되어 있

---

60) pp.112~113 참조.
61) 板峴(판현).
62) 長溪場(장계장).

다. 이 암석은 결정작용-편리를 지닌 섬록암질 정편마암으로, 조선의 화강암에서 관찰되는 가장 일반적인 현상인 기계적 전단작용의 어떠한 징후도 보이지 않는다.

암색 섬록암이 관입한 반상 편마암질 화강암으로 된, 경사가 점점 급해지는 사면(앞에서 인용된 경관을 참조)을 오르면서 마침내 육십령의 가파른 고개(690m)에 도착했다(도판 XXX. 사진 1). 60을 의미하는 이 이름은 옛날 이곳에서 몇 달의 간격을 두고 60여 명의 여행객들이 산적들에게 급습당해 물건을 강탈당했음을 일러준다. 이곳은 이전 횡단여행에서 가장 높은 곳이며, 경상도와 전라도 사이의 경계에 있다. 고개마루의 암석은 거정질의 희끄무레한 화강암으로, 전단작용으로 약간의 편리가 나타나고, 편리면은 북서쪽으로 기울어져 있다. 그리고 이 암석에는 3.5cm 길이의 미사장석 결정이 포함되어 있다. 우리 왼편에 덕유산[63]의 화강암 암봉이 솟아 있으며, 이 산은 조선 반도의 지리 연구에서 자주 언급된다.

덕유산(도판 XXX. 사진 2)과 그것의 안부인 육십령 고개는 여원치[64] 고개와 직접 연결되며, 여기서부터 북동쪽으로 무주와 지례 사이의 그 유명한 대덕산[65]으로 이어진다. 덕유산 남쪽은 급경사를 이루면서 협곡쪽으로 내려서며, 깊은 계곡이 이 협곡에서 남쪽으로 시작된다. 도로는 이 계곡의 밑바닥(360m)까지 이어진다. 거정질 반상 편마암질 화강암

---

63) 德裕山(덕유산).
64) p.114 참조.
65) p.171 참조.

은 서쪽으로 기울어진 전단면을 갖고 있기 때문에, 오르막길은 준벽개면으로 된 사면부터 경사가 점차 급해진다. 그러나 동쪽 내리막길은 급경사이고, 길은 두께가 약 330m나 되는 편리상 암석들의 노두를 따라 지그재그로 나 있다. 이 산맥 남쪽에 있으면서 같은 방향을 달리는 산맥도 같은 상황이 벌어진다. 이러한 모습을 멀리 함양계곡에서도 관찰이 가능하다. 따라서 이 두 산맥은 서로 밀접하게 연관되어 있어 동일한 지구조학적 구조를 가지고 있는 것으로 생각된다.

계곡은 처음에 남동쪽으로, 다시 북동쪽으로 방향을 틀면서 이곳에서는 황석산이라 부르는 다른 산맥 축의 중심을 가로지른다. 매우 독특한 형상을 지녔고 사찰이 하나 있는 이 산맥은 제2차 횡단여행[66] 시 언급했던 팔령치에서 시작되며 북쪽에 있는 대덕산에서 끝난다. 암석은 육십령과 같은 유형이지만, 약간 미정질이고 커다란 미장석질 결정을 포함하고 있다. 안위[67] 5km 못 미친 곳에서는 암석이 편마암질 화강암과 편리의 수직면이 N.50°E. 방향을 달리고 있는 안구호상편마암으로 바뀐다. 이곳에서는 맑은 하천이 구불구불한 하도를 따라 깊게 침식을 받은 하상을 흐르는데, 간혹 낮은 폭포에 의해 하상은 끊어져 있다. 나는 강변 숲 그늘 속에서 훌륭한 여름별장를 보았다(도판 XXX. 사진 2). 이곳은 풍류객들을 위한 선택된 장소로, 높은정이라 불린다. 이곳은 육십령 고개의 발치보다 140m 낮고, 낙동강 유역분지의 구릉지대로 나아가는 출구이다. 그 후 우리는 안의 읍내(150m)에 도착했다. 안의는 제2

---

66) p.116 참조.
67) 安威(안위).

차 횡단여행[68] 길에 들른 사근과 가장 가까이 있는 읍내로 그곳까지는 단지 11km 떨어져 있을 뿐이다.

읍내를 벗어나, N.40°E. 방향의 수직전단면을 가진 미약한 편상의 편마암질 화강암 지대를 따라 북쪽으로 가면서 어떤 고개를 올랐다. 이 암석은 장석질 모래로 급속하게 붕괴되고 있었다. 우리는 거창[69]으로 약간 둘러가는 길을 택하지 않고, 정동쪽으로 나아가 얕은 계곡 아래에 이르렀다. 이 계곡을 따라가면 동서방향의 협곡 입구에 있는 신골에 이를 수 있다. 조금 전에 횡단한 산을 뒤돌아보면, N.30°E. 즉, 편마암 자체와 같은 방향으로 달리는 제법 높은 산맥이 있음을 확인할 수 있다. 그러나 거창을 향해 북서쪽으로 거기서 다시 북쪽으로 대지가 열려 있고, 배후에는 자주 언급되는 대덕산[70]이 정상에 눈을 인 채 우뚝 솟아 있다.

이 산간지역에서 낮고 탁 트인 화강암 구릉지대에 우리가 있다는 사실이 약간 놀라울 뿐이다. 고도가 낮은 구릉성 도로가 지리산 발치에 있는 함양에서 안위, 거창, 지례, 그리고 더 북동쪽으로 금산[71]까지 이어져 있다. 이 모든 읍내는 도 경계를 이루는 산맥의 동쪽 발치를 따라 위치해 있다. 이러한 지형을 단순히 지중 침식과 느슨한 지하 구조 탓으로 돌릴 수 없다. 왜냐하면 산맥과 구릉지의 암석이 정확하게 일치하기 때문이다. 따라서 필자는 현재의 저기복을 설명할 수 있는 또 다른

---

68) p.117 참조.
69) 居昌(거창).
70) p.171과 p.175 참조.
71) 錦山(금산), 경부선 철도의 한 역.

원인을 찾아야만 했다. 도경계 산맥인 소백산맥의 융기로 말미암아 문제가 되는 곡와(down-warping)지역과 일치하는 동쪽 내측이 침강되었다고 생각한다.

그런 다음 신골에서 경치가 아름다운 협곡을 지나 동쪽으로 나아갔다. 땅거미가 지기 시작했고 남천의 급류 구간을 따라 급하게 나아갔지만 여전히 편마암질 화강암 지역이었다. 협곡의 중간쯤에서 '우상반려암(Flasergabbro)'과 유사한 전단변형을 받은 암색의 각섬석화강암이 나타났고, 곧 이어 관빈[72]에 이르자 미정질 정편마암으로 바뀌었다. 이 암석의 암석학적 특성과 전단면의 방향으로 보아, 내가 소백산맥의 가장 동쪽 지맥을 좁은 길을 따라 통과하고 있다고 생각했다. 이 산맥은 제2차 횡단여행[73] 시 청머리치 산맥과 상응한다.

관빈 마을이 있는 산간분지를 지나 동쪽으로 분수계[74](170m)까지 올라갔다. 이곳부터 낙동강을 향해 대지의 경사는 점점 낮아졌다. 암석은 여전히 편마암질 화강암인데, 주향은 N.60°E.이고 경사는 수직이 아니라 N.W. 방향이다. 이는 이 지역 암석의 지배적인 방향이다. 고개 동쪽에는, 청색과 회색의 줄무늬가 있고 접촉변성작용을 분명히 받은 암석으로 된 자갈이 무수히 발견된다. 또한 나는 저 멀리 오도산[75] 정상에서 그 암석이 정편마암을 덮고 있는 것을 본 적이 있다. 이것이 만약 접촉변성작용을 받은 암석이라면 변성작용을 일으킨 암석은 편마암질 화강

---

72) 勸賓(권빈).
73) p.120 참조.
74) 思里峙(사리치).
75) 五島山(오도산).

암일 것이다. 이곳의 전체 상황은 나에겐 완전히 역설적이다.

가는 길에 하양을 제외하고는 모두 동일한 편마암질 화강암이 노출되어 있지만, 이곳만은 잠시 적색 반상 장석을 지닌 편마암질 화강암이 나타났다. 아마 나중에 관입하였을 것이다.

관빈에서 약 9km를 가면 같은 암석으로 된 단애 밑에서 하천이 심한 굴곡을 이루고 있으며, 편마암질 화강암 밑에 두꺼운 사암이 놓여 있다. 사암은 기저에서 화강암질 암석으로 된 자갈이 포함된 역암질로 바뀌며, 회색 이회암과 호층을 이루고 있다. 이는 부벽 형상(buttress-shaped)을 한 만대산[76]에서 제대로 확인된다. 이곳을 높은정(55m)이라 부른다. 이노우에 씨는 이곳에서 멀지 않은 곳에 있는 낙동[77] 마을에서 야베 씨가 설명했던 식물을 포함하고 있는 화석층을 발견했다. 이것이 '낙동통'이다. 이 작은 마을에서 동쪽으로 낮은 단애가 있는 넓은 계곡을 향해 대지가 열려 있다. 이곳에는 회색 사암과 적색 이회암으로 이루어진 중생대 복합체가 노출되어 있다. 층이 잘 발달되어 있으며 주향은 N.N.E.이고 경사는 10°S.E.이다. 이것은 상부경상계의 '적색통'이다(도판 XXXIV. 제2차 횡단 여행 지질단면도 FG 단면에 표시된 sdm과 ml). 매골[78]에서 왼쪽으로 방향을 돌리면 마침내 고령[79] 읍내(35m)에 도착한다.

경상도는 소백산 산맥의 남쪽, 기후가 온화한 곳에 위치해 있다. 북

---

76) 萬代山(만대산).
77) p.59 참조.
78) 梅洞(매동).
79) 高靈(고령).

쪽의 조선사람들은 경상도를 산 너머 있는 곳이라 영남[80]이라 불렀다. 낙동강은 경상도 전체를 배수하면서 개략적으로 지역을 절반으로 나눈다. 옛날에 동쪽 반은 신라 왕[81]의 땅이었고, 서쪽 반은 가야[82]의 6개 작은 왕국으로 나뉘어 있었다.

고령

고령 읍내는 대가야의 중심 도시로, 대가야는 끝내 신라에 흡수되었다. 지금은 주산[83]의 동쪽 사면에 놓여 있는 비참한 도시, 아니 오히려 마을로 전락하고 말았다. 이 '주홍빛 산'은 적색 이회암(주향 N.30°E., 경사 20°S.E.)으로 이루어져 있다. 동쪽 전방에 두 하천의 합류점이 있다. 북쪽 지류인 가천은 잘 알려진 가야산[84](1,184m)에서 발원하여 북서쪽에서 내려온다. 이 산 후미에는 신라 문명의 몇몇 유물을 소장하고 있는 오래되고 유명한 사찰이 위치해 있다. 고도가 높은 가야산은 편마암질 화강암으로 이루어져 있으며 지리산 스페노이드의 가장 동쪽에 위치한 산맥의 북동쪽 끝이다. 이 산맥은 북쪽에서 갑자기 낮아져 구릉지대로 바뀌는데, 이를 통과하면서 경부철도가 한반도를 가로지르고 있다. 이 산맥은 화강암 지역과 퇴적암 지역을 나누는 지형지물로, 경상도 남동부 전체의 조망을 제공해 준다.

강을 따라 동쪽으로 나아가면, 괴상으로 된 회색 함백운모 사암층과

---

80) 嶺南(영남).
81) p.137 참조.
82) 伽倻(가야).
83) 朱山(주산).
84) 伽倻山(가야산). p.126 참조.

호층을 이루고 있는 두꺼운 적색 이회암층(Wellenschiefer)이 노출되어 있다. 이들의 주향은 N.30°E.이고 경사는 20°S.E.이다. 이 복합체 역시 적색 이회암 통이다. 마침내 우리는 다시 한 번[85] 궐포[86](20m)에서 낙동강 하안에 도착하게 된다(도판 XXX. 사진 3). 낙동강에 당당히 노출된 '적색통'은 3가지 암석이 교차되는 모양으로 이루어져 있다. 즉, 산에 강력한 반응을 일으키는 적색 이회암과 불그스레한 사질 층응회암이 그것이다. 후자는 사장석 파편, 정장석, 석영, 적색 분암 파편으로 이루어져 있으며, 이삼산화철에 의해 교결되어 있다. 반면 세 번째 암석은 녹색 장석질 사암, 아니 이보다는 층응회암에 가깝다. 마찬가지로 석영 파편, 정장석, 사장석, 그리고 흑운모와 백운모의 박편(flake)으로 이루어졌으며 석회질 및 녹니석 물질로 교결되어 있다.

현풍

홀개나루[87]에서 낙동강을 건너(도판 XXXI. 사진 1) 현풍[88] 읍내에 도착했다. 이곳 역시 '적색통'이다. 서쪽을 되돌아보면, 바위로 된 톱니 모양의 가야산 산맥이 적색 지층으로 된 구릉지와 함께 보인다. 반면에 동쪽에는 급경사를 이루면서 읍내에서 바로 솟아 있는 비슬산[89]이 올려다 보인다(도판 XXX. 사진 3). 비슬산은 부분적으로 반화강암의 특성

---

85) p.35와 p.53 참조.
86) 闕浦(궐포).
87) 忽浦(홀포).
88) 玄風(현풍).
89) 琵瑟山(비슬산). 이 산은 대구의 남서쪽에 있는 동일한 화강암질 산이다. p.127 참조. 이 산은 우리가 오동에서 넘은 단층애의 서쪽 연장이다.

을 지니고 있는 거정질의 담황색 마산암이 관입한 '흑색 세일통'으로 이루어져 있다. 퇴적암들은 산의 서쪽 능선에 자리하고 있다.

나는 이미 두 번째 횡단여행에서 대구[90]를 들렸기 때문에, 이번에는 부산을 향해 남쪽으로 방향을 돌렸다. 새로운 지질 지대는 완전히 붕괴되어 있는 흑색 셰일, 아니 그보다는 프린트질 녹색 응회암(주향 N.W.-S.E.(!), 경사 N.E.)과 호층을 이루고 있는 점판암으로 이루어져 있다. 우리는 이 복합체의 주향 방향을 따라 창녕(도판 ⅩⅩⅫ. 사진 1), 영산을 지나 32km를 나아갔다. 창녕 부근에서는 두 번째 횡단여행[91] 경로를 가로질렀고, 영산 부근에서는 반화강암질 마산암으로 된 병반을 만났다. 이 구간의 사람들은 친절하지 않았다. 여기부터 우리들은 지구대 형상(trench-like)을 한 구릉지대(도판 ⅩⅧ. 사진 3)의 지형[92]을 조사할 절호의 기회를 맞게 되었다. 이는 낙동강의 오른편에 있으며 하부경상계로 이루어져 있다. 남북방향(원문의 동서방향은 오류 - 역자주)의 지질구조선을 따라가는 낙동강은 진주로부터 온 지류를 받은 후 동쪽으로 급하게 방향을 바꾼다. 유로의 변경은 의심의 여지없이 하천의 남쪽에 있는 동서방향의 한산산맥의 융기에서 비롯된 지질구조 탓이다.

길은 송진[93] 나루터를 건너 마산포로 이어진다. 이곳은 낙동강의 감조구간 최상류이다. 그러나 우리는 하천의 횡단 유로와 나란히 달리고

---

90) p.126 참조.
91) p.124 참조. 말리 교차로.
92) 장년기 지형에 관해서는 p.55 참조.
93) 松津(송진).

있는 동서방향의 구조곡을 따라 지금은 기차 환승역이 있는 삼랑진[94]으로 나아갔다. 이 횡곡(traverse valley, 도판 XXXⅡ. 사진 2)은 지질구조에 관한 한 교과서적인 자료로서, 우리 왼편(북쪽)은 수백 피트에 달하는 날카로운 절벽으로 둘러싸여 있다. 이 절벽에는 동쪽으로 약간 기운 적색 각력암의 두꺼운 층이 노출되어 있다. 한편 오른쪽, 즉 내려앉은 쪽은 불연속적인 일련의 구릉들로 이루어져 있다. 도로는 V자형 계곡 바닥의 방향을 따라 나 있다.

영산에서 머지않은 곳에서 우리는 퇴적암이 화성암으로 근본적으로 달라지는 것은 확인할 수 있다. 화성암은 상부경상계 화산암이다. 지다리[95]에서 최고의 노두를 볼 수 있는데, 이곳에서는 초록과 적색 빛의 화산암 파편들로 이루어진 용융각력암이 거의 괴상으로 산출된다. 이 암석은 과거 용암류이다. 지질적으로는 지금까지 종종 언급했던 투휘석질 분암과 구분할 수 없지만, 외양으로 보아 이 암석은 휘석 안산암[96]을 닮았다. 초록빛 분암은 녹니석과 녹렴석으로, 불그스레한 분암 변종은 경철석에 의해 식별된다. 종남산[97] 발치에 있는 구박[98]에서는 모래로부터 열심히 금 세광을 하고 있는 것을 목격했다. 각력암 자갈에 판 구덩이 깊이는 무려 40피트에 달했다. 이것은 금을 얻는 새로운 방법이지

---

94) 三浪津(삼랑진).
95) 芝橋(지교).
96) 이 암석은 밀양 부근에서 발견한 것과 같은 암석일 것이며, T. H. Holland는 안산암으로 설명했다. "Notes on Rock-specimens from Korea." Q.J.G.S. 1891, p.181.
97) 從南山(종남산).
98) 九林(구박).

만, 이 값진 금속의 기원은 정확하게 알지 못한다.

삼랑진
환승역 현재 기차 환승역인 삼랑진에는 여전히 분암이 나타난다. 이 암석은 심하게 풍화를 받았고 녹니석과 녹렴석에 의해 녹색을 띠고 있다. 모래로 된 범람원을 4km 가량 걷고는 남동쪽으로 방향을 바꾸었다. 이곳에서 낙동강은 까치원[99] 관문이 있는 협곡을 지나 남동쪽으로 흐른다. 이 협곡은 불그스레한 각력질 규장반암으로 이루어져 있으며, 사장석과 석영으로 된 반정이 보이고, 유동구조를 보이는 유리질 석기는 현재 심하게 탈유리화작용을 받았다. 이 암체는 약간 동쪽으로 경사져 있다. 우리는 분암과 규장반암이 함께 산출되는[100] 훌륭한 예를 이곳에서 볼 수 있다. 이러한 조건은 조선 반도 남동쪽 끝에서 종종 확인할 수 있다.

물금 협곡을 지나니 다시 낙동강[101]의 넓은 범람원이 펼쳐졌다. 마침내 부산에 도착했다. 세 번째 횡단여행을 떠난 지 17일이 지난 1901년 1월 19일이었다.

매가(Măi-ka)[102] 혹은 마카우(Makau)
대흑산군도의 한 도서

나주군도. 목포 자유항을 벗어나면 크고 작은 수많은 섬들이 있다.

---

99) 鵲阮關(작원관). 도판 XXXII . 사진 3과 p.36 참조.
100) 이와 같은 현상은 서 보르네오에서도 나타난다. 이스튼(Easton)은 휘록암과 삭양반암이 항상 함께 산출된다고 주장했다. 이 둘은 어쩌면 마그마분화의 극단적 산물로 간주될 수 있다. N. W. Easton : "Geologie eines Theiles von West Borneo." *Jaarboek van het Mijnwesen in Niederlandsch Oost-indië*, Batavia, 1904.
101) p.28 참조.

조선 사람들은 이들을 총칭해 나주군도라 부른다. 왜냐하면 이전에 이 들 섬들이 나주 관아에 속했기 때문이다. 이들 내나주군도의 서쪽, 그 리고 나주 해협(유럽해도에서는 'the Single Canal')에 의해 이들과 분 리된 섬들을 편리하게 외나주군도라 부를 수 있을 것이다. 이 군도는 북쪽으로부터 두 집단으로 다시 나눌 수 있는데, 따로 떨어진 흑산도[103] 를 제외하고 대흑산군도와 수로지에 나오는 섬들이 그것이다. 후자의 섬들은 본토로부터 너무나 떨어져 있으며, 옛날에 중국 남부로 가는 조 선 배들이 들르던 마지막 항구였다.

조선 다도해의 다른 군도에 대한 것은 말할 것도 없고, 외나주군도 및 내나주군도의 지질에 대해서는 아는 것이 아무 것도 없다. 한 가지 예 외가 있다면, 1878년 구피(H. B. Guppy)[104]가 호넷(the Hornet) 호를 타고 조선의 다도해를 방문하고는 대흑산군도의 한 섬인 매가도에서 규암과 석영질 암석을 발견했다는 짧막한 설명이 그것이다. "규암 아래 에는 거의 운모질인 암석과 편마암이 산출된다. 석영맥이 이들 암석을 지나고 있으며, 때때로 주변 암석을 분리하기도 한다. 경사는 15°N.E. 이다."

---

102) 梅加島(매가도).

103) 黑山島(흑산도). 이 섬은 조선사람들 사이에서는 가가도(可佳島), 유럽인들 사이에서는 로스 섬 (Ross Island)으로 더 잘 알려져 있다.

104) "Note on the Geology of the Corean Archipelago." *Nature*, Vol. XXIII, 1881, p.417.

제주도(Quelpart)

만약 조선이 '동아시아의 이탈리아' 라면, 제주도[105]는 시칠리아이다. 이 섬은 전라도 남해안에서 약 50마일 떨어져 있다. 해남의 어란포[106]에서 제주도에 가려면 조선의 배들은 의례 북위 34°에 있는 초자도[107] 혹은 '후풍도' 라는 섬에 들러야 한다. 제주도는 조선 남부 다도해 그리고 조선의 영토에서 가장 큰 섬으로, 동서 폭은 72km이고 남북의 폭은 31km이다. 이 섬은 화산섬이고, 이 화산은 조선 전체에서 유일한 활화산이다. 이 화산은 90~110m 깊이의 해저로부터 2,025m 가량 급하게 솟아 있다. 반복해서 강조하지만, 이 화산은 조선 반도의 등뼈인 태백산맥과는 지질적으로 직접 연결되어 있지 않다. 비록 이 섬이 조선 반도와 간접적으로 연계되어 있는 것은 당연하겠지만, 이 섬이 물 속에 잠겨 조선 반도의 남쪽 해안과 분리된 이후 다시 물 밖으로 드러났다는 사실을 입증할 만한 것이 아무 것도 없기 때문이다.

이 섬의 외곽은 나새류(sea slug)를 닮았는데, 그 위에 한라산[108]이 1,950m 높이로 솟아 있다. 이 고도는 겐테(Genthe)[109]가 아네로이드 기압계로 측정한 것이다(겐테는 6,390피트, 일본 해도에는 6,550피트, 프랑스 해도에는 995m). 섬 전체가 이 정상으로부터 내려오는 사면으

---

105) 濟州島(제주도). p.80 참조. 이전에(신라시대부터) 이 섬은 탐라(耽羅) 혹은 탐나(耽毛羅)라고 불렸으나 1295년에 현재의 이름으로 바뀌었다.
106) 於蘭浦(어란포)(蘭梁(난양?)).
107) 椒子島(초자도) 혹은 候風島(후풍도). 초란군도에 속한 하나의 섬.
108) 漢拏山(한라산). 이 산은 영국 해도에 오클랜드 산(Mt. Auckland)로 나온다.
109) Genthe, "Korea." Published by G. Wegner, 1905, Berlin.

로 이루어져 있다. "은하수를 향해 솟아 있는 꼭대기"를 간혹 원산[110] 혹은 원추산이라 부른다. 해안에는 마을들이 점점이 흩어져 있다. 주민들은 기장, 밭벼, 사탕수수, 콩, 보리, 밀, 감자, 담배, 메밀, 얌, 순무, 양배추를 재배한다. 오렌지, 포멜로(왕귤나무류), 복숭아도 재배한다. 농사는 해발고도 약 500m 아래에서 이루어진다. 1,200m 고도까지 피아노(piano, 벌칸식 화산의 화산체 완경사 부분 – 역자 주)는 떡갈나무와 소나무가 무성하며, 그 위로는 관목류 지대로 바뀌다가 한랭한 정상에서는 사라진다. 정상은 음력으로 5월까지 눈으로 덮여 있다. 호랑이, 표범, 곰, 늑대, 여우, 산토끼, 까마귀[111]가 없다. 간략히 말해 맹수나 맹금이 없다.

약 40만 명의 주민이 살고 있다. 정착 역사는 일본인과 조선인을 연결하는 사슬의 고리를 이루기 때문에 인종학적으로 대단히 중요한 것으로 생각되지만, 아직 연구되지도 그리고 분명하게 밝혀지지도 않았다. 전해오는 바[112]와 의하면, 역사 초기에 양씨, 고씨, 부씨[113], 세 사람이 북쪽 사면에 있는 용암굴[114]로부터 나왔다고 한다. 이곳은 읍내에서 40km 떨어진 해발 1,070m 지점으로, 겐테[115]는 이곳에서 하룻밤을 보

---

110) 圓山又名圓嶠山(원산우명원교산).
111) 탐라지(耽羅志)에서 인용.
112) 유명한 헐버트(Hulbert)는 조선지리서들을 읽지 않고는 도저히 할 수 없는 제주도 지리에 대한 번역을 충실히 하여, 내가 "동국여지승람"과 같은 기본서에서 더 이상 첨부할 것이 없을 정도였다. "The Island of Quelpart." *Bullet. Am. Geogr. Soc.* 37, 1905.
113) 梁, 高, 夫.
114) 모흥(毛興).
115) Loc. cit.

낸 적이 있다. 이들 세 사람은 각각 일본에서 온 수수께끼 같은 여인들과 결혼했고, 세 가구가 정착해 섬을 나누었다. 14대가 지난 후 고씨 삼형제가 탐진(현재 강진[116])에 상륙하여 신라 왕국의 수도 경주[117])를 방문하였다. 이 사건은 신라 왕국의 초기에 일어났으며, 이 세 사람이 탐진에 상륙했기 때문에 왕은 이 섬을 탐라[118])라고 이름 붙였다. 그 이후 탐라는 백제, 일본, 고려에도 조공을 보냈다. 1295년 고려 왕은 이름을 현재처럼 제주로 바꾸었다. 1231년 몽골이 고려를 침입했을 때, 이곳은 즉시 몽골의 영지가 되었다. 그들은 이 섬에 말사육장을 개설했고, 반(半)야만적인 몽골의 말사육사들이 현재 인구의 일부를 구성하고 있는 것처럼 보인다. 왜냐하면 겐테[119])의 생생한 설명에서와 같이, 정상 분화구에서 여전히 야생인 말들을 볼 수 있기 때문이다. 주민들은 단조롭고 부드러운 조선말이 아니라 날카롭고 거친 엑센트를 가진 말을 쓰고 있다.

일반적인 상륙지점은 섬의 수도인 제주에서 서쪽으로 23km 떨어진 명월[120])이다. 간혹 어떤 이는 위험을 무릅쓰고 정박소[121])에서 해안으로 직접 헤엄을 쳐, 읍내 부근 해식을 받은 현무암에 상륙하기도 한다. 검은 암석이 섬 전체를 이루고 있어, 결국 지형지물 역시 검은 색이다. 이곳에서는 모든 것이 검다. 자갈, 돌, 울타리, 집, 사람, 그리고 그들의

---

116) p.80 참조. 眈津 (탐진).
117) p.137 참조.
118) 眈羅(탐라). 고대 조선어에서 나, 라(羅), 야(耶) 음절은 "왕국"을 의미한다.
119) Loc. cit.
120) 明月(명월). 양도(楊島) 건너편에 있음.
121) 山底浦(산저포).

(만주 사람들 같은) 옷, 돼지, 말도 마찬가지인데, 이들은 혈색이 더 밝고 흰 옷을 입으며, 크림 색상의 화강암 지대에서 사는 본토의 사람들과 대조를 이룬다.

이미 언급했듯이, 이 섬 전체가 한라산의 사면으로 이루어져 있고, 일견 한 번의 화산 분화에 의해 현재처럼 만들어진 것으로 생각할 수 있다. 그러나 결코 그렇지 않다. 겐테는 후지산 주변의 측화산과 같은 화산추를 읍내에서 한눈에 30개를 헤아릴 수 있었다. 나는 이 섬을 직접 방문한 적이 없어, 이 섬의 지질 역사와 구조를 상세하게 설명할 수 없다. 그러나 나는 정상 화구호가 있든 없든 수많은 화산추가 있음을 확신한다. 나는 여기서 조선의 지리서[122]을 인용하면서 정상에 화구호가 있는 화산추만을 언급하기로 한다.

  a) 제주[123] 지구(북사면)

    1. 한라산 : 항상 안개로 가려진 호수가 있다. 읍내에서 남쪽으로 30리[124] 떨어져 있다.

    2. 장을산(長乙山) : 봉우리가 4개인데, 그 중 하나에는 바닥을 모르는 '용' 화구호(crater-lake)가 있다. 남쪽으로 36리 떨어져 있다.

---

122) 東國輿地勝覽(동국여지승람).
123) 濟州(제주).
124) 1리는 약 0.5km.

3. 원당악(元堂岳) : 화구호가 있으며 거기에 수생식물과 거북이 살고 있다. 남쪽으로 17리 떨어져 있다.

4. 입산악(笠山岳) : 화구호가 있고 그 안에 연꽃이 있다.

5. 어승생악(御乘生岳) : 정상에 분화구가 있다.

6. 소독악(小禿岳) : 분화구가 있다.

b) 정의[125] 지구(남동사면)

1. 수악(水岳 혹은 水頂岳) : 정상에 분화구가 있다. 읍내 서쪽으로 40리 떨어져 있다.

2. 삼매양악(三每陽岳) : 커다란 호수가 있다. 북쪽으로 30리 떨어져 있다.

3. 수성악(水城岳) : 커다란 호수가 있고 성곽처럼 생겼다. 북쪽으로 32리 떨여져 있다.

4. 수영악(水盈岳) : 화구호가 있다.

c) 대정[126] 지구(남서사면)

1. 굴산(屈山) : 99개의 동굴이 있다. 읍내에서 동쪽으로 25리 떨어져 있다.

2. 송악(松岳) : 화구호가 급한 벽으로 둘러싸여 있다. 남쪽으로 15리 떨어져 있다.

---

125) 靜義(정의).
126) 大靜(대정).

3. 호근산(狐根山) : 분화구가 있으며 둘레가 17리이다. '지하
   세계에 도달할 수 있을 정도로' 바닥의 깊이가 깊다. 정의
   경계에서 동쪽으로 50리 떨어져 있다.

섬 한 가운데 1,950m 높이의 한라산(Mt. Auckland)이 우뚝 솟아 있
다. 섬 전체, 특히 북사면에 삼림이 우거져 있고, 앞에서 언급한 나중에
만들어진 기생 화산추가 전 사면에 펼쳐져 있다. 물론 아직 언급하지
않은 화산추도 마찬가지이다. 이외에도 커다란 화산추 아래 숨겨진 오
래된 난장이 화산추가 있다. 이들은 해저가 비교적 얕은 남서쪽과 북동
쪽에서 산각의 형태로 능선 아래로부터 산출된다.

이 거대한 화산섬의 특징적인 지형으로 장월악이라는 초생달 형상의
긴 능선을 들 수 있다. 이 능선은 남쪽 해안을 향해 돌출한 330m 높이
의 수직 절벽과 함께 남쪽으로 열려 있고, 능선 배후는 북쪽을 향해 있
다. 겐테 씨는 급사면에서 두 개의 거대한 용암류를 발견했는데, 다른
용암류 역시 반대편에서 볼 수 있을 것이다. 한라산은 단지 과거 거대
화산추의 북쪽 화구벽 중 일부일 뿐이다. 갈라져서 남쪽 바다로 던져진
파쇄 지괴는 현재 작은 섬이나 암초의 모습으로 해안을 따라 흩어져 있
다. 나는 겐테 박사가 조선의 원산 부근 석왕사에서 타이핑을 하고 있
던 것을 보았다. 불행하게도 그 후 그는 모로코에서 야만인에 의해 살
해당했다. 그는 최정상에 있는 분화구에서 직경 400m, 깊이 70m의 전
형적인 화구호[127]를 발견했다. 이 차고 푸른 호수의 가장자리는 튼튼한
제주 조랑말의 사육장이었다.

제주 섬은 내가 알고 있는 한 조선 전체에서 유일한 화산이다. 그러나 일반인의 기대와는 달리 활동중인 분화구는 정상에 있지 않다. 오히려 섬의 남서쪽 대정 부근에 있는 작은 섬에 있다.

서산[128]이라고 불리는 이 활동 중인 분화구에 관한 조선의 책을 헐버트[129]가 정확하게 번역한 것을 여기서 소개하고자 한다.

"1003년 산이 물에서 갑자기 솟아올랐다. 4개의 구멍이 있었고 그것으로부터 '홍수처럼 붉은 물'이 나왔는데 곧 돌로 변했다. 5년 후 같은 종류의 또 다른 경이로운 사건이 일어났다. 그러자 고려 왕은 학자를 보내 이를 조사하도록 했다. 주민들이 그에게 보고한 바에 의하면, 산이 솟구쳤을 때 짙은 구름 및 안개와 함께 지진과 천둥이 동반되었다. 7일이 지난 후 모든 것이 끝났다. 그러나 높이가 300m 이상 되고 둘레가 40km나 되는 새로운 산이 나타났다. 거기에는 나무도 풀도 없었다. 늘 연기 장막으로 덮여 있지만, 바람이 불어 연기가 사라지면 산은 탁한 노란색의 유황처럼 보였다."

위는 조선 사람의 보고서 일부이고, 이 화산 재해에 관해 우리가 갖고 있는 유일한 자료이다. 내 스스로 만들고 있는 지질도에 이 새로운 분화구 화산추의 정확한 위치를 정할 수가 없다. 그러나 이 보고서에 나타난 화산 활동의 기록을 이해하지 못할 사람은 없을 것이다.

---

127) 백록담(白鹿潭)이라 불린다.
128) 瑞山(서산).
129) Loc. cit., p.137.

이 섬은 전적으로 현무암으로 이루어져 있다. 나는 목포 영사관 직원이 제주 읍내 부근에서 수집한 몇몇 자갈 표본과 고바야시 씨가 내게 제공한 남쪽 해안에서 떼어낸 돌 하나를 가지고 있다.

내 표본들은 화산쇄설질(slaggy), 심지어 다공질이거나, 아니면 반대로 매우 치밀했는데, 이들 모두 회색조였다.

a) 눈으로 보이는 반정은 사장석이다. 구조는 결정 크기에 따라 다양했는데, 한 쪽에는 8mm 길이의 사장석 반정이 포함되어 있었다. 대부분의 암석은 치밀한 구조를 지니고 있다. 현미경으로 보면, 거정질 표본은 조장석쌍정(albite-twinning)과 함께 장방형의 아회장석(bytownite)(소광각은 공히 30°) 그리고 철이 많은 감람석 입자와 결정으로 이루어져 있으며, 둘 모두 아주 풍부하다. 나머지 석기는 황갈색 입자와 무색 기질 속의 갈색 글로뷰라이트(globulite)로 이루어져 있다. 약간 과장하자면 석기는 완전히 검게 보인다.

b) 치밀한 표본은 반정이 없고 검푸른 색을 띠고 있다. 현미경으로 보면 암색의 글로뷰라이트질 입상 석기 속에 단지 사장석 결정만 보인다. 감람석과 휘석은 보이지 않는다.

표본들의 분석을 통해 내가 판단할 수 있는 한, 이 섬의 지배적인 암석들은 휘석 반정은 없고 휘석 입자로 혼합된 글로뷰라이트질 기반의 거무스름한 석기 속에 사장석과 감람석이 풍부하다. 이 암석은 사장석 현무암의 조선 형으로, 현무암 메사를 이루고 있는 조선 북부에서 광범위하게 나타난다.

기후[130]에 관한 한 이 섬은 규슈 북부와 같은 위도대에 있고, 그 결과 본토의 남해안보다 더 따뜻하다. 이곳 식물[131]은 남쪽 기후의 특징을 지니고 있다. 이 섬은 황해, 중국해, 남해, 세 바다의 경계에 있고, 쿠로시오 해류의 한 쪽 가지가 이 섬을 지난다. 이 해류는 또 다시 나뉘어져 한쪽은 조선의 서해안를 따라, 또 한쪽은 쓰시마 해협을 향해 나아간다. 주변 해역은 바람이 거칠고 공기는 습하며, 해류는 빠르고(2노트) 조차는 크다. 한라산 정상은 항상 구름으로 가려 있고, 구름이 걷히지 않으면 주민들은 산신이 노했다고 생각해 바다로 나가길 꺼린다. 따라서 섬 주민들의 전설은 어느 정도 이 산신과 연관되어 있다. 특히 6월과 7월에는 종종 폭풍우를 동반한 태풍이 지나간다. 동쪽에 있는 작은 섬 우도[132]와 반대편에 있는 죽도[133]는 피난처가 거의 없다. 옛날에 죽도에는 왜구들이 자주 출몰했다. 전자, 즉 '소섬(Ox Island)'은 이런 류의 가축을 기르는 사육지이다. 이전에는 주민들이 겨울에 그곳으로 가서 여름

---

130) 탐라지에 따르면, 이 섬의 주민들은 온화한 기후 덕분에 장수를 누리고 있고, 선선한 북풍 덕분에 남쪽보다는 북쪽 사람들이 더 건강하다.

131) 나중에 이 섬을 방문한 미국인 동물학자 앤더슨(Anderson) 씨의 일본인 조수는 약 100종에 달하는 작은 식물 표본을 일본으로 가져왔다. 다케다와 나카이 두 사람은 이끼나 지의류가 포함되지 않은 이 수집된 식물에 대해 특별한 판단을 해야만 했다. 제주도의 식물은 조선의 그것보다 일본의 그것과 더욱 유사함을 수치로 보여 주었다. 일본에서 나는 종이 92%인 반면 조선과 중국에서 나는 종은 58%에 불과했다. 표본 중에서 27종 혹은 43%는 조선 식물에서는 찾아 볼 수 없는 것이지만, 그 중 25종은 일본에서는 알려진 것이다. 추후 계속된 연구로 일본과 조선의 식물 간에 흥미로운 관계가 더 많이 밝혀질 것이라고 생각한다. "Plantæ ex insula Tschedschu," Bot. Mag., Tokyo, XXIII. No.233, 1909.

132) 牛島(우도).

133) 竹島(죽도).

에 되돌아왔는데, 이는 자주 들이닥치는 엄청난 폭풍우 때문이다.

요약

지금까지 내가 여행한 지역의 지질과 지형에 관해 관찰한 것을 세 차례에 걸친 횡단여행 일지로 제시하였다. 이제 그 결과에 대한 일반적인 설명은 다음 기회로 미루고, 여기서는 간단히 요약할 예정이다.

횡단여행 동안 답사한 지역은 한반도의 일부분인데, 북위 36도 이남이고 전라도 전체와 경상도 남쪽 부분에 해당한다. 첫 번째 횡단여행(pp.29~99)에서는 일본에서 가장 가까운 항구인 부산을 1901년 1월 24일에 출발해 리아스식 해안인 남해안을 따라갔다. 이 해안은 조선 남부 다도해의 무수히 많은 섬과 해안 굴곡이 특징적이다. 그 후 황해안에 있는 목포에 도착했는데, 도착일은 2월 16일이며 총 거리는 400km를 넘었다.

2월 20일 목포를 출발한 나의 두 번째 횡단여행(pp.103~147)은, 운봉에서 지리산 산맥을 가로지르고 창녕에서 낙동강을 건너 대구를 지난 후 동해안에 있는 영일만에서 끝났다. 거기서부터 남쪽으로 길을 돌려 처음에는 해안을 따라 나중에서 내륙을 거쳐 첫 번째 횡단여행의 출발지인 부산에 도착했다. 도착일은 3월 19일이며, 여행한 총거리는 530km였다.

세 번째 횡단여행(pp.151~195)은 금강 하구에 있는 군산에서 시작했고, 그 날은 1901년 1월 3일이었다. 육십령 고개에서 소백산맥을 관통했으며, 이번에는 현풍에서 낙동강을 건넜다. 마침내 1901년 1월 19일에 부산에 도착했고, 여행한 총 거리는 220km였다. 첫 번째 횡단여행은 일년 중 가장 추운 기간에 시도되었고, 우박 폭풍과 폭설을 경험했다. 두 번째 여행은 초봄이었던 반면, 세 번째 여행은 초겨울이었다.

A. 기후

기후에 관한 체계적인 설명은 다음으로 미루고, 여기서는 단지 여행 기간 동안 내게 인상적이었던 것만을 제시하고자 한다.

높은 대나무 숲이 북위 약 36도의 서해안에 있는 군산 부근부터 나타나기 시작했다. 물론 여러 대나무 종이 있겠지만 이 유용한 식물은 모든 조선 사람들의 가계 경제에서 중요한 역할을 한다. 그러나 현재 분포로 보아 북쪽과는 지세가 현저히 다른 남쪽에서만 자라고 있다. 나는 대나무 숲을 북위 37도의 동해안에 있는 울진에서 다시 보았는데, 약 1도의 차이를 보인다. 이는 황해안의 기후에 비해 동해안의 기후가 더 따뜻함을 명확하게 입증해 준다. 부산의 연평균기온은 14℃이고, 목포는 13℃이다. 등온선은 산지지형 요소들이 그러한 것처럼 조선 반도를 비스듬히 횡단하고 있다. 나는 동백나무를 단지 남해안에서만 보았다.

앞에서 말한 울진에서 시작된 소백산맥은 조선 반도를 비스듬히 달리고 있으며, 이 산지 장벽은 기후 차이를 유발하는 중요한 기후인자이다. 산맥의 해맞이 쪽은 경상도, 다시 말해 옛 신라 왕국[1]의 땅이다. 이 지역은 깨끗하고 하천도 맑다. 도처에 그다지 높지 않는 산들과 그다지 넓지 않은 평야가 있어, 지형적인 미로를 이루고 있다. 화산도 없고 심각한 지진도 없다. 주민들은 조용하고 평화로운 삶을 누리고 있으며, 외부 세계의 격렬한 투쟁에 대해서는 아는 바가 없다. 이 지역은 조선 반도에서 가장 온화한 기후를 즐길 수 있고, 동해 반대편에 있는 일본 본토 날씨와 비슷하다(부산의 연평균기온은 14℃이고, 하마다는 14.5℃, 마스에는 14.2℃이다). 이 지역은 나의 이상적인 파라다이스에 근접하고 있다. 딱 한 가지 나무랄 것은 삼림이 없는 것이다. 이와 같은 황량한 지세는 자연 자체에 그 원인이 있는 것이 아니라 주민들의 부주의 탓이다.

남해안

남해안은 따뜻한 쿠로시오 해류가 지나지만, 동해안은 동해의 차가운 역류가 지나고 있다. 동해안의 물고기는 블라디보스토크의 그것과는 크게 다르지 않다. 남해안은 조차가 10~13피트로 상당히 크지만, 동해안은 소위 커다란 호수의 일부분이라 조차가 거의 없다.[2] 6월과 7월

---

1) p.137 참조.
2) B. K. "An Orographic Sketch of Korea." *Journ. Coll. Sci.* Imperial University of Tokyo, Vol. ⅩⅨ, Article 1, p.27. – 이 책에서는 부록 pp.370~371.

은 우기이다. 나머지 달들은 하늘이 청명하며, 따뜻하고 안개가 많은 봄과 건조하고 청명한 가을이 반복된다.

이제 내륙으로 눈을 돌리면, 화강암으로 된 소백산맥, 즉 도경계를 이루는 산맥이 동쪽으로 단애를 보이면서 바위투성이의 봉우리들이 솟아 있다. 정상에는 초가을부터 봄까지 눈으로 덮여 있고, 이러한 점에서 눈이 며칠만 지속되는 경상도 해안과는 대조를 이룬다. 가장 높은 곳은 해발 1942m의 지리산 매시프에 있다. 이 산맥 너머 서쪽으로는 전라도 땅인데, 육지가 서서히 낮아진다.

전라도 해안은 특히 6월에 짙은 안개로 악명이 높다. 이 해안은 보통 조선 다도해(Korean Archipelago)라는 이름으로 알려진, 수를 셀 수 없을 정도로 많은 섬들로 이루어져 있다. 이에 더해 빠른 조류(2~5노트), 큰 조차(14~29.75피트), 얕은 수심, 짙은 안개 때문에 연안 선박들이 항해하는 데 큰 어려움을 겪는다. 전라도 해안과 황해 남쪽의 안개[3]는 유명해서, 태평양의 뉴펀들랜드인 홋카이도 남쪽 해안의 안개와 비견될 만하다. 안개는 단순히, 혹은 강우의 전조로 발생하며, 둘 모두 저기압과 관련해 나타난다. 안개는 발생 시각에 따라 아침, 오후, 저녁, 한밤중 안개로 구분할 수 있다. 한밤중 안개는 4월에, 오후 안개는 5월에, 아침 안개는 6월에 자주 나타난다. 안개는 해풍에 의해 육지 쪽으로 불어오며, 간혹 기껏해야 15분 정도 내리는 보슬비로 바뀌기도 한다. 10m 거리에서 사물이 보이는 일반적인 안개는 평균적으로 4월에는 11

---

3) T. Noda : "Fogs on the Soutnern Yellow Sea." (in Japanese) *Jour. Meteor. Soc. Japan.* No.7, Tokyo, 1905, p.248.

시간, 5월에는 5시간, 6월에는 9시간 지속된다. 물론 예외적인 경우에는 50~60시간 지속되는 것도 있다. 안개 발생 시각에는 바람이 동에서 북서 혹은 그 역으로 불고, 이 두 경우 모두 저기압의 중심이 한반도의 남쪽이나 북쪽을 통과할 때 발생한다.

이미 언급했던 것처럼, 전라도 해안의 안개는 해풍에 의해 육지 쪽으로 불어오며, 저기압을 동반한다. 안개 발생 시 기압은 월평균에서 ±3~4mm 이내이며, 이것이 아마 안개 발생에 근본적인 조건일 것이다. 4월과 5월의 기온은 월평균보다 높고, 6월에는 낮다. 비록 홋카이도의 경우처럼 내륙의 안개는 지표 기온차가 안개 발생의 근본적인 요인이지만, 바다 안개의 경우 기온이 큰 영향을 미치지 못한다. 차가운 육지와 직접 접촉하는 공기의 더 낮은 온도로 말미암아 미약한 공기 흐름이 발생하며, 그로 인해 지표와 맞닿은 층에 응결이 발생한다. 간단히 말해 전라도 안개는 미약한 저기압 상태에서 풍향이 바뀔 때 나타난다.

전라도 기후의 이러한 특징과 관련해 1904년 설립된 목포 기상대의 1년간 관측을 바탕으로 다음과 같은 일반적인 결론[4]을 내릴 수 있을 것이다.

1) 전라도는 고베(12.6℃)와 같은 위도에 있지만 연평균기온은 13.1℃로, 일본 노토 반도의 그것과 같다. 여름 3개월의 평균기온은 22.7℃이며, 노토의 그것보다는 낮다. 그러나 겨울 3개월의 평균기온(4.3℃)은 도쿄의 그것에 비해 높다. 간략히 말해 목포는 비교적 일정하고 온화한

---

4) T. Noda : "Climate of the South-west Coast of Korea." *Jour. Meteor. Soc. Japan.* Tokyo, No.4, 1905, p.78.

기후를 갖고 있다.

2) 압력과 바람. 겨울철 기압(평균 767mm)은 일본의 그것보다 높지만, 여름철 평균은 756mm로 상당히 낮고 류큐 제도의 그것과 거의 같다. 이는 겨울철 이 지역은 대륙 고기압의 중심과 이웃해 있는 반면, 여름철에는 태평양 저기압의 중심 부근에 있기 때문이다. 따라서 9월부터 3월까지는 북풍이 지배적이고, 7월과 8월에는 남동풍이 우세하다. 나머지 4월에서 6월 사이에는 남동풍이 점점 북동풍보다 우세해지면서 다양한 바람이 분다. 겨울철 바람은 혹독하여 평균풍속은 초당 1m 가량 된다. 이는 대만해협과 홋카이도 북서해안에서 지배적인 바람의 속도에 견줄 만하다.

3) 상대습도. 연평균습도는 81%로 일본 북부 서해안(아키타)의 그것과 비슷하다. 최습월은 7월(90%)이고 최건월은 2월(68%)이다. 그러나 9월에서 3월까지는 변화가 극심하다. 일반적으로 말해 공기는 습한데, 일본 내해의 고베와 습도를 비교해 본다면 더욱 습한 편이다.

4) 강우. 연강수량은 935mm로 홋카이도 오호츠크 해안의 그것과 거의 같고, 고베의 그것보다는 39%나 더 적다. 심지어 이렇게 적은 강수량마저도 앞에서 말한 풍향이 일정하지 않은 계절에 집중된다. 결국 1년 중 나머지 2/3는 건조하다. 하지만 중요한 예외가 있으니, 여름에 폭우가 강풍과 동반되기도 하고 겨울철에는 지배적인 북풍 때문에 우박을 동반한 폭풍과 폭설이 내린다. 여행기간 동안 혹독한 경험을 하기도 했다.

일반적으로 말해 최대 강우는 여름에 나타나고 그 다음은 봄이며, 겨울에 가장 적어 여름 강우량의 1/3도 안 된다.

5) 강우 일수. 132일로 아일랜드 해(Island Sea)와 같다. 대만 서해안을 제외하고는 청명일수에 있어 목포와 비교할 만한 곳은 일본에는 없다. 따라서 4월과 5월 그리고 7월의 우기를 제외하고는 월 일조시간이 40% 이상이다. 첫서리는 11월 말에 나타나고 4월까지 지속된다. 강설은 12월 중순부터 3월 초까지 지속된다.

6) 폭풍우 계절. 봄철에 양쯔 강 유역으로부터 비와 강한 바람을 동반한 저기압이 계속해서 들어온다. 그러나 태풍은 7월과 8월에 대만으로부터 북상한다. 늦가을과 겨울철에는 저기압이 아닌 고기압이 거센 북풍과 함께 심한 강수현상을 일으킨다.

7) 안개 계절. 안개는 3월에서 시작되어 8월에는 사라진다. 안개는 제법 낮은 저기압에 동반되며, 대개 밤에 나타난다. 다음 간략한 표는 흥미롭다.

	풍향	평균 상대습도	구름 일수	안개 일수
3월	N.	73	12	1
4월	N.W. ,	83	16	6
5월	N.N.W.	82	10	5
6월	N.W.	88	12	11
7월	S.E.	90	9	6
8월	N.W.	87	3	2

B. 산지

나는 한반도의 산지에 관한 개요를 1903년[5)]에 발표하였다. 내 논문은 비록 불완전하지만, 그 이후 조선에 관한 저작물의 국내외 저자들 모두가 반복적으로 내 논문을 인용하였다. 러일전쟁 기간과 그 후, 조선의 광물자원을 조사하기 위해 지질학자와 광산기술자로 구성된 한 위원회가 만들어졌고, 그 위원들은 이제 막 발간된 자신들의 보고서[6)]에서 조선 산지시스템에 관한 나의 견해를 주로 채택했다.

지질학적으로 말해 조선은 대각선 방향의 '지루' 이다. 근본적인 지질 및 지형 구조선은 중국 남부 산지의 연장으로서 남서에서 북동쪽으로 조선 반도를 비스듬하게 자르고 있다. 그 후 발생한 지각 변위로 말미

---

5) *Journ. Coll. Sci.* Imperial University of Tokyo, Vol. ⅩⅨ, Article 1.

6) a. Fukuchi, "On the Coal-fields of Phyöng-yang, Sam-deung, and Sari-uön, Phyöngan-Do." (in Japanese) Department of War, Tokyo, 1905, pp.24, with sketch maps.

  b. Fukuchi, "The Gold-field of Syun-an, Phyöng-an-Do." (in Japanese) Department of War, Tokyo, 1905, pp.4, with sketch maps.

  c. Iki and Suzuki, "Report on the Mineral Resources of Hoang-hai-Do, Kyöng-geui-Do, South Chhyung-chhyöng-Do, and the Southern Part of South Phyöng-an-Do." (in Japanese) Mining Bureau, Tokyo, 1906.

  d. Inouyé, "The mining Industry in Korea." (in Japanese) Mining Bureau, Tokyo, 1906.

  e. Inouyé, "Geology and Mineral Resources of Korea." *Mem. Imp. Geol. Surv.*, Tokyo, 1907.

  f. Inouyé and Niiyama, "Report on the Mineral Resources of Chyöl-la-Do, and Kyöng-sang-Do." (in Japanese) Mining Bureau, Tokyo, 1906.

  g. Kanehara and Nakagawa, "Report on the Mineral Resources of Ham-gyöng-Do." (in Japanese) Mining Bureau, Tokyo, 1906.

  h. Matsuda and Sasao, "Report on the Mineral Resources of Phyöng-an-Do." (in Japanese) Mining Bureau, Tokyo, 1906.

  i. Okada and Nishio, "Report on the Mineral Resources of Kang-uön-Do." (in Japanese) Mining Bureau, Tokyo, 1906.

암아 조선 반도는 현재의 모습을 갖게 되었고, 윤곽만을 놓고 본다면 유라시아 다른 쪽 끝에 있는 이탈리아의 그것을 닮았다. 대각선 방향의 '지루'라는 특성은 조선 남부에서 전형적으로 발달해 있는 반면, 북쪽 반은 약간 상이한 방향을 지닌 또 다른 틀을 가지고 있다.

이제 논의할 지역은 조선 반도 면적의 거의 1/4 가량 되고, 북위 33도와 36도 사이에 있으며, 남서해안에서 멀리 떨어진 제주 섬까지 포함한다. 동쪽 반은 경상도이고 서쪽 반은 전라도이다. 소백산맥은 같은 방향으로 기울어진 깃털처럼 생긴 지맥들로 이루어져 있으며, 이들은 전라도를 가로지른다. 반면 남북방향의 태백산맥이 소백산맥을 자르고 있다. 지리산 매시프에서 정점을 이루고 있는 경동성 소백산맥은 도경계를 따라 동향의 단애가 지나는 동시에 두 지역의 분수계 역할을 하고 있다. 전라도의 암석들은 대각선 주향으로 떨어져나갔거나 습곡을 받았고, 반대로 경상도의 암석들은 수직으로 내려앉거나 남북 주향으로 떨어져나갔다. 전자는 육지가 북서쪽을 향해, 즉 자유항 군산을 향해 점점 낮아진다. 후자의 경우 역시 동쪽으로 가면서 높아지지만, 낙동강 쪽으로는 인지할 수 없을 정도로 서쪽으로 기울어져 있다.

수문(水文)은 당연히 육지의 기복에 좌우되며 하천은 지형구조선과 평행하게, 혹은 가로질러 흐르고 있다. 중요한 하천이 4개 있는데, 낙동강, 섬진강, 영산강, 금강이 그것들이다. 각 지역의 배수는 낙동강의 서쪽 지류를 제외하고는 지형에 적응되어 있다. 이 서쪽 지류로는 도경계를 이루는 화강암으로 된 높은 산맥에서 발원한 깨끗한 급류가 흘러내리며, 이 산맥은 최근에 융기하여 깎아지른 듯하다.

나는 잊지 않고 남해의 한산산맥을 언급해야 할 것 같다. 이 산맥은 거의 동서방향[7]으로 달리는 일련의 산맥으로, 연속적으로 육지가 남쪽으로 내려앉은 평행변위에서 비롯된 것이며 한반도의 남쪽 범위를 규정하고 있다. 낙동강과 섬진강 유로가 갑작스럽게 동쪽으로 방향을 전환한 것은 단지 앞에서 언급한 한산산맥에 의해 하천들의 유로가 막혔기 때문이다. 이러한 독특한 산맥이 없었다면, 하천들은 당연히 짧은 경로를 따라 직접 남해안과 연결되었을 것이다. 일상적인 지도에서도 이와 같은 특성을 놓치기 힘들 것이다. 섬진강의 남서지류(압록진[8])와 낙동강의 남서지류(진주의 남강)는 남해안 근처에서 발원하지만, 바다로 직접 유입하지 않고 북동쪽 유로를 따라 우회하면서 흘러간다. 나는 이것이 조선 남부의 배수와 지형에 있어 특이한 현상이라 생각한다.

C. 지질층의 요약

여러 암석 통들의 아주 양호한 노두들이 드러난 지역을 가로질렀던 세 차례에 걸친 나의 횡단여행을 설명하면서, 이제 지질층에 관한 일반적인 설명을 가장 오래된 것부터 시작해 시대 순으로 다음 같이 진행하려 한다.

---

7) p.413 지체구조도 참조. *Journ. Coll. Sci.* Imperial University of Tokyo, Vol. XⅨ, Article 1.
8) 鴨綠津(압록진).

Ⅰ. 기저 편마암

    a. 봉계 편마암

    b. 동창 편마암

Ⅱ. 강진 운모편암

    a. 강진 운모편암

    b. 물거실 운모편암

Ⅲ. 천매암통

    a. 동복 복합체

    b. 무안 복합체

    c. 전주 복합체

    d. 군산 복합체

Ⅳ. 대 화강암통

    a. 고화강암

    b. 우흑암

    c. 우백암

Ⅴ. 경상계

    a. 하부

    b. 상부

    c. 경상계에 상응하는 일본의 지층

Ⅵ. 규장반암과 동종 암석

    a. 규장반암

    b. 마산암

c. 문상마산암

Ⅶ. 제3기층

Ⅷ. 홍적층과 젊은 분출암

Ⅸ. 충적세층

Ⅰ. 기저 편마암

Ⅰ.a. 이 지역에서 가장 오래된 암석으로 알려진 것은 퇴적편마암이며, 진주[9] 서쪽 황대치 고개의 동쪽 발치에 있는 봉계[10]로부터 약 4km 떨어진 지점에 노출되어 있다. 이 암석은 하부경상계의 기저 백운모사암 아래에 있다. 내가 확인한 바로 봉계편마암[11]은 지리산 매시프에 볼록 솟은 거대한 화강암체의 동쪽 가장자리를 따라 좁은 띠(주향 N.S., 경사 E.)로 산출된다. 먼 과거에는 이 편마암이 대륙 규모였음에 틀림없으며, 동쪽으로 멀리 일본까지 펼쳐져 있었다. 그러나 그것이 내려앉고 갈라지고 마침내 중생대 경상계가 덮거나, 아니면 암석 유동대에서 뜨거운 마그마에 의해 동화되어, 이제는 경상도 남동부의 지질도에서 보듯이 중생대 내내 화강암의 형태로 있던 작은 병반으로 다시 나타난다.

봉계편마암은 미갈색, 사질 외양을 한 암석으로, 퇴적편마암의 특징

---

9) 晉州(진주). p.55 참조.
10) 鳳溪(봉계).
11) p.61의 각주 109 참조.

적인 벌집 구조를 지닌 채 석영, 정장석, 사장석 그리고 흑운모로 이루어져 있다. 각섬석, 사장석, 정장석, 석영으로 이루어진 화강섬록암질 물질의 거친 암맥이 이 암석에 다양하게 주입, 그리고 삽입되어 있으며, 이 암맥으로 인해 갈라지거나 접합되어 있다. 둥근 석영이 포이킬리틱 방식으로 둘러싸인 채, 석영만이 판상으로 산출된다. 따라서 이 암석은 준편마암(metagneiss) 혹은 주입편마암(injection-gneiss)이다.

봉계[12]편마암은 일본지질조사소의 '카시오 편마암(Kashio gneiss)'[13]의 일부인 일본 북부의 하부 타카누키 편마암과 모든 외양에서 닮았다. 일본의 편마암과 마찬가지로, 비록 정상적인 상태는 아니지만 이 편마암은 한반도의 기저 퇴적편마암으로 산출된다. 이는 다시 지리산 매시프의 화강암 저반(batholith)을 이룬 화강섬록암질 분화마그마(differentiation-magma)에 의해 압력을 받고 관입을 받았다.

I.b. 타카누키 통의 특성를 지닌 진정한 퇴적편마암이 두 번째로 산출된 곳은 나주와 영암[14] 사이의 지리산 매시프 서쪽, 동창 금사광 부근이다. 동창편마암은 북동에서 남서로 이어지면서 좁은 띠 형태로 노출되어 있다. 이 좁다란 원생대 층은 마치 화강암 저반 위에서 헤엄을 치고 있는 듯이 편상 화강암 지대의 가장자리에 놓여 있다. 남쪽으로는 소량의 사장석 반정을 포함한 석영청도암이 관입해 있거나 덮고 있다. 이 퇴적편마암은 편리면이 평행한 구조를 하고 있는 미황색, 미정질−

---

12) 鳳溪(봉계).

13) "The Archean Formation of the Abukuma Plateau." p.243. *Journ. Coll. Sci.* Imperial University of Tokyo, Vol. V . Pl. Ⅲ .

14) p.93 참조.

사질 흑운모편암이다.

II. 강진 운모편암

II.a. 앞의 암석들과 직접 접촉하면서 산출되는 경우는 없지만, 층서적으로 바로 위에 있는 암석은 운모준편암(para-mica-schist)이다. 이 암석은 흰색, 판상, 변정사암질(blastopsammitic), 미세당상(fine-saccaroidal) 편암으로, 모가 나고 일부 쐐기형얽힘 구조(inter-digitating)를 보이는 깨끗한 석영입자(0.1~0.34mm)로 이루어져 있다. 이와 함께 암석에 불완전한 편리를 만드는 미갈색의 견운모 엽층이 일부 나타난다. 운모질 광물이 부족하기 때문에 이 암석은 실제로 점점 석영편암으로 바뀐다. 일반적인 외양은 잘 알려진 요곡석영편암 (itacolumite)과 유사하다. 하지만 일본의 것은 탄성이 없다. 이 암석은 퇴적암 기원의 견운모-석영 편암이다. 이 층은 길이가 40km나 되는 띠 모양으로 산출되며, 조선 반도의 남서쪽 구석에 있는 대둔[15] 헤드랜드 로부터 북동방향으로 강진[16]을 지나 멀리 능주[17](pp.76~77 참조)까지 이어지면서, 급경사의 향사구조를 이루고 있다.

능주 남동쪽에서 이 띠는 회색 변성 응회암질 사암 바로 아래에 있고,

---

15) 大屯半島(대둔반도).
16) 康津(강진).
17) 綾州(능주).

갈색빛을 띠는 규장반암이 이 응회암질 사암을 덮고 있다(p.77의 각주 170 참조). 이러한 발견은 현장에서 이들 암석의 상대적 연대를 판단할 수 있다는 점에서 매우 흥미롭다. 이 지질통과 앞서 언급한 준편마암 사이에 시간 간격이 있어야 한다. 왜냐하면 내 경험으로 미루어 보아 이들이 동시에 산출될 수 없기 때문이다. 이 지질통과 그 위에 있는 다음의 중생대 변성암은 견운모편암의 특성을 지닌 분출암(effusive)과 응회암의 다양한 변성암들로 이루어져 있으며, 이노우에의 군산층[18]과 일치한다. 강진 편암과 그 다음 시기에 나타나는 암석이 동시에 산출되는 일은 보통 드물다. 여기서 이들이 마치 압쇄암화 작용을 받고 압력을 받은 화성편마암들 사이에 끼어 있는 것처럼 보이는 지질 위상에 대해 지적하는 것은 의미 있는 일이다.

북쪽으로 가면서 천매암층 아래로 사라지는 강진 편암 띠는 더 북쪽으로 나아가면 옥과의 남쪽과 북쪽에서 다시 나타나며 멀리 순창[19]과 남원[20] 사이의 적성[21] 나루터까지 이어진다. 이곳에는 이 지질통에 대한 자세한 연구를 할 수 있는, 놀랄 만한 지질 단면이 드러나 있다(주향 N.20°E., 경사 50°S.E.). 인근에 초계산[22] 금사광이 있으며, 이곳에서 이노우에 씨는 이 지질통에 속하는 지층인 흑색 및 녹색 천매암을 발견했다.

Ⅱ.b. 조금 전 언급한 적성에서 56km 북동쪽으로 가면 진안(p.170

---

18) *Mem. Geol. Surv.* Japan. Vol. I . page 20, 1907, Tokyo.
19) 淳昌(순창).
20) 南原(남원).
21) 赤城 혹은 積城(적성).
22) 草溪山(초계산).

참조) 동쪽에 있는 물거실에 이른다. 이곳에 퇴적암 기원의 톱날모양 엽편상(zigzag-lamellar)의 회색 운모편암 지대가 나타난다. 이 암석에는 등경의 쐐기형얽힘 혹은 벌집 구조를 지닌 집합체에 흰색 반점이 포함되어 있다. 반점(1~2cm)은 피나이트상(pinitoid) 물질로, 아마 홍주석(andalusite), 근청석(cordierite), 정장석이 변한 것으로 판단된다. 이는 앞서 말한 강진 운모편암의 연장일 것이다. 이 접촉편암은 주향이 N.40° E.이고 경사는 N.W.이며, 각섬석분암과 흑운모정편마암 사이에서 산출된다. 이 세 암석의 관계에 대해서는 명확히 밝힐 수 없다. 어쩌면 이 편암은 충상지괴의 첨멸 흔적(pinched relic)일 것이다.

III. 천매암통

천매암통에는 이노우에[23] 씨가 제안한 분류인 a) 군산층과 b) 천매암층이 포함된다. 군산층은 군산 자유항 부근에서만 나타나며, 고도의 변성작용을 받은 편암으로 특징지어진다. 천매암층은 전자에 비해 변성 정도는 낮으나 조선 반도에서 나타나는 비슷한 암석에 붙여진 이름이다. 이노우에 씨에 의하면, 이 암석은 고 v. 리히트호펜 남작의 타구산(Taku-shan) 층군의 어느 한 층에 상응하는 것처럼 보인다. 그러나 두 층이 아주 닮았다는 점에서 나는 이들을 하나의 통에 포함시키려 한다.

---

23) Loc. cit. p.20.

현재 천매암통은 지리산 매시프 서쪽에서 4개의 평행한 띠로 나타나며, 이들의 방향은 강진 편암대와 정확히 같은 방향인 남서에서 북동으로 달리는 매시프의 가장자리와 일치한다. 이 띠들은 마치 지리산 매시프로부터 기원한 습곡의 평행 곡분(trough)에 퇴적된 층들의 유물처럼 보이게끔 분포하고 있다. 이제 이들에 대해 상세하게 알아보자.

Ⅲ.a. 동복[24] 복합체. 이 복합체는 능주, 동복, 옥과 사이의 이열편(bilobate) 형태의 지역을 차지하고 있으며, 강진 운모편암(p.82 참조)을 직접 덮고 있다. 이노우에 씨, 야베 씨(p.93 참조)에 의하면 흑운모정편마암은 화순 동쪽에 나타나며, 이를 천매암, 사암, 휘록응회암 혹은 그와 유사한 암석들의 환상 복합체가 동쪽으로 가면서 덮고 있다. 이들을 현미경으로 살펴보면 변성작용과 압쇄암화 작용을 받은 화성암이거나 퇴적암이다. 이들은 (1)미사질 외양을 가진 판상 사암(flagstone)으로, 실제로는 유문암 혹은 석영반암과 같이 줄무늬를 지닌 구과상 암석; (2)풍화를 받은 세립철광(flaxseed ion ore)의 외양을 갖고 있는 적갈색의 철질응회암; (3)석영 반점이 포함된 고도의 엽편상 구조를 지닌 회색빛 백운모편암, 즉 석영반암의 파쇄와 드래그(drag)로 만들어진 캐타폴피리틱(kataporphyritic) 편암; (4)푸른빛의 석영 반점을 지닌 파쇄된 탄소질 판상사암, 즉 쇄설성 탄질 퇴적암; (5)표생변성(katamorphosed)과 합성변성(anamorphosed)을 받은 화성 혹은 퇴적 기원의 거무스름한 각사암(grit); (6)약 30피트 두께로 위 (5)의 각사암에 끼어 있는 렌즈

---

24) 同福(동복).

모양의 석묵층이다. 귀암[25]의 석묵에서 얻은 표본에 대한 분석 결과[26]
는 다음과 같다.

H₂O	휘발성 물질	코크스	회	황
9.78	8.29	58.02	29.91	0.38

반정질(semicrystalline) 혹은 변정질(epicrystalline) 암석통의 경사는
S.E.이고 멀리 동복까지 연속되어 있으며, 이를 녹색 분암이 덮고 있다.

봉내장[27] 부근, 그리고 동복과 보성 사이에서 이노우에 씨는 석묵편
암(p.75의 각주 167 참조)과 비슷한 외양을 가진 암석을 발견했다. 이것
은 위 (3)번과 같은 유형이고 이것의 흑색은 녹니석 막에 있는 자철광에
서 비롯된 것이다. 이 암석은 석영반암이나 석영섬록분암의 압쇄암이
다. 근처에서 발견되는 금사광의 모암에 대해서는 아는 바가 없다.

동복에서 북쪽으로 옥과(p.98 참조)까지 전형적인 녹색 오트렐라이트
(ottrelite) 편암과 적철광-오트렐라이트 편암이 전기석과 지르콘석(화
성 기원)을 포함하고 있는 파쇄된 규암질 암석과 연관되어 산출되고 있
으며, 한 곳에서는 결정질-석회암질 역암으로 덮여 있다. 이 복합체는
이미 언급한[28] 바 있는 귀암 석묵층이 북쪽으로 연장된 것으로 예상된
다. 옥과까지 계속 북쪽으로 가면 강진의 사질 백운모편암이 천매암통

---

25) 龜岩(귀암). p.96 참조.
26) Inouyé and Niiyama, "Report on the Mineral Resources of Chyöl-la-Do, and Kyöng-sang-Do."
    (in Japanese) Mining Bureau, Tokyo, 1906, p.86.
27) 福內場(복내장).
28) p.96 참조.

아래에서 산출된다.

Ⅲ.b. 무안[29] 복합체. 목포항으로부터 24km 북쪽에 있는 무안 주변에는 위 (3)번 유형의 석묵−견운모 편암이 나타난다. 이 암석은 주향이 N.45°E.이고 경사는 S.E.이며 심하게 풍화를 받아 얇게 갈라진 적색 토상 자갈로 변했다. 현미경으로 보면 이미 언급했던 동복과 봉내정의 암석 같은 종류이다. 즉, 부식된 석영이 천매암질 막으로 둘러싸여 있는 변정반상구조를 나타낸다. 이는 반상 화성암이 표생변성작용을 받은 결과이다. 동쪽에서는 편암이 적색 규장반암 아래에 있으며, 북서쪽에서는 편암 아래 정편마암이 나타난다.

무안 편암 띠는 편마암 지대에 있는 융기 산릉과 함께 남서방향으로 달린다. 목포 외해에 있는 군도의 일부는 아주 높은 확률로 이 띠의 연장일 것으로 추론된다. 이 띠의 북동쪽 연장은 니이야마 씨(p.163 참조)가 답사를 했는데, 그는 함평에서 편암 아래에 있는 단단한 견운모 규암을 발견했다. 야베[30] 씨는 이 복합체의 주향 방향을 따라 멀리 장성까지 이 띠를 따라가면서 흰색 규암과 불그스레한 견운모−석영 편암, 그리고 옥과 남쪽에서 결정질 석회암을 발견했다.

Ⅲ.c. 전주[31] 복합체. 이는 축방향이 북동쪽에서 남서쪽으로 달리는 향사대이다. 남동쪽 날개의 기저는 알칼리 정편마암으로, (1)평행한 편리면을 가진 쇄설 기원의 흑운모편암; (2)석영 입자의 미세한 반점과 함

29) 務安(무안). p.105 참조.
30) p.157의 개략도와 p.164 참조.
31) 全州(전주). p.160 참조.

께 매끄러운 광택을 지닌 회색빛 석묵질 편암(graphite-schist); (3)연옥–투각섬석 편암이 덮고 있다. 이노우에[32] 씨는 여기서 멀지 않은 금구의 금광에서 이와 유사한 암석을 발견했지만, 투각섬석(tremolite) 대신 백투휘석(malacolite)을 포함하고 있다. 이 둘은 불순물이 섞인 석회암으로부터 변화한 것으로 보인다. 다음으로 (4)노란 색조를 띤 사질 석영편암이 나타난다. 마지막 최상층에는 (5)석묵의 반점이 있는 천매암질 견운모편암이 있다. 이들 다양한 편암은 주향이 N.60° E.이고 경사 70° N.W.이며 전주의 남고산성이라는 옛 성에 제대로 드러나 있다.

전주 서쪽에는 같은 복합체이지만 상이한 특성을 지닌 같은 층들이 동일한 주향과 경사를 지닌 채 노출되어 있다. 물론 최종적으로는 향사 구조의 북서쪽 날개 기저에 있는 정편마암과 접촉하는 지점에서는 반대방향으로 기울어져 있다. 지배적인 암석은 흰색의 견운모질 '호상편마암'과 신장 구조(stretched structure)를 지닌 녹렴석–각섬석 편마암이다. 후자는 원래 주입된 가지암맥(apophysis)인데, 그 후 전단변형을 받아 결국 현재의 형태로 바뀌었다. 병반 이론에 의하면, 이 두 암석 모두 특정 마그마의 주변 고화(marginal consolidation)의 산물이다.

Ⅲ.d. 군산 복합체. 군산항 남서쪽에 위치한 좁은 지역은 천매암통[33]의 4번째 가장 바깥에 놓여 있는 띠이다. 이노우에[34] 씨는 군산의 서쪽과 동쪽에 있는 일련의 암석들을 '군산층' 이라는 이름으로 하나의 층군

---

32) p.160 참조.
33) p.152 참조.
34) *Mem. Geol. Surv.* Japan. Vol. Ⅰ. No.1. 1907, Tokyo.

으로 묶었다. 나는 지금 군산의 동쪽부터 함열까지 나타나는 일련의 암석들을 펼쳐놓았다. 이는 화강암의 분출 형식에 따라 각기 다른 방식으로 이 암석들을 다루기 위함이다.

군산 정박소 부근 천매암통의 작은 층군 중에서 최하부 층은 (1)주향이 N.30°E.이고 경사는 수직이거나 미약하게 서쪽인 천매암질 견운모 편암으로 되어 있고, 양륙장에 제대로 노출되어 있다. 그 위로 (2)각섬석편암의 외양을 하고 있는 푸른빛의 치밀한 오트렐라이트-흑운모 편암(ottrelite-biotite-schist)[35]이 덮고 있다. 이 암석은 점토질 사암이 변한 결과이다. 다시 그 위로는 (3)암맥 혹은 일반 지층의 형태로 무색 거정질 규암이 덮고 있고, 이를 (4)띠 반점이 있는 가르벤쉬퍼(Garbenshiefer, 반상변정을 가지고 있는 점문점판암 – 역자 주)가 다시 덮고 있으며, 점차 (5)매끈하고 초록빛을 띤 보통의 천매암으로 바뀐다. 이 지질통은 III.a, b, c에서 언급한 지질통과는 암석은 유사하지만, 이 지질통의 지층들이 모두 퇴적 기원이고 석회암이 없다는 점에서 차이를 보인다.

위에서 언급한 견운모질 및 천매암질 암석들의 4개 띠는 일반적으로 결정질 편암의 상부대(epizone)에 포함되며, 이들의 토양학적 특성이 너무나 유사해서 표본들을 서로 구분하기 어렵다. 따라서 이러한 연유로 나는 천매암통이라는 공통된 이름을 이 암석들에 부여하는 것이 합리적이라고 판단한다. 이 지질통의 연대에 관해서는 명백한 설명이 불가능하다. 현재 내 지식으로는, 그것을 잠정적으로 중생대 변성암이라

---

35) 오트렐라이트 암석은 동복에서도 산출된다. p.98 참조.

고 부를 수밖에 없다. 물론 그 경우 이 지질통이 원생대나 심지어 고생대 지층일 것이라는 생각을 배제할 의도는 아니다.

Ⅳ. 대 화강암통

조선은 화강암과 편마암의 나라이다. 1886년 고체의 지질도에는, 후기 화성암층과 퇴적암층이 나타나는 몇몇 지역을 제외하고는 전 지역을 화강암질 암석으로 나타내기 위해 하나의 색상으로 표시했다. 니시와타와 이시이, 두 사람의 지질도는 조금 더 다색상으로 표현되었으며, 1902년 나의 지질도 초안에서는 좀 더 많은 범례를 추가했다. 최근의 지질도에서조차 조선 반도의 반 이상이 화강암질 암석으로 채색되어 있다.

초기 천매암 시기가 끝날 무렵 조선은 완전한 변화를 경험했다. 화강암의 대관입이 한반도 전역에서 일어났다. 지각은 다양한 조각들로 나뉘었고 퇴적암과 과거 용암류 및 암맥은 변성작용을 받아 편리상 그리고 엽편상 암석으로 바뀌었다. 화강암질 마그마의 관입과 상향 압력이 엄청난 규모로 일어났던 것으로 판단되는데, 기존의 지각이 산산조각 나고 알프스 산맥의 고도까지 솟아올랐다. 그 후 대지는 숨겨진 저반이 드러날 정도로 삭박작용을 받아, 앞에서 설명한 3개의 지질통이 이제는 오렌지 껍질처럼 분리된 채 드문드문 나타난다.

광범위한 지역에 걸쳐 편암을 뚫고 대개 볼록한 형태로 나타나는 화강암과 정편마암 산체는 보통 가장 오래된 암석으로 간주되고 '원시암 (primitive)' 혹은 '기준암(fundamental)'이라 불린다. 화강암은 여전히 초기 지각으로, 이와 관련된 편마암은 고도의 변성작용을 받은 퇴적암 으로 간주되며, 로렌시아 지층(Laurentian formation)[36]으로 알려져 있다. 나를 포함해 조선 지질에 관한 저자들 역시 화강암 지질통을 원시 암으로 간주하는 관행에 빠져있다. 오늘날 수많은 예들, 특히, 미국, 작센지방(독일), 알프스에서 일부 화강암과 편마암이 편암 지질통을 관입 하였으며, 편마암은 주로 천발변성 화강암이거나 바인쉔크(Weinschenk)에 의하면 압결정작용을 받은(piezocrystallized) 화강암으로 알려져 있다.

Ⅳ.a. 고화강암. 조선의 화강암은 연대가 서로 다르기 때문에, 여기서 고려하는 층군은 이에 비해 최근에 생성된 화강암과 구분하기 위해 고 화강암[37]으로 명명하는 것이 좋을 듯하다.

이 지역 고화강암의 지배적인 유형은 거정질 거대반상(mag-nophyric) 흑운모화강암으로, 반상과 편리 조직을 동시에 갖는 특별한 경향을 지니고 있으며, 화강섬록암, 전기석−미사장석 미문장석 (microperthite), 분암(p.173 참조) 맥이 종종 관입하고 있다. 비록 고화 강암이 구조 발달 측면에 있어 극도로 다양하지만, 다른 종류, 특히 젊은 화강암과 쉽게 구분될 수 있는 공통된 특징들을 모두 갖고 있다. 따

---

36) Chamberlin-Salisbury, "Geology." 1906, Vol. Ⅱ. p.143.
37) Geh. Oberbergrath Credner는 최근 잘 알려진 작손 중산성산지(Saxon Mittelgebirge)의 백립암 (granulite)에 고화강암이라는 이름을 붙였는데, 그의 예를 따르는 것이 아주 편리하다고 생각한다. Genuntiationsprogramm, "Die Genesis des Sächsischen Granulit-gebirges." 1906. p.239 참조.

라서 나는 이제 그것에 대한 일반적인 설명을 할 수 있다. 그러나 그러기 전에 문제가 되는 지역에서 고화강암이 어디서 산출되는가에 대해 몇 마디 덧붙이고자 한다.

지리산 매시프가 그 일부분을 차지하고 있는 고도가 높은 소백산맥[38]은 경상도와 전라도 두 도의 경계를 가로지르면서 비스듬하게 놓여 있고, 완전히 고화강암으로 이루어져 있다. 더군다나 전라도 지역의 많은 부분이 소백산맥의 연장에 속하지만, 경상도 지역은 중생대층이 차지하고 있다.

고화강암은 회색빛의 거정질, 거대반상 심성암으로, 장석이 부분적으로 분해되어 산화철과 혼합된 피나이트상(pinitoid) 입자로 바뀐 덕분에 풍화면은 약간 붉은 빛을 띤다. 기본적인 요소로는 석영, 정장석, 미사장석, 회조장석, 흑운모, 간혹 백운모가 있다. 부수광물로는 갈렴석(allanite), 석류석, 티탄석, 지르콘, 인회석(apatite), 근청석(cordierite), 규선석, 전기석이 있다. 눈으로 확인되는 특징적인 구조는 편리인데, 생성조건 및 광물구성에서 운모의 양에 따라 아주 다양하게 나타난다. 따라서 편마암상 화강암, 화강편마암, 정편마암, 백립암(granulite)의 다양한 위상을 통해, 거의 일반적인 화강암부터 편마암까지 모든 단계가 나타난다. 두 번째 특징은 화강암의 분암과 같은 구조인데, 그 결과 우리는 앞에서 말한 다양한 변종들에 상응하는 안구편마암을 볼 수 있다. 마찬가지로 암석의 색상은 운모질 요소들의 양에 크게 영향을 받는

---

38) 小白山脈(소백산맥).

다. 거정질 구조 때문에 이 암석은 쉽게 입상붕괴를 받아 조선의 경관을 특징짓는 황무지를 만들어 놓았다. 눈으로 확인되는 구조와 마찬가지로, 미세구조 역시 아주 다양하며, 이 층군의 모든 암석에서 쇄설구조나 석영과 장석에서 제한적인 파동 소광은 언제든지 볼 수 있다.

미사장석과 석영이 이 암석의 지배적인 두 가지 광물이다. 후자는 화강암질—석영의 형태로 산출되며, 이는 항상 내부적으로 제한적인 파동 소광을 보이며 외부 압력으로 입단화와 파쇄를 경험했다. 전자는 이 암석에서 아주 중요한 특성이다. 미사장석[39]이 두 가지 형태로 나타나는데, 자형의 거대반정과 판상이 그것이다. (a) 반정은 색상이 미청회색이고 a축 방향으로 긴 주상 (prismatic) 구조를 지녔으며, 특별히 큰 것은 8cm[40]에 이른다. 이는 대개 칼스바드 법칙(Carlsbad law)에 따른 쌍정이다. 망상구조, 투명도, 광학적 방위 (optic orientation)를 제외하고는 육안이나 현미경으로 정장석과 구분이 안된다. 편광현미경으로 보면 (001) 면의 소광각은 5.5°이다. 물결무늬가 종종 발견되기 때문에 미사장석질 미문장석을 확인할 수 있다. 망상과 문장석 (reticulatted and perthitic) 구조를 같은 판에서 볼 수 있지만, 하나의 결정에서 둘 모두가 나타나지는 않는다. b축을 공유한 조장석과 미사장석이 평행하게 성장한 미문장석의 변종이 하동 표본에서 확인된다. 여기서는 엽편상 취편 (polysynthetic) 조장석이 b축 방향으로 납작해진 사각형 윤곽을 지니고 있다.

(b) 판상의 타형 미사장석 역시 망상구조를 보이며, 이 특성만으로 타형 정

---

39) 六十嶺(육십령) 표본. p.175 참조.
40) 하동(河東) 표본. p.64 참조.

장석과 구분할 수 있다. 타형 정장석은 둥근 윤곽을 지니고 있고 보통 백운모로 변해 있으며, 포이킬리틱 형식으로 산출된다. 정장석은 미사장석보다 일찍 결정화되며, 우리 지역의 암석에서는 잘 나타나지 않는다. 보통 타형 미사장석은, 같은 방향을 가진 매끈한 다각형 그리고 간혹 물방울 모양의 석영을 둘러싸고 있다. 이는 문상화강암(graphic granite)과 유사한 일종의 연정(intergrowth)이다. 만약 미사장석과 간극석영(interstitial quartz)이 직접 접촉한다면, 이 구조는 그들의 동시 결정화에 따른 불규칙적인 병렬구조이다.

섬록암질 특성을 지닌 조장석은 항상 자형이고 피나이트화 작용을 받은 핵과 함께 대상으로 구조화되어 있으며, 세 가지 법칙에 따라 쌍정으로 나타난다. 다중 엽편(polysynthetic lamellation)은 미세하고 연속적이며, 등간격이다. 벽개 조각을 얻는 것이 불가능하기 때문에, 사장석으로 동정하는 것은 단지 일부 가치만이 인정될 수 있다. 최대 대칭소광각(symmetrical maximum angle of extinction)은 약 5°로 측정된다. Beche의 방법을 이용하면 다음과 같은 결과를 얻을 수 있다.

$$\omega > \alpha' \qquad \omega < \beta$$
$$\varepsilon > \beta$$

따라서 장석은 $ab_3 \ an_1 - ab_2 \ an_1$의 구조를 가진 기본적인 조장석이다. 크기는 보통 작으며, 대개 미르메키틱(myrmekitic) 경계로 둘러싸여 있다. 부수 광물로는 보통 녹렴석, 갈렴석, 백운모, 티탄석, 석류석, 규선석, 지르콘, 인회석이 있다. 원생(primary) 철광은 드물다.

Ⅳ.b. 우흑암. 편마암 지대에서 가장 두드러진 특징 중의 하나는 소백산맥의 동쪽 가장자리를 따라 길지만 분명히 끊어진 석영이장암

(adamellite) 띠가 나타난다는 사실이다. 이 띠는 남서 해안으로부터 황대치 고개(p.62 참조), 단성(p.58의 각주 95 참조), 산청(p.119 참조), 그리고 멀리 경상도 북서쪽 끝에 있는 상주까지 이어진다. 이는 밝은 색 산성 화강암질 암석으로 된 소백산 병반의 기저 주변암상임에 틀림없고, 주 암체가 완전히 고화되기 전에 석영이장암이 이 병반을 관입하였다. 그러나 지리산 매시프의 거의 중앙에 위치한 운봉[41]에서 이 암석을 한번 본 적이 있다. 향후 더 많은 연구자들이 주변 띠 바깥에서 나타나는 석영이장암을 더 많이 발견할 수 있을 것이다. 또한 석영이장암은 쇄설성 구조를 동반한 화강암 및 편마암류의 모습을 갖고 있다.

이 암석은 미사장석, 흑운모, 녹색빛의 각섬석과 화강암질 석영으로 이루어져 있으며, 특징적인 부수광물로는 티탄석과 인회석이 있다. 현미경으로 보면 이 암석은 지반성 화강암질암류를 아주 닮았는데, 대부분 자형(自形)의 대상 조장석(편광현미경 하에서 (010) 면의 소광각은 +9에서 +14이다) 그리고 단순한 정장석과 함께 미사장석으로 이루어져 있다. 정장석은 비쌍정 미사장석이나 조장석의 단축탁면(brachypinnacoidal)과 구분하기가 쉽지 않다. 갈색 흑운모는 녹청색의 각섬석에 비해 많은데, 마치 각섬석에서 파생된 표형(typomorphic) 광물인 것처럼 흑운모가 각섬석 주변을 에워싸고 있다. 보통 각섬석은 같은 방향을 지닌 정작석과 석영의 둥근 입자들을 페그마타이트 방식으로 둘러싸고 있고, 미사장석이나 정장석 혹은 둘 다 같은 방식으로 구상 석영을 포함하고 있다. 적절하게 이름을 붙인다면, 이 석영은 미사장석(정장

---

41) p.116의 각주 49 참조.

석) 포이킬라이트(poikilite)이다. 나의 오랜 경험에 비추어 보면 포이킬리틱 그리고 미르메키틱 구조는 심성암의 특성으로 간주할 수 있다. 석영이장암에 아주 많이 나타나는 미세선구조는 이 암석이 화강암질암류와 밀접한 관계임을 분명하게 입증해 준다.

Ⅳ.c. 우백암. 사장암(anorthosite)과 전기석 맥암은 우흑암과 보완 관계에 있으며 마그마의 차이라는 측면에서 완전히 반대편에 있는 암석이다. 전자는 엄밀하게 말해 조회장석질(labradorite) 암석이고, 후자는 전기석−미사장석 문장석이다. 전자는 상당한 규모로 관입한 암상으로 나타나고, 후자는 전형적인 맥암이다. 석영이장암이 반대편의 극단인 것처럼, 두 암석 모두 화강암질암류의 완전한 고화 이전에 후작용으로 위로 압력을 가한 전형적인 관입암이다. 그러나 이 두 우백암에는 현저한 차이가 있다. 사장암은, 있다고 하더라도 미미한 원쇄설성(protoclastic) 징후가 있는 대리암 구조를 갖고 있다. 반면에 전기석질 암석은 고도의 석영질 암석이고 석영의 파쇄로 편리가 만들어져 전형적인 쇄설성 구조를 보여 준다.

a) 애덤의 캐나다 노리안층(norian)과 마찬가지로 사장암은 회백색의 대리암과 같은 암석이며, 소량의 백운모와 석영과 함께 거의 전부가 조회장석으로 이루어져 있다.

내가 관찰한 바로는 이 암석은 두 곳에서 나타난다. 하나는 지리산 동쪽 발치에 있는 산청[42] 부근이고 다른 하나는 경부선 철도가 지나는 추풍령 고개의 분수계 부근이다. 첫째, 사장암과 석영이장암과의 특별한 관계를 쉽게 인지할 수 있는데, 왜냐하면 사장암은 석영이장암이 노출된 곳의 동쪽 바로 옆에서 나타나기 때문이다. 둘째, 조선 남부에서 화강암질암류의 원축(proto-axis)을 따라 사장암이 드러나 있다는 사실도 마찬가지이다.

캐나다의 로렌시아 지층에 있는 고선석인 사상암과 마찬가지로, 이 암석 역시 반려암질 마그마의 마그마적 차이에서 비롯된 산물이다. 앞에서 언급한 추풍령 부근에서 야베 씨는 전형적인 각섬석−흑운모 소장암(norite) 표본들을 채집했다. 내가 조선에서 본 이 암석의 유일한 표본이다. 산청 부근의 사장암 에는 초록빛의 소섬유가 있는 각섬석이 포함되어 있다. 이는 자소휘석 (hypersthene)이나 보통 휘석에서 유래된 것처럼 보인다. 다른 말로 이 암석 은 변성반려암(metagabbro)이다.

b) 전기석−미사장석 문장석. 이 암석은 초거정질 파쇄암으로, 문장석, 석 영, 전기석(schorl), 백운모로 이루어져 있다. 전기석과 백운모는 자형이다. 한 편 문장석은 석영과 비교해 보면 자형이지만 둘 모두는 타형이다.

따라서 이 암석은 조장석 띠와 호층을 이루는 미사장석 기반의 미사장석질 문장석이다. 다른 전기석 맥암에 있는 외견상 단순한 판상의 타형 장석은 마 찬가지로 미사장석이다. 물론 미사장석과 관련된 정장석이 없다고 말할 만한 근거가 없음은 당연한 일이다. 석영은 입단화되어 있고 액상 포유물(liquid enclosure)로 가득 차 있다. 간단히 말해 이 암석은 압쇄암화작용을 받은 전기 석−미사장석 미문장석이다. 전단변형을 받은 이 맥암은 너무나 많은 곳에서 나타나고 있다. 내가 여행하는 동안 육십령 고개의 서쪽에 있는 진안과 송담[43]

---

42) p.119 참조. 여기서 이 암석은 사장암이라 불린다.
43) p.173 참조.

사이에 넓게 분포하고 있다. 일반적으로 이야기해서 이 암석은 화강암질암류 띠의 서편을 따라 나타난다. 이와는 대조적으로 이미 언급한 바 있는 석영이 장암[44]에 의해 대표되는 우흑암은 주로 이 띠의 동쪽 가장자리에 한정되어 있다.

V. 경상계

한반도에 대해 지금까지 만들었던 지질도 중에서 최초의 것은 1886년 고체(Gottsche)가 만든 것으로, 경상도 거의 전체가 석탄기에 포함되어 있다. 나는 1901년 답사 여행 기간 동안 그곳에서 단단한 녹색 각력암층과 판상의 녹색 분암으로 덮여 있는 사암과 이회암을 보았다. 이 복합체는 분명히 분리될 수 없는 하나의 지질 단위를 이루고 있었다. 나는 중국에 관한 고 폰 리히트호펜의 저작물에 영향을 받았다. 그는 중국에 대한 별다른 논의 없이 유럽 기준으로 이 나라의 지질을 판단했다. 나는 잠정적으로 '경상계' 라는 이름으로 이 복합체를 페름-석탄기[45]에 포함시켰다. 그후 야베 씨는 경상계의 하부층에서 쥐라기 식물화석을 발견하는 행운과 함께 그 층을 낙동통[46]이라 명명했다. 이노우에 씨는 또 다른 분류[47]를 제안했다. 현재 시점에서 나는 내가 명명한 경상계 의미를 개정하고 그것에 대해 보다 명확하게 정리된 것을 제시하려 한

---

44) 각섬석 정편마암. p.120 참조.
45) "An Orographic Sketch of Korea." p.15와 p.24. - 이 책에서는 부록 p.355와 p.365, p.409 참조.
46) "Mesozoic Plants from Korea." *Jour. Sci. Coll.*, Vol. XX. Art. 8, p.5. p.52와 p.114 참조.
47) "Geology and Mineral Resources of Korea." *Mem. Imp. Geol. Surv.*, Tokyo, 1907. Vol. I. No. I.

다. 경상계를 하부와 상부로 나누는 것이 최선이다. 하부, 즉 쇄설성 지층들은 야베의 낙동통을 포함하며, 적색 및 녹색 분출암 층들은 상부경상계에 포함시킨다. 이와 같은 양분법은 암석학, 층서학뿐만 아니라 고생물학적으로도 모순이 없다. 하부경상계 퇴적암(낙동통)은 화강암질의 소백산맥 동쪽 발치와 연결되면서 경상도의 북쪽, 북서쪽, 서쪽에서 곡선의 띠를 이루고 있다. 이를 구성하는 암석들은 회색 사암과 적색, 녹색, 흑색 이회암이다. 상부경상계 화성암은 경상도의 1/4에 해당하는 남동쪽에 넓게 나타난다. 암석은 예외 없이 응회암 형태나 판상의 각력암이다.

나는 첨부된 개요 표에서 몇몇 연구자들에 의해 발전된 경상계 분류의 개략적 상관관계를 제시하였다(p.230의 표 참조).

무엇보다도 최상층(마지막 행의 No.1))에 관해 서로 일치하지 않고 있음을 지적해야 할 것이다. 고체 씨와 이노우에 씨는 녹색 분암과 그로부터 파생된 용융각력암을 단순히 후기 화산분화의 산물로 보았다. 반면에 야베 씨와 나는 나머지 지층들과 마찬가지로 하나의 지질단위를 이루는 것으로 보았다. 향후 더 많은 연구로 이 문제는 해결될 것이다. 그러나 No.2와 No.3은 얕은 물에서 분급되고 퇴적된 화산성 물질로 이루어져 있어, 이것들이 No.1, 즉 판상의 분출암과 밀접하게 연계되어 있다는 사실은 지적할 만하다. 이들 분출암 층들이 정상적인 쇄설암인 No.4와 No.5를 도처에서 정합으로 덮고 있다. 물론 역암질 층이 간혹 No.3과 No.4 사이에 끼어 있는 경우도 종종 있다. 결국 전 지층은 중생대의 긴 기간과 일치하며 단절되지 않은 일련의 암석들로 이루어

고체 (1886)	고토 (1902)	야베 (1905)	이노우에 (1907)	고토 (1907)		
		1. 판상의 분암과 녹색 각력암층.		No.1. 규장반암과 함께, 녹색 각력암과 녹색 분암으로 된 녹색빛 분출암층.	분출암	
1. 기저가 역암질인 두꺼운 호상 사암. 두께 40m.		2. 녹색빛 점판암과 함께 부분적으로 각력질인 적색 응회암.	1. 점판암층	No.2. 거무스름한 셰일과 녹색 띠가 호층을 이루면서 프린트질 외양을 한 단단한 이토질 층응회암으로 된 지질통.	화산쇄설성 암석	상부 경상계
		3. 판상의 셰일, 적색 응회암, 행인암을 덮고 있는 간혹 역암질이 나타나는 단단한 사암.	2. 상부 휘록응회암층			
2. 치밀한 석회암이 종종 끼어 있는 자색에서 초콜릿−갈색까지 다양한 색상을 가진 이회암. 두께 70m.	경상계		3. 상부 사암과 점판암층	No.3. 적색빛과 녹색빛의 이회암 호층으로, 후자는 사질이다. 이 층은 적색층(Red Formation)으로 석회질퇴적암(tufaceous) 기원이다.		
		4. 일부 식물 화석을 포함하고 있는, 간혹 사질인 녹색 및 흑색의 두꺼운 셰일.	4. 하부 휘록응회암층	No.4. 암회색 이회암과 회색 사암의 다양한 호층. 전자는 간혹 불완전한 유기 잔재물과 함께 이회암질 결핵체를 포함한다. 상부층에서 이 복합체는 역암질이 된다.		
3. 기저는 장석질 사암이고, 대단히 치밀한 장석질 사암층이 수없이 포함한 역암. 두께 450m.		5. 아래로 갈수록 종종 석탄질이 포함된 셰일이 들어 있는 사암으로 바뀌는 두꺼운 역암. − 낙동통.	5. 하부 사암과 점판암층	No.5. 미확인 식물화석의 일부 흔적을 가진 함백운모 회색 사암과 호층을 이루는 적색빛 그리고 회색빛 백운모사암(p. 51 참조). 이 층 전체는 준편마암 위에 직접 놓여 있다. − 낙동통 (야베)	쇄설성 암석	하부 경상계 (낙동통)
4. 작은 석탄질 반점과 희미한 식물 흔적을 포함한, 얼룩덜룩한 역청질 이암. 두께 15m.						
5. 부서지기 쉬운 미정질 사암과 호층을 이루고 있는 암색 이회암질 셰일. 두께 25m.						

져 있다. 녹색 분암과 그것의 각력암은 항상 조선 남부의 중생대 지층과 관련하여 산출된다.

　위의 체계에서 각 층들을 보다 자세하게 설명하자면, 가장 아래에 있는 No.5는 주로 유모질 이회암과 호층을 이루는 백운모 사암으로 이루어져 있다. 이들 층으로 이루어진 지역은 '호그백(hogback)'이 나타나는 파랑상 구릉으로 이루어져 있으며, 이 호그백은 적색 풍화층으로 된 약간 기운 경동 산릉과 같은 방향을 달리고 있다. 이곳 대지와 암석의 일반적인 특성은, 그들이 같은 지질시대의 지층이 아님에도 불구하고 양쯔 강 상류의 '쓰촨 적색분지'를 연상시킨다. 경상도 북쪽 불당고개에서 야베[48] 씨는 이 지질층에 속한 식물화석이 포함된 층을 발견했다. 나는 아래에 이 작은 식물상의 구성 목록을 제시하였다.

Dictyozamites falcalus (Morris)	common.
Nilssonia orientalis Hr.	abundant.
N. sp.	rare.
Dioonites (?) sp.	〃
Ctenophyllum (?) sp.	〃
Podozamites Reinii Geyler	〃
P. lanceolatus (Lindle. and Hutton)	〃
Pinus sp.	common.
Pinus sp.	〃

---

48) Loc. cit. p.170.

Onychiopsis elongata (Geyler)	abundant.
Coniopteris Heerianus (Yokoyama)	common.
C. hymenophulloides (Brongn.) (?)	rare.
Cladophlebis cfr. denticulata (Brongn.)	〃
C. koraiensis sp. nov.	abundant.
C. cfr. Dunkeri (Schimper)	rare.
C. sp.	〃
Sphenopteris naktongensis sp. nov.	common.
S. sp.	rare.
Adiantites Sewardi sp. nov.	abundant.
Sagenopteris bilobata sp. nov.	rare.
Equisetum ushimarense Yok.	common.

위의 식물 중에서 단지 5종(*Adiantites Sewardi, Coniopteris Heerianus, Dictyozamites falcatus, Nilssonia orientalis and Podozamites Reinii*)만이 층의 연대를 결정하는 데 이용할 수 있었다. 화석식물은 테토리(Tetori) 통과 같은 유형이며, 야베 씨에 의하면 조선의 도거-마름기(Dogger-Malm기, 서유럽 해성 쥐라기층을 상, 중, 하로 삼분할 때 상층과 중층에 해당된다 - 역자 주)를 대표한다. 나중에 이노우에[49] 씨는 합천 북쪽에 있는 가치 고개에서 오니키옵시스 엘롱가

---

49) p.179 참조.

타(Onychiopsis Elongata(Geyler))를 발견했다.

바로 위에 있는 No.4는 No.5에 비해 두께가 얇고, 암흑색 이회암과 치밀한 회색 석회질 사암의 얇은 층들이 규칙적으로 호층을 이루고 있으며, 풍화를 받아 적색으로 바뀌어 있다. 이 층은 암석적 특성과 층서로 보아 그 위층보다는 아래층과 밀접하게 관련이 있기 때문에, 나는 이 층을 오히려 하부경상계에 포함시켜 낙동통의 일부로 간주하고 싶다.

No.3. 이 '적색층'은 다양한 색상의 이회암층으로 되어 있고, 이들이 풍화되어 초콜릿-갈색, 자색, 적색, 양홍색, 웅황색을 띠고 있어 초지구적인 경관을 보여 주고 있다. 종종 이 층의 기저는 사질 기질로 교결된 화강암질 자갈과 분암 암괴로 된 역암질로 이루어져 있다. 역암질 층은 '적색층'의 시작을 알려 주며, 간혹 아래에 있는 복합체인 No.4(p.50의 각주 64와 p.122 참조)와는 약간의 부정합이 나타난다. 원래 적색빛 혹은 녹색빛 이회암은 간혹 사질인 경우가 있는데, 튜파(tufa) 기원이다. 이 암석은 분암의 암설과 석영, 각석섬, 사장석의 파편들이 석회질 그리고 철질 물질(p.123 참조)로 교결되어 있는 것이다. 이들은 항상 산(acid)과 맹렬하게 반응하며, 일본의 적갈색 판상 휘록응회암(schalstein)과는 아주 닮았지만 다르다.

이미 언급한 대로 이회암의 적색은 부분적으로 단순히 풍화에 기인한 것이지만, 신선한 이회암의 적색은 아직 설명이 필요하다. 해수의 증발로 만들어진 고농도의 소금물이, 철분이 풍부한 분출암으로부터 철의 적색 무수산화물에 산화와 침전을 일으킴으로써 암석에 할러가이트 변성작용(halurgometamorphosis)을 일으켰다고 호능(Hornung) 박사가 지적한 바 있다. 현재의 적색은 이러한 이유에 기인했을 가능성이 있다. 토양에 나트륨화합물이 많고 소위 이회암 금이 존재하는 것은 같은 이유에서 비롯될 수 있다.

No.2. 흑색, 간혹 적갈색 이회암질 셰일과 초록빛 프린트질 층응회암 복합체는 앞의 암석층과 마찬가지로 화쇄류 기원이며, 두 층은 층서적으로 정합이다. 흑색 이회암질 셰일에서는 화석을 찾지 못했다. 만약 화석이 있었다면, 상부경상계 층들의 연대를 결정하는 데 크게 기여했을 것이다.

이 층의 특징 중 하나는 줄무늬를 지닌 녹색 및 황색의 단단한 층응회암이 나타난다는 점이다. 이 암석은 치밀한 프린트질 각암 유사(hornstone-like) 암석으로, 이것의 기원은 완전히 알지 못한다. 현미경으로 보면 석영–장석 석기 속에 탄질 입자와 흑운모로 이루어져 있으며, 황색 띠에는 녹렴석 입자가 아주 많다. 이 암석의 프린트질 구조는 부분적으로 이를 덮고 있는 녹색 분암(No.1)의 접촉변성작용에서 비롯된 것이다. 그러나 이 한정된 층에서 녹색빛 프린트질의 단단한 층응회암이 지속적으로 산출되는 것에 대해서는, 이 지역의 복잡한 지질에 대한 나의 현재 지식으로는 설명이 불가능하다. 아마 분암의 해저 분출과 관련하여 해저에서 일어난 층응회암의 경화와 규화작용이, 이 암석의 각암 유사 구조를 야기시키는 데 관련되었을 것이다. 간략히 말해, 이 암석은 속성화(diagenetic) 과정을 거쳤다.

또한 금을 포함한 석영 맥이 이 복합체에서 수시로 나타나는 것이 이 복합체의 여러 가지 특징 중 하나이다. 나는 이미 언급한 '이회암 금'과는 대조적으로 이 금에 '흑색 셰일 금'이라는 이름을 붙여 주었다.

No.1은 녹색 분출암으로, 전체 경상계의 최상층이다. 이 암석의 산출 상태는 아주 특이하고 특징적이어서 쉽게 설명할 수 없다. 분암이 넓은 판상으로 산출되며, 분암의 용융각력암으로 된 두꺼운 층을 덮고 있다. 대개 이들은 내가 마산암으로 명명한 화강암의 병반상과 공융반상 (eutectophyric) 변종을 덮고 있다. 이미 언급한 것처럼 고체와 이노우에가 이 층을 중생대 층군[50]에서 완전히 제외한 것에 이유가 전혀 없는 것은 아니다. 그러나 나는 조선 남부에서 분암과 중생대 복합체가 밀접하게 관련되어 있다고 이미 지적했다. 더욱이 경상도 동해안에서 중생대층의 단면을 본다면, 이 녹색 분출암 층이 일련의 중생대 층군에서 최상위에 있음을 확인하기란 어렵지 않다.

이 녹색 분출암 층을 이루고 있는 암석은, 비록 모두 같은 마그마에서 만들어진 것이지만 다양한 유형[51]으로 구분된다.

(a) 주된 판상 암석은 암흑색의 비현정질암으로, 반사광으로서만 확인할 수 있는 장석 반점이 일부 나타난다. 이 암석은 신선한 외양에도 불구하고 현미경으로 보면 아주 심하게 풍화를 받았다. 원래 거대반정 혹은 미세반정질 철-마그네슘 광물인 투휘석 혹은 각섬석이 보통 녹니석과 녹렴석으로 바뀌었다. 구조는 모섬상(pilotaxitic)이며, 장방형 쌍정 사장석과 녹니석이 풍부한 간극 비정질 물질이 함께 석기를 이루고 있다. 그 안에 판상의 사장석 반정이 층을 이루고 있다. 백티탄석(leucoxene)

---

50) p.230 참조.
51) pp.31~32 참조.

으로 변한 티탄철석(ilmenite) 덩어리가 많다. 이 암석은 산(acid)과 반응한다. 보통(휘록암질)의 분암 이외에도 부식된 석영을 포함하고 있는 분암도 있는데, 전자는 휘석안산암이고 후자는 후기에 형성된 석영안산암(dacite)이다. 자철석은 부산에서처럼 스카른 광물을 동반한 층상 광맥(bedded vein)의 형태로 관찰된다.

(b) 패각상 열개(conchoidal fracture)가 나타나는 치밀한 녹청색 프린트질 암석. 현미경으로 보면 사장석 파편과 둥근 옥수(chalcedony) 패치, 백티탄석 유사 물질, 그리고 비정질 분진과 섞인 희미하게 반짝이는 반점으로 이루어져 있다. 이 암석은 자스페로이드(jasperoid) 그리고 어쩌면 단단한 분암질 응회암인데, 후자는 No.2 층의 단단한 층응회암과는 거의 구분되지 않는다.

(c) 모가 난 반점이 있는 치밀한 회록색 암석. 현미경으로 보면 자철석 결정과 미정질 녹렴석 입자와 함께 분광 입자로 이루어진 석기 내에서 층을 이루는, 모난 사장석 결정들로 이루어져 있다. 사장석 역시 녹렴석화되어 새로이 형성된 사장석과 함께 각을 이루고 있다. 이 암석은 치밀한 분암질 응회암이다.

(d) 자주 언급되는 녹색 각력암은 용융각력암으로, 보통의 수성 혹은 풍성 응회암과는 다르다. 보통 괴상이지만, 간혹 튜파상 암석의 특징인 질그릇 조각과 같은 박편으로 쪼개진다. 현미경으로 보면 녹색 파편들은 간혹 녹렴석화된 사장석 반정과 녹리석화된 철-마그네슘 광물의 반정을 지닌 모섬상 구조를 보인다. 암색 파편들은 자철석 결정이 풍부하게 있는 동일한 화산성 물질이다. 회색빛의 석기는 집단-분광

(agreggate-polarization) 색상들을 나타내는 미세한 입자들로 이루어져 있다. 심하게 부식된 석영은 이 층에서 기대하지 않은 광물이다.

A) 전라도의 경상계

나는 지금까지 한 도(즉, 경상도)에서 광범위하게 나타나는 경상계에 대해 언급했다. 그러나 소백산맥의 반대편 지역에도 동일한 지층의 패치들이 나타난다. 전라도의 주걱모양 분지(spatulate basin)[52]에 소백산맥 너머의 지역과 같은 유형의 중생대층이 나타난다. 우리는 그곳에서 휘록암질 분암, 그것의 각력암, 그리고 적색 및 녹색의 이회암 등 동일한 암석을 발견할 수 있다. 고체 교수는 장성 부근에서 복족류 (gastropoda), 개형충(ostracoda), 식물 흔적을 포함한 암색 이회암을 발견했다. 다른 지역의 광상과 함께 이 지역에서 채취한 야베 씨의 암석 표본과 비교해 보면, 그곳에 발달한 복합체는 적색 이회암(No.3), 흑색 이회암과 녹색 층응회암(No.2), 판상의 분암(No.1)으로 되어 있다. 나타난 사실들로 일반화가 가능하다면, '주걱모양 분지'에 상부경상계의 완전한 층서(No.1~No.3)와 함께, 어쩌면 하부경상계[53]의 No.4 층도 나타날 수 있다. 물론 이 의견에 대해 지도로 표현하는 것은 내 능력 밖의 일이다.

이곳의 주향과 경사는 동일하다. 동일한 주향은 남동쪽으로 기운 분

---

52) p.158~167과 p170~172 참조.
53) p.230의 표 참조.

지의 주축 방향과 일치한다. 남쪽 가장자리에 있는 역암층은 화강암과 분암의 자갈로 이루어져 있으며, No.3 층의 기저에 있는 층과 같은 층을 의미한다(p.50과 p.122 참조).

좀 더 북쪽에 있는 영동[54] 주변에도 패치가 하나 더 나타나는데, 이 중생대층은 경상계의 No.4와 대비된다.

B) 경상계에 상응하는 일본의 지층

다음 주제로 넘어가기 전에 동해의 반대편에 있는 경상계에 대해 몇 마디 덧붙이려 한다. 일본 지질도를 보면 내해 입구(Seto-uchi)에 있는 지역에서 중생대층[55]으로 된 띠를 볼 수 있다. 이는 북동–남서 방향을 축으로 하여 규슈 북동쪽 끝에서 본토의 서쪽 해안까지 약 120km 뻗어

---

54) 永同(영동). 이 도시는 이 지역 밖에 있다.
55) 이 지역의 중생대 지층의 지질에 관한 예비 연구는 오카다, 이노우에, 스즈키, 고치베에 의해 수행되었다. 고생물학에 대해서는 요코야마 교수가 쓴 논문이 있다.
   (a) T. Suzuki, "Explanatory Text to the Geological Map, Section Fukuoka." (in Japanese), 1894.
   (b) K. Inouyé, "Notes on the Geology of Nagato." (MS.), 1896.
   (c) H. Okada, "Geology of the Toyora District." (MS.), 1900.
   (d) T. Kochibé, "Expanatory Text to the Geological Map, Section Tsunoshima." (in Japanese), 1903.
   (e) T. Suzuki, "Explanatory Text to the Geological Map, Section Yamaguchi." (in Japanese), 1907.
   (f) M. Yokoyama, "On some Fossil Plants from the Coal–bearing Series of Nagato." *Jour. Coll. Sci.* Vol. Ⅳ. Pl. Ⅱ. 1891.
   (g) M. Yokoyama, "Jurassic Ammonites from Echizen and Nagato." *Ibid.*, Vol. ⅪⅩ. Art.20, 1904.
   (h) M. Yokoyama, "Mesozoic Plants from Nagato and Bitchu." *Ibid.*, Vol. ⅩⅩ. Art.5, 1906.

있다. 시모노세키 항은 거의 중앙에 위치해 있다.

이곳에 발달한 중생대 복합체 역시 조선 반도와 마찬가지로 두 개의 지질통으로 나눌 수 있다.

a) 하부는 사암, 셰일, 그리고 고생대 자갈로 된 역암으로 이루어져 있다. 기저층에는 래티안(Rhaetic)기 식물이, 최상층에는 리아스(Liassic)기 암모나이트가 포함되어 있다. 하부층은 휘록응회암이 없고 일본에서 발견되는 가장 오래된 무연탄(anthracite)이 있다는 사실이 특이하다.

b) 상부는 소위 휘록응회암, 역암, 간혹 석회암층과 호층을 이루는 각력암으로 이루어져 있다. 석회질층을 제외하고는 모두 화산쇄설성 기원이다. 상부에는 판상의 녹색 분암과 각력암 층이 동시에 나타난다. 후자는 녹색 분암질 용융각력암이며, 자주 언급되는 조선의 그것과 거의 구분할 수 없다. 상부의 가장 특징적인 현상은 소위 적색과 녹색의 휘록응회암이 지배적으로 나타난다는 점이다. 이 암석은 실제로 조선 암석과 꼭 같은, 다름 아닌 셰일과 이회암이다. 적색 이회암은 해백합(crinoid : 고생대?) 경부의 오각형 체절(매화석, plum-blossom stone)을 포함하고 있고, 흑색 셰일에는 불명확한 조개껍질들이 다수 있다. 적색 이회암은 벼루[딱딱한 먹 '수미(sumi)'를 물과 함께 가는 바닥 돌]의 좋은 재료이기 때문에, 일본 지질학자들은 상부 전체를 '벼루통(Inkstone Series)'이라고 통속적으로 부른다.

첨부된 지질단면은 주로 나가토(Nagato) 현 중생대층의 지질계통도(descriptive profile)를 바탕으로 재구성, 체계화, 분류한 것으로, 고 오카다(Okada)의 논문 "On the Geology of the Toyora District, Nagato"(MS.)에서 언급된 것이다.

기저층은 대석탄기(Anthracolithic)의 방추충 석회암(Fusulina limestone)이다.

Ⅰ.지질대. – 야마노이(Yamanoi)[56]의 래티안기 식물화석층이 위의 층을 부정합으로 덮고 있다. 여기에는 무연탄층이 포함

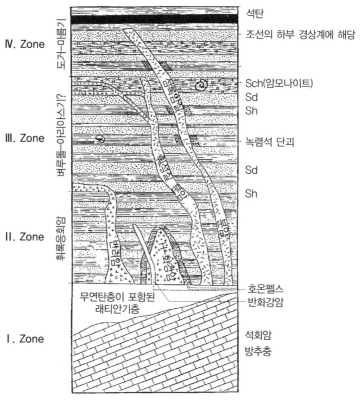

고 오카다의 논문에서 나가토 현의 중생대 지질단면
Sch : 샬스타인, Sd : 사암, Sh : 셰일

되어 있다. 요코야마(Yokoyama) 교수가 결정할 수 있는 종들은 다음과 같다:

*1.	*Cladophlebis*	*nebbensis*	(Brgnt.)
2.	*C.*	*yamanoiensis*	Yok.
*3.	*Dyctyophyllum*	*Nathorsti*	Zeil.
4.	*D.*	*japonicum*	Yok.
5.	*D.*	*Kochibei*	Yok.
6.	*Podozamites*	*lanceolatus*	(Lindl. et Hutt.)
7.	*Nilssonia*	*Inouyei*	Yok.
*8.	*Baicra*	*paucipartia*	Nath.

4, 5, 7번의 소식물상 종들은 단지 일본에서만 발견된다. 그러나 6번은 쥐라기에 광범위하게 나타나는 형태이다. 1, 3, 8번의 중요 종들은 단지 이 층에서만 나타나기 때문에 층의 시기를 래티안기로 결정하는 데 매우 중요한 역할을 한다.

Ⅱ.지질대. – 이 지질대는 전적으로 화석이라고는 없는 셰일과 사암으로 이루어진 소위 휘록응회암 대이다.

Ⅲ.지질대. – 이 지질대가 바로 "벼루통"인데, 셰일, 사암, 역암으로되어 있고 최상층에는 휘록응회암이 있다. 사암과 셰일에는 해양동물 화석이 포함되어 있다. 지금까지 니시-

---

56) Yokoyama, "Mesozoic Plants from Nagato and Bitchu." *Journ. Coll. Sci.* Imperial University of Tokyo, Vol. XX, Article 5.

나카야먀(Nishi-Nakayama)와 이시마치(Ishimachi)에서 발견된 암모나이트[57] 종은 다음과 같다:

1. *Hidoceras*	*chrysanthemum*	Yok.
2. *H.*	*densicostatum*	Yok.
3. *H.*	*Inouyei*	Yok.
4. *Grammoceras(?)*	*Okadai*	Yok.
5. *Harpoceras*		sp.
6. *H.*		sp.
7. *Cœloceras*	*subfibulatum*	Yok.
8. *Dactylioceras*	*helianthoides*	Yok.

일반적으로 동물들은 잉글랜드 상부리아스기(Upper Lias)의 것과 매우 흡사하다. 이 지질대에는 암모나이트를 포함하고 있는 층이 2개 이상 있다.

Ⅳ.지질대. – 이 지질대 역시 셰일, 사암, 휘록응회암이 호층을 이루고 있으며, 전체를 셰일과 석탄 맥의 또 다른 복합체가 덮고 있다. 석탄을 포함하고 있는 상부 복합체는 나나미에서 오니키옵시스 엘롱가타의 흔적을 포함하고 있다. 이는 상부 쥐라기층의 존재와 모순되는데, 아마 도거−마름기 층을 시사할 것이다. 저자는 이 지질대가 한반도 경상계[58]의 No.4, No.5와 관련이 있을 것으로 생

---

57) Yokoyama, "Jurrasic Ammonites from Echizen and Nagato." *Journ. Coll. Sci.* Imperial University of Tokyo, Vol. ⅩⅨ, Article 20.
58) p.230의 표 참조.

각하고 있다.

만약 내 견해를 정당화할 수 있다면, 조선의 쥐라기는 단지 경상계 하부층에서 불완전하게 나타날 뿐이다. 쓰시마 해협의 반대편은 대륙으로 침식 기간을 경험했지만, 이쪽은 바다 밑에 있어 암모나이트 동물을 포함하고 있다.

나는 쓰시마 해협 양편에서 중생대, 특히 쥐라기 지층 발달의 유사한 점과 유사하지 않은 점에 대한 독자들의 관심을 높이기 위해 의도적으로 위의 몇 문장을 삽입하였다.

지금까지 이야기된 것을 바탕으로 보자면 쓰시마 해협 양편의 중생대층이 암석학적으로 하나의 같은 지층이라고 생각하지 않을 수 없다. 즉, 화석에 대한 고려를 하지 않는다면, 하부에 사암과 이회암이, 상부에 적색 응회암–이회암 그리고 녹색 분출암이 있는 지층이다. 조선의 쥐라기는 주로 도거–마름기의 기수(汽水)퇴적물로 대표되는 반면, 일본의 쥐라기는 리아스기의 해양성 퇴적물로 특징지어진다.

만약 경상도와 시모노세키 주변을 여행한다면, 같은 층서와 같은 암석을 만나고 있다는 인상을 받을 것이다.

만약 지리학적 견지에서 이 문제에 접근한다면, 쓰시마 해협 양편의 중생대층뿐만 아니라 지금부터 간단하게 '쓰시마 분지'라 부를 중간 지대에 대해서도 흥미로운 사실들이 드러날 것이다. 일본 측의 중생대층은 북동–남서방향으로 달리고 있고, 조선의 그것도 마찬가지이다. 만약 '쓰시마 분지'의 가상 범위를 그려 본다면, 해협의 방향과 일치하는 북동–남서방향의 축을 따라 양쪽 해안을 포함하는 쓰시마 해협 전체가 중생대층의 넓은 띠에 포함될 것이다. 소백산맥과 주고쿠(Chû-goku)의 고산 산맥(Alpine range) 사이에 위치한 중생대 산지가 한때 섬 제국(일본)과 대륙을 연결했다는 것이 분명해진다. 그 이후 중생대 대지의 침강으로 중간지대가 잘려나가고 고립된 쓰시마의 섬들은 일본을 섬나라로 만든 대 지리적 변혁을 입증해 준다. 마지막 재앙적 변화가 언제쯤 일어났는가에 대해서는 그것이 아마 제3기 말일 것이라는 것 이외에 별다른 이야기를 할 수 없다. 단지 이미 융기된 중생대 산지의 해안 사면에 연이어 있는 제3기 퇴적물로 추측해 볼 뿐이다. 쓰시마 지역의 중생대 분지는 조선 측에서는 얕았고 반면에 일본 측에서는 깊었을 것으로 보인다.

고체가 이미 시도했듯이 만약 쓰시마의 지질[59]에 대해 더 자세히 연구한다면 이 주제에 대해 더 많은 것을 알게 될 것이다. 나는 쓰시마 지

---

59) 나사 씨는 1891년에 쓰시마의 섬들을 방문하고 셰일, 점판암, 사암 복합체가 광범위하게 발달해 있는 것을 발견했다. 이 복합체는 가가 현 중생대 지대의 복합체와 암석학적으로 아주 닮았다는 것에 크게 감명을 받았다. (*Bulletin Imp. Geol. Surv.*[in Japanese], No.1., 1891.)

최근 사토 씨가 이 섬들을 조사하고는 마찬가지로 셰일과 사암을 발견했는데, 사암은 석회질(calciferous) 및 운모질(muscovitiferous)이다. 그는 이 복합체를 두 집단으로 나누었다. 하부 층은 종종 역질이고 굴과 함께 저품위의 무연탄 맥(18~20cm 두께)이 나타난다. 상부 층은 판상의 석영반암과 분암이 호층을 이루고 있다. 전체 복합체는 북동에서 남서 방향의 배사축을 지닌 습곡으로 이루어져 있고, 종종 반대 방향도 관찰되지만 지배적인 경사는 남동쪽이다. 사토 역시 이 복합체의 연대를 중생대(리아스기)로 인정했다. (*Explanatory Text to the Geologic Map of Kamiagata, Tsushima Is.* [in Japanese], 1908). 저자의 경우 쓰시마의 중생대층은 조선보다는 일본의 중생대층과 더 유사한 것으로 판단된다.

역이 하나의 지질 단위를 이루고 있으며, 중생대 층군 전체를 포괄적 의미에서 경상계에 포함시킬 수 있을 것이라고 본다.

VI. 규장반암과 동종 암석

지금부터 우리는 조선의 지질에서 여러 분명치 않은 문제 중 하나를 다룰 예정이다. 물론 어느 누구도 이 문제를 해결하려고 시도하지 않았 지만, 일본에서도 당면하고 있는 문제이다. 바로 규장반암의 문제인데, 다양한 모습의 변종으로 나타날 뿐만 아니라 규장반암과는 발생론적으로 아무런 연관이 없는 녹색 분암과 아주 밀접한 관계를 갖고 산출되고 있기 때문이다. 나는 이미 분암과 관련된 석영질[60] 용융각력암에 대해, 녹색 각력암이 규장반암[61]에서 비롯된 각력암과 쉽게 구분될 수 없다는 사실을 언급한 바 있다. 어떤 면에서는 비교적 염기성인 분암과 강산성 인 규장반암이 서로 양극인 것처럼 보일 수 있으나, 밀접한 관계를 맺 으며 산출된다. 나의 관찰에 의하면 분암이 항상 규장반암을 덮고 있 다. 그러나 시간 관계로만 본다면 이 둘은 서로 멀리 떨어진 것은 아니 다. 이들 두 분출암의 발생을 설명하기 위해 암석학자들은 마그마적 차 이를 그 이유로 제시하는 경향이 있지만, 조선의 동원마그마 지역 (comagmatic region)에서 보완적 관계를 지닌 이 암석들이 넓게 분포

---

60) p.69의 각주 138 참조.
61) p.39의 각주 25와 p.136의 각주 129 참조.

하고 있는 것은 쉽게 볼 수 없다. 내가 아는 바에 따르면, 지질학자들은 분암에 관해 조선 반도 이외의 지역, 특히 일본, 북중국, 심지어 보르네오[62]에서도 마찬가지의 어려움을 겪는다.

나에게 또 다른 문제가 있다. 야외에서 나의 관찰[63]에 의하면 분출암인 규장반암이 부지불식간에 보통의 석영반암으로 변한다는 사실이다. 이는 다시 유문암질(rhylitic)과 반정유문암(nevaditic)질 변종으로, 다시 공융반암, 화강반암, 마지막으로 반화강암질 화강암으로 바뀐다. 화강암질 암석과 분암의 상대적 위치에 관하여 내가 여기서 요약한 것이 사실이라면, 화강암질 암석은 분암 이전에 분출되었어야 한다. 그러나 여러 야외 관찰을 고려해 보면, 부산[64] 주변에서 볼 수 있듯이 화강암질 암석은 병반상 관입이며 이를 판상의 분암이 덮고 있다. 이뿐만 아니라 모순된 여러 다른 사실들이 나를 의문의 미로에 빠뜨린다. 신화강암 (neogranite)의 병반상 관입을 언급하는 와중에 사실들이 드러날 것이다.

분암에 대해 이미 간략히 언급한 바 있지만,[65] 이제부터 규장반암과 동종 암석들의 근본적인 특성에 대해 설명할 예정이다.

신화강암군 암석들의 다양한 변종들 사이에서 나타나는 관계를 밝히기 위해 간략한 특성을 담은 간단한 표를 제시하였다(p.247 참조).

1. 분출암인 신화강암부터 시작하자면, 첫 번째는 가는 줄무늬 조직

---

62) Easton, "Geologie eines Theiles von West Borneo." *Jaarboek van het Mijnwesen in Niederlandsch Oost-indië*, Batavia, 1904.
63) p.136의 각주 129 참조.
64) p.34와 p.143 참조.
65) p.237 참조.

	병반의 주변 암상	분출암
분암	1. 석영반암(석영청도암). – 석영 반정은 쌍추이거나 부식을 받았고 정장석 반정은 미화강암질 석기나 간혹 미크로페그마타이트 석기 속에 들어 있다.	1. 정장석–석영 규장반암. – 석기는 핑크빛 미사장석질이며, 유동구조를 보여 준다. 간혹 마이크로페그마타이트 구조가 나타난다. 석기 속에 석영과 정장석의 반정이 들어 있다. 석영의 양은 다양하며, 이 암석은 다음 변종으로의 전환점에서 나타나기도 한다.
	2. 청도암. – 미화강암질 석기 속에 들어 있는 반정으로는 정장석이 유일하다 (Rinne). 따라서 나는 이 암석을 조선에서 본 적이 없다.	2. 정장석 규장반암. – 1번 암석과 같은 류의 석기 속에 정장석 반정이 들어 있다.
	3. 마산암(66)(화강반암). – 사장석 반정은 보통 대상구조를 하거나 간혹 주변에서 미르메키틱 구조를 하고 있다. 석영 반정은 쌍추이거나 부식을 받았고, 둘 모두 미세 화강암질 혹은 마이크로페그마타이트 석기 속에 들어 있다. 만약 석영 반정이 사장석 반정과 함께 나타난다면 이 암석은 석영마산암으로 부르는 것이 적절할 것이다.	3. 사장석–석영 규장반암(결정반암). – 석기는 1번, 2번과 마찬가지이다.
입상 조직	4. 문상마산암(Grano-masanite)(반화강암질 화강암)	4. 아공융규장석

을 지닌 미정질 유사 규장암 이토질 암석(층응회암)인데, 적색토로 풍화되어 있다. 이 밝은 색 암석은 김해(p.37 참조) 서쪽에 노출되어 있고 녹색 분암질 각력암이 이를 덮고 있다. 현미경으로 보면 장석의 미세한 편광 파편과 비정질 분진으로 이루어져 있다.

2 a. 해남의 각력암화된 치밀한 핑크빛 규장반암에는 아름다운 유동

---

(66) 마산포 항 부근의 구룡 동광산에서 전형적으로 나타나기 때문에 이렇게 부른다(p.42 참조).

구조가 나타난다. 현미경으로 보면 암석은 장석질 석기로 교결되어 모난 파편들로 이루어져 있다. 개별 파편들은 유동구조를 보이고 이삼산화철 입자와 혼합된 장석질 핑크빛 띠로 이루어져 있다. 반상 결정은 부식되고 고령토화(kaolinize)된 정장석이다. 교결 물질은 편광 입자들과 정장석 파편이 뒤섞여 복잡해진 혼합체이다. 이것이 변화하면 이암질 반암이 된다.

2 b.[67] 각력암화된 반상규암이 변화한 이 암석은, 전단변형을 받은 층상 층응회암의 외양을 갖고 있으며, 미녹색 석기 속에 모난 파편들, 녹색 녹니석 패치, 고령토화된 장석 결정들로 이루어져 있다. 이 암석이 분해를 받으면 적색 및 녹색 토양으로 바뀐다. 암석의 외양은 분암의 녹색 용융각력암(p.236 참조)을 꼭 닮았다. 이 암석은 진도(p.85와 p.89 참조)의 북쪽과 함께 우수영 헤드랜드에 이를 정도로 넓게 분포하고 있다. 이 암석은, 조선의 카리브디스(Charibdis, 시실리 섬 앞바다의 큰 소용돌이로 세계적으로 유명하다. – 역자 주)인, 그 유명한 명량진 소용돌이의 좁은 해협 양쪽에 노출되어 있다. 각력암화되고 녹색 반점을 지닌 잿빛 규장반암에는 석영 추와 부식된 석영 결정이 많다. 이들은 물가에서 파도에 씻긴 암석 표면에 바늘 끝처럼 돌출해 있어, 거칠고 앙상한 외양(p.87 참조)을 보여 준다.

2 c. 조선의 카리브디스 부근에 옥매산이라는 이름의 작은 언덕이 있다. 이곳은 서울에 있는 작은 가게에서도 종종 볼 수 있는 정교한 담배

---

67) 2b는 2d와 함께 1에 포함시키는 것이 좋을 수 있다.

갑을 만드는 데 사용되는 재료로 유명하다. 이 암석은 유질(油質)의 흰색 이암으로 '옥매석'[68]이라 불린다. 이 암석은 암석에 양홍색 반점을 남기는 적철석 입자가 깊숙이 주입된 순수한 비정질 점토질로 되어 있다. 이는 아마 분해된 규장반암의 국지적인 퇴적의 산물로, 적철석 입자를 생성한 후화산작용을 나중에 받았다. 이 암석은 암석학적으로뿐만 아니라 지질학적으로 일본 비젠의 '미쓰이시 석'을 닮았고, 현재 이곳 암석은 내화용 벽돌 재료로 광범위하게 채굴되고 있다(p.86 참조).

2 d. 해남 읍내 부근에서 나타나는 구과상반암으로, 구과상 석기 속에 석영 입자들이 많은 미갈색 암석이다. 변화된 정장석과 흑운모도 나타난다.

3. 다른 것은 말할 필요 없이, 목포 자유항 부근의 유달산에 전형적으로 노출된 결정반암은, 흑운모와 신선한 색상의 미사장석의 결정을 약간 포함하고 있는 거정질 회색빛 반정유문암질 암석이다. 그러나 부식된 석영 입자와 석영 쌍추가 많이 나타난다. 석기는 입상결정질 장석기질이다. 미사장석은 쉽게 풍화를 받아 떨어져 나가면 그곳에 구멍이 생기며, 이전에 유문암으로 오해하게 한 거친 외양은 여기서 비롯된 것이다.

눈에 띄는 반정유문암질 라파키비 화강암류(rapakiwi-like)[69] 결정반암을 목포 부근 영산강 하구에서 이노우에 씨가 가져왔다. 이 암석은 미화강암질 집합체 이외에 청록색 각섬석 바늘과 티탄석 결정으로 이

---

68) 玉珢石(옥매석) 혹은 玉華石(옥화석).
69) p.92 참조.

루어진 극간 석기와 함께 회조장석과 석영의 결정으로 이루어져 있다. 흰색 사장석(1~2.5cm)은 신선한 색상의 정장석 껍질에 둘러싸여 있어, 핀란드의 라파키비와는 정반대이다. 석영(1cm)은 둥글고, 간혹 쌍추이다. 이들 두 요소들이 큰 부분을 차지하고 있다. 이 암석은 마산암의 변종으로 '마산반암(masanophyre)'이라고 부르는 것이 적절할 것이며, 주로 장식적인 목적으로 사용된다. 이 독특한 암석은 일본지질조사소의 S. 시미즈 씨가 친절하게 분석해 주었고, 그 결과는 다음(p.251의 표)과 같다.

4. 공융규장암(eutectofelsite, eutectophyre)이란 이름은 내가 불완전한 판상으로 쪼개진 희끄무레한 점토질, 유사 응회암질 암석에 붙인 것이다. 마산포 남쪽의 밤치[70] 고개마루에서 산출된다. 현미경으로 보면 이 암석은 같은 체적과 같은 방향을 지닌 석영과 정장석의 결합집합체(interlocking aggregate)로 이루어져 있으며, 소위 미문상구조를 지니고 있다.

5. 미화강암질 석기에 석영과 정장석의 일부 반정을 포함하고 있는 보통의 석영반암은 조선에서 드문데, 나는 단지 진해의 서쪽에서만 확인하였다. 이것과 다음 두 암석은 신화강암의 주변 암상에 해당된다.

6. 마산암. – 이 암석은 한편으론 미정질 화강암, 다른 한편으론 석영반암의 특성을 지닌 담황색의 비등립(inequigranular) 암석이다. 반화강암과는 달리 석영과 정장석의 느슨한 집합체이기 때문에 쉽게 풍화

---

70) p.48 참조.

	분자	비율	분자비율(%)
SiO_2	75.68	1.2623	82.64
Al_2O_3	14.74	0.1445	9.47
FeO_3	0.57	0.0036	0.23
FeO	0.95	0.0132	0.86
MnO	0.13	0.0018	0.12
MgO	tr.		
CaO	0.15	0.0027	0.18
Na_2O	3.13	0.0505	3.31
K_2O	4.58	0.0487	3.19
H_2O	1.00	1.5263	100.00
	100.93		

를 받고, 그 결과 색상과 구조에서 부석(浮石)의 외양을 갖고 있다. 이외에도 사장석 반정이 풍화를 받아 떨어져 나가면 그 자리에 구멍이 생긴다. 그러나 석영 패치는 대기의 분해에 잘 견딘다.

마산암의 대부분은 등경이고 다면체이며, 동형인 석영과 정장석으로 이루어져 있고 결합(interlocking) 혹은 미문상 구조를 지니고 있다. 그러나 석영은 입자 여러 개를 관통하는 광학적 연속성을 지니고 있어, 이 광물은 정장석이 들어 있는 판으로 간주해야 할 것이다. 따라서 이 암석은 페그마타이트 구조가 아닌, 소위 반페그마타이트 구조를 지니고 있다. 왜냐하면 페그마타이트 구조에서는 정장석이 기반을 제공하기 때문이다.

또 다른 특이한 현상은, 경계가 명확하지 않고 점차 석기로 바뀌는 대상구조를 보이는 장석반정이 완벽하게 사장석의 특성을 나타낸다는 점이다. 석영과의 미르메키틱 연정(myrmekitic intergrowth)이 장석반정 주변에서 흔히 관찰된다. 패치로 산출되는 석영 역시 점차 석기로 바뀐다. 이와 함께 그 밖의 특징들로 인해 그것에 새로운 이름을 붙여야 할 것으로 생각하여, 나는 이 암석을 마산암이라 명명하였다. 광물학적으로 말하면, 이 암석은 반상 사장석질 영운암(greisen)이며, 병반의 주변 암상일 것이다.

마산암은 판상의 분암 기저에 나타나는 것이 일반적인데, 물론 이 두 암석은 뚜렷한 경계선으로 구분할 수 있고, 색상의 차이로도 쉽게 구분할 수 있다(p.40 참조).

다음(p.253의 표)은 일본지질조사소의 G. 쓰카모토 씨가 나를 위해 조심스럽게 분석한 결과이다.

7. 문상마산암(grano-masanite). - 이 암석은 산출 상태(병반상)와 구성에 있어 마산암과 근본적으로 같은 암석이다. 조선 신화강암의 상당 부분은 이 범주에 속하며, 결정반암과 함께 일본 주고쿠에서 광범위하게 나타난다. 이 암석은 담황색 거정질 반화강암질 화강암으로, 암설이나 모래로 쉽게 부서진다. 유색광물과 부수광물이 거의 없고, 주로 등형, 등경의 석영과 정장석으로 이루어져 있다. 물론 문상화강암이 지닌 조직의 규칙성은 없지만, 이 단조로운 우백암의 구성광물들은 서로를 페그마타이트 방식으로 조악하게 연정하고 있어 동시 결정화의 외양을 보여 준다. 이 암석은 타형 광물들의 단순한 결합에 불과하다. 문상반암질(granophyric) 구조는 거의 나타나지 않는다. 반정 발달은 흔히 나타나며, 이미 언급한 결정반암에서처럼 조회장석이 신선한 색상의 정

	분자	비율	분자비율(%)
SiO_2	72.38	1.2063	78.93
Al_2O_3	14.77	0.1448	9.47
FeO_3	1.98	0.0124	0.81
FeO	0.70	0.0097	0.63
MnO	0.26	0.0037	0.24
MgO	1.13	0.0282	1.85
CaO	1.38	0.0246	1.61
Na_2O	3.50	0.0565	3.70
K_2O	3.95	0.0421	2.76
H_2O	1.54	0.0856	100.00
TiO_2	tr.	1.6139	
P_2O_3	tr.		

장석 껍질로 둘러싸인 반정의 형태를 갖고 있다. 또한 이러한 특성이 보통의 화강암과 대조를 이루면서 이 암석을 규정하고, 마산암과의 깊은 연관성을 부여한다. 이 전형적인 암석은 부산 근처에서 발견된다 (p.34 참조).

문상마산암은 항상 분암 이후에 관입한 병반의 형태로 산출된다. 이는 광주(전라도)[71] 부근 분암질 응회암에 대한 관입과 대구(경상도) 부근 하양[72]의 NO.2 지질통에 대한 관입으로 입증될 수 있다. 문상마산암은 경상계 말에 관입하였다.

---

71) pp.109~110 참조.
72) p.127 참조.

VII. 제3기층

중생대, 그러니까 우리의 경우 경상계가 막 끝날 무렵 한반도, 특히 조선 남부에서는 신화강암 혹은 마산암의 분출과 함께, 혹은 뒤이어 대규모의 지각운동이 일어났다. 육지는 떨어져 나가거나 솟아오르고, 가라앉거나 다시 만들어지면서, 한반도의 개략적인 윤곽이 이때 완성된다. 그 이후 중국의 경우처럼 조선의 육지는 아주 오랫동안 대륙기를 보냈으며 알프스와 같은 고도에서 구릉지대로 삭박을 받았다. 침식을 받은 산지로부터의 물질은 한동안 해안가 부근에서 제3기층을 만들었지만, 이번 답사 지역에서는 단지 동해의 영일만을 따라 나타날 뿐이다 (p.130 참조).

제3기층의 기저는 규장반암과 결정반암인데, 암색 규장반암과 크림색의 층응회암으로 된 일련의 자갈층이 이를 덮고 있다. 물론 층응회암 자갈층에는 층리가 나타나기도 하고 그렇지 않기도 한다. 층리가 나타나는 층에는 식물화석이 남아 있다. 이 지질통을 저품위의 갈탄을 포함한 사질 층이 부정합으로 덮고 있고, 장기 읍내의 경우 이를 다시 판상의 검은색 현무암[73]이 덮고 있다. 층리가 있는 화석층에서 나온 화석 뼈, 이패류, 식물화석 등을 근거로, 야베 씨는 이 복합체가 플라이오세 (Pliocene)[74]의 것이라 주장했다.

---

73) 나는 이 암석이 현무암이라 생각했다. 그러나 이노우에가 가져온 표본을 본 지금은 그것이 흑색 규장반암이라 생각한다. 그러나 더 많은 증거가 요구된다. p.132와 p.133 참조.
74) p.130 참조.

말이 난 김에, 장기의 남쪽에서 전형적인 현무암 조각들이 층리가 없는 층응회암에서 발견되었는데, 이 층응회암은 반쯤 분해된 규장반암의 장석질 석기로 이루어져 있었다는 사실을 지적하고자 한다. 제3기층에 현무암 암괴가 나타난다는 사실을 바탕으로 기본적인 분출이 이미 제3기에 시작되었다고 추론하는 것이 타당할 것이다. 나는 이 점을 강조하고 싶다. 왜냐하면 일본의 동료 학자들이 항상 이 분출의 시기를 더 나중의 것이라 주장하기 때문이다.

VIII. 홍적세층(The Diluvium)

조선은 화강암의 나라이지만, 한편으로는 해성이든 육성이든 전형적인 홍적세층이 없는 것이 특징이다. 이 점에서는 일본 동부와 완전히 다르지만, 중국 북부와는 닮은 점이 많다. 중국의 일부와 함께 조선 반도는 중생대 말기에 일어난 대규모 지각변동 이후 대륙기를 보냈다. 제3기층은 단지 동해안에서만 미약하게 나타난다. 중국의 풍성 뢰스는 대륙기 중 특정 기간에 쌓인 것이다. 고 폰 리히트호펜은, 홍적세 뢰스[75]는 중국 북부와 그 주변인 산지 장벽 안쪽에 한정된다고 했다. 이는 친링 산맥에서 화이(淮) 산맥을 거쳐 조선 반도에 이르는 곡선이라고 앞에서 한번 설명한 바 있다. 나는 조선 반도 뿐만 아니라 만주 동부에서 뢰

---

75) 내 생각으로 하성 및 호성 뢰스는 부분적으로 제4기층에 속한다. B. 윌리스(Willis) 교수는 뢰스의 일부가 제3기 말의 것이라는 의견을 제시하였다.("Research in China")

스를 찾으려 했으나 헛수고였다. 내 생각으론, 뢰스의 한계선은 산둥 서쪽을 지나 만주 랴오(Liao) 계곡의 동쪽 가장자리까지 이어진다.

그 후 긴 지질시대를 거치면서 한반도는 강력한 삭박작용을 받았고, 암설들은 홍적세층이 형성될 수 있을 정도의 빠른 속도로 바다에 운반되었다. 따라서 홍적세는 조선 반도의 퇴적물 기록에서 잃어버린 기간이다. 일본에서는 아주 흔한 파식단구가 해안이나 내륙 어디에서도 발견되지 않는다. 다만 퇴적물이 덮여 있거나 평탄화된 몇몇 단구들이 동개마고원[76]의 갑산 부근에서 관찰되며, 하상 위에 첨단돌출상(Cuspate)을 이루고 있다. 하지만 이러한 경우라 하더라도 그것들이 홍적세층에 해당된다는 것을 입증할 만한 자료는 없다.

홍적세를 대표하는 암석을 꼽아야 한다면, 그것은 조선 북부에서 발견되는 광범위하게 펼쳐진 현무암류이다. 하지만 이번 답사지역에는 거의 없고, 이미 언급했던 제3기층과 관련해 산출되는 동해안에서만 나타난다. 현무암은 제3기 동안 이미 분출을 시작했다. 그러나 주 분출 시기는 홍적세인 것으로 판단된다. 이는 아네트(Anert)와 촐로키(Cholnocky)의 견해와 일치한다.

조선 남쪽에서 일반 현무암[77]이 대규모로 나타나는 곳은 단지 제주도

---

76) 보통 관북대지(關北臺地)라 불린다. "An Orographic Sketch of Korea." *Journ. Coll. Sci.* Imperial University of Tokyo, Vol. XIX, Article 1, p.31 참조. – 이 책에서는 부록 p.375 참조.
77) 이전에 제주도의 암석은 모두 현무암 계로 간주되었다. 최근 연구에서 기저를 이루고 있는 화강암이 발견되었다. 이노우에 씨(loc. cit.)는 휘석안산암으로 수정하였다. 내 수중에 있는 작은 박편들로부터 판단하건대, 이 섬의 주요 암석은 후지산 유형의 현무암이거나 감람석안산암의 변종일 것이다. 물론 소규모 패치로 다른 암석들이 나타날 가능성을 전혀 배제할 수는 없다(p.194 참조).

뿐이다. 이곳은 조선 남쪽에 있는 유일한 활화산이다.

젊은 분출암

a) 현무암–철흑색(iron-black) 현무암은 동해안의 영일[78] 제3기층과 관련해 몇몇 지점에서 나타난다. 이 암석은 줄기현무암(Stielbasalt)으로, 거정질의 전형적인 조립현무암이다. 현미경으로 보면 장방형 사장석과 자형의 감람석을 둘러싸고 있는 자색의 티탄–휘석 판을 지닌 유사 반려암상, 전형적인 휘록암 구조(ophitic texture)를 지니고 있다. 이러한 전형적인 휘록암 구조는 내 경험상 흔치 않다.

b) 제주도 현무암[79]은 약간 다른데, 후지산 유형에 속한다. 이 암석은 슬래그질(slaggy)이거나 치밀하며, 전부가 청회색이다. 이 암석에는 휘석 반정은 없고 사장석과 감람석이 풍부하며, 석기는 거무스름하고 일반적인 휘석 입자와 혼합된 구상정자질(globulitic) 물질이다. 이 암석은 조선 북부에 넓게 분포하고 있는 현무암류(flow-basalt)이며, 화산 메사를 이루고 있다.

제주도 전체가 화산섬이고, 조선의 지리서에서 섬 전체에 흩어져 있는 10개 이상의 오래된 화산추 혹은 분화구를 인용한 바 있다. 이 섬은 내가 아는 한 조선에서 유일한 활화산이다. 그러나 활화산의 분화구는

---

78) p.136 참조. 동일한 암석이 장기 북서쪽 해안에 있는 대초(大草)와 울산 동북쪽 해안의 호암(虎岩)에서 나타난다.
79) p.194 참조.

한라산 정상에 있지 않고, 대정 부근 남서쪽 구석에 떨어져 있는 서산[80] 이라는 이름의 작은 섬에 있다. 우리는 AD 1003년에 분출한 기록을 갖고 있다(p.192 참조).

c) 각섬석 안산암. - 남해의 장흥에서 각력암화 작용을 받은 자갈색 각섬석 안산암[81]을 볼 수 있다. 그림 같은 모습의 수직 절벽을 볼 수 있는 암석투성이의 높은 수인산은 이 암석으로 이루어져 있다. 석기는 철 입단들과 함께 탈유리화작용을 받은 유리질이며, 그 속에 부식된 초록색 각섬석이 반상으로 고착되어 있다. 무색의 휘석이 일부 있고, 인회석은 풍부하다.

d) 동해안의 장기 남쪽에서 무색의 유리기유정질(hyalopilitic) 석기와 함께 조면암질 특성과 구조를 지닌 흑운모-각섬석 안산암을 볼 수 있다. 이 암석의 산출상태는 너무 급하게 진행된 여행이라 확인하지 못했다(p.136 참조).

IX. 충적세층(The Alluvium)

조선은 부분적으로는 자연 상태로 만들어진 반사막이지만, 대부분은 주민들의 부주의에서 비롯된 것이다. 일반적으로 지표 암석 혹은 표토는 이 나라에서 볼 수 없다. 대지는 헐벗고 황량하다. 그러나 여기에 고

---

80) 瑞山(서산).
81) p.80 참조.

농도의 알칼리, 석회, 산화마그네슘을 넣어서 대지를 잘 관리하면, 이와 같은 불모지도 역전될 수 있다. 더욱이 황해의 낮은 해안을 제외하고는 조선 반도에 점토가 거의 없다. 저지는 사질이다. 산록 구릉지에 접근하면, 두꺼운 암석이 그 발치를 덮고 있고 계곡은 거친 바위로 채워져 있어, 실개천들이 그 사이를 어렵사리 지나면서 바다에 이른다. 바위와 자갈은 크기가 커서 단지 빙하만이 이를 움직일 수 있다. 홍적세 말에 건조기후에서 습윤기후로의 급격한 기상변화[82]가 있었고, 그것이 현세 초기의 시작을 알렸을 것이라고 나는 단지 상상해 볼 뿐이다. 많은 강수와 홍수로 강력한 침식작용이 나타났고, 그 결과 산은 깎이고 계곡은 넓어졌으며 토사가 퇴적되고 계곡바닥을 메웠다. 한편 미세한 실트와 모래는 바다로 운반되었다. 현재 우리가 내륙에서 충적세 퇴적물이라 생각하는 것은 유수의 분급과 마모작용에 의해 퇴적된 입자가 큰 하중(load)들이다. 이러한 기후 개선 덕분에 북쪽에서 조선 반도로 들어온 선사시대 인간들이 여기저기로 이동할 수 있는 여건이 마련되었다. 내가 본 고인돌과 출입구가 옆에 있는 돌무지[83]는 선사시대 거주민들의 흔적일 것이다.

간략히 말해 이것이 충적세층의 일반적인 모습이다. 충적층으로 덮인 땅은 동해안을 따라서는 드물고, 남해에서는 만, 하천의 후미진 곳이나 하구를 따라 몇 군데 나타난다. 반대로 서해안을 따라서 광대한 간석지가 34피트 이상의 독특한 조차에 의해 드러났다 잠겼다를 반복

---

82) 아프리카와 같이 빙하가 없었던 지역에서는 빙하기란 다우기를 의미한다.
83) 낙동강 하안에 있는 낙동 마을 부근.

한다.

간석지는 모래로 얇게 덮여 있다. 한번은 제물포에서 관찰한 적이 있는데, 놀랍게도 그 모래층의 두께는 단지 수 인치에 불과했다. 기반은 구성광물의 선택적 분해로 입상붕괴된 느슨한 기반암이었다. 따라서 간석지는 해성 마식에 의해 만들어진 것이다. 간석지는 서해안 가장자리를 따라서 건조한 사질 평야와 부지불식간에 연결된다.

미로와 같은 내륙의 얕은 유역분지들 역시 모래로 채워져 있고, 6월부터 9월까지 우기에 수위가 높아진 하천은 항상 변화하는 얕은 하상 위를 사정없이 흘러간다. 예를 들어 울산과 부산 사이(p.142 참조)의 몇몇 지점 그리고 남해안의 장흥(p.79 참조)에는 충적세 초반이나 홍적세 후반에 해당하는 것으로 판단되는 자갈 단구를 볼 수 있다. 나는 이러한 자갈 단구를 경주(p.136 참조)에서 보았고, 이노우에 씨는 전주 서쪽의 금구 금사광에서 보았다.

후기

이 논문에서는 여러 가지 이유로 한반도 이 지역의 조산운동에 관한 이야기를 생략했다. 첫째, 개략적인 이야기는 이미 나의 이전 논문 「조선 산맥론」("An Orographic Sketch of Korea." *Journal of the College of Science*, Imperial University Tokyo, Japan, Vol. XIX. art.1. – 이 책에서는 부록)에서 언급한 바 있다. 둘째, 일부 학자들이 내 견해를 비판하였기 때문에(pp.12~14 참조), 그 의문을 해결하기 위해서는 한반도의 조산운동–조선뿐만 아니라 동아시아 전반에 관한 문제–에 관한 보다 자세한 분석이 요구된다. 셋째, 이 논문은 한반도 전체의 단지 1/4만을 다룬 것이다. 따라서 비록 내 견해가 이미 제시한 "세 번의 횡단여행" 답사일기에 흩어져 있는 기록들을 모은 것이지만, 이 논문에서 한반도 전체의 전반적인 문제에 대해 설명하는 것은 적절하지 않다. 이런저런 이유로 한반도 전체를 보다 일반적인 방법으로 다룰 때까지 이 지역의 조산운동에 관한 주장을 연기하는 것이 적절하다고 생각한다.

도판

도판 Ⅰ.

사진 1. 육지와 섬을 분리하고 있는 좁은 해협 너머, 부산에 있는 일본인 거주지에서 남동쪽으로 바라본 절영도 혹은 '사슴섬(鹿島)'. 이 섬은 황량한 화산 잔재처럼 보인다. 하지만 실제로는 규칙적인 동향 경사를 지닌 판상의 녹색 분암과 그것으로 된 각력암으로 이루어져 있다. 지질학적으로 말해 이 섬은 육지의 일부이며, 현재는 육지로부터 분리되어 있다. 경부선의 개설 이래 방파제 건설과 매립으로 해안을 간척하면서 일본인 거주지의 모습은 완전히 달라졌다(pp.30~36, p.146, p.184).

사진 2. 구포와 선바위 간의 낙동강(p.35)을 나룻배로 건넜다. 이 사진은 분류 사이에 있는 모래사주에서 낙동강 서편 지류 너머 서쪽을 바라보면서 화강암 구릉 발치에 있는 선바위를 촬영한 것이다. 선바위 왼편으로 멀리 석영반암으로 된 임호산(p.37)의 뾰족한 독립 구릉이 보인다. 오른편에는 이미 사라진 가락국(p.36)의 옛 수도인 김해 읍내(아래 사진 3 참조)가 있다. 멀리 배경으로 녹색 각력암(p.38)으로 덮힌 화강암으로 된 나림산이 보인다.

사진 3. 서쪽으로 바라본 김해(金海) 읍내(사진 2 참조). 구릉의 남쪽 산각 위에 낮은 초가들이 모여 마을을 이루고 있다. 구릉 위에는 AD 42년 가락국의 시조인 수로 황후의 유물로 추정되는, 삼림으로 덮인 봉분이 보인다(p.37).

사진 1

사진 2

사진 3

도판 II.

사진 1. 성벽으로 둘러싸인 번화한 창원(昌原) 읍내는 화강암으로 된 산의 남쪽 발치에 위치해 있다(p.42). 이 산의 낮은 안부는 화강암으로 된 굴터치 고개(105m)이며, 여기서 북쪽으로 가면 구룡 동광산으로 이어진다(p.42).

사진 2. 유명한 천주산(天柱山)의 전경과 함께 사진 1의 서쪽 연장. 천주산은 녹색 분암이 반쯤 덮고 있는 마산암으로 이루어져 있다(p.42). 이 두 암석은 색상의 차이로 야외에서 쉽게 구분할 수 있다. 이 산은 조선의 특징적인 민둥산 중의 하나이다. 이 산은 멀리서도 잘 보이는 지형지물이다.

사진 3. 화강암으로 된 밤치 고개에서 마산포 그리고 같은 이름의 만을 향해 북쪽으로 바라다본 전경. 사진 왼편에는 삼각주 같은 완만한 경사의 평지 위에 새로운 외국인 거주지인 월경동을 위한 크고 작은 길들이 나 있다. 그러나 1901년 내가 처음 방문했을 때는 단지 몇 채의 집만 있었다. 좀 더 북쪽으로 화강암으로 된 고립 구릉이 보인다. 히데요시 침공 당시 이곳에 왜성을 지었고, 그 동쪽 발치에 마산포라는 인구가 많은 원래 마을이 위치해 있다. 이 마을은 이전에 합포(合浦)라 불렸고, 꿈에도 잊을 수 없는 여몽 연합군의 규슈 북쪽 하카타 침공을 위해 준비하고 출진한 곳이다(p.44). 이는 역사상 외국 군대가 일본에 가한 최초의 그리고 마지막 침공이었다.

배경 한 가운데 희미하게 보이는 산이 천주산(사진 2)이다. 사진 오른편으로 나무 그림자 속에 밤구미만이 보인다. 이곳은 그 말도 많고 탈도 많은 러시아 해군기지로, 지금은 완전히 사라졌다. 이 사진은 위험을 무릅쓰고 1901년에 찍은 것이다.

사진 1

사진 2

사진 3

도판 III.

사진 1. 진해(鎭海) 서쪽에 있는 돌밑(p.49)에서 서쪽으로 바라본 동서방향의 계곡. 이 계곡은 동서방향의 구조곡이며, '흑색통'의 성층면 위를 도로가 달리고 있다. 사진의 전경에 있는 커다란 암괴나 왼편에 있는 단애에서 볼 수 있듯이, 이 지질통은 흑색 이회암과 녹색빛 프린트질 층응회암으로 이루어져 있고 미약하나마 남쪽으로 기울어져 있다. 식생이라고는 찾아볼 수 없다. 뒤로는 발치 고개(100m)가 보인다(p.51).

사진 2. 반성 평야(p.52)에서 북쪽으로 바라다본 낭만적으로 보이는 동서방향의 녹원산 산맥. 반성은 적색 이회암 지대, 즉 '적색층'에 위치해 있다. 이 산맥은 녹색빛 프린트질 변성암으로 이루어져 있다. 이 산맥에는 여행객은 거의 없고, 호랑이만이 암석으로 된 절벽 사이에서 자주 출몰한다.

사진 3. 말치 고개에서 서쪽으로 바라다본 경상남도 도청소재지인 진주(晉州)의 전경. 이 고개에서 히데요시는 이 도시를 공략하기 위해 조심스럽게 계획을 세웠고, 1597년 3월 19일 피비린내 나는 전투 끝에 성곽 안에 있던 6만 명의 군인과 시민이 몰살되었다. 이 도시는 사진 왼편의, 남강 구하도로 추정되는 물로 가득 찬 해자로 서쪽, 북쪽, 동쪽이 둘러싸여 있다. 뒤쪽 멀리 화강암으로 된 남북방향의 지리산 매시프가 달리고 있다. 이 산지는 조선 남부에서 가장 규모가 크며, 이곳 경상도와 반대편 전라도, 두 도의 경계를 이룬다.
사진에서 전경으로 보이는 구릉 지대는 하부 경상계의 사암 지대이다(p.56). 이들 암석은 아주 빠른 속도로 붕괴되어, '악지' 경관을 보여 준다.

사진 1

사진 2

사진 3

도판 Ⅳ.

사진 1. 남쪽에서 바라다 본, 남강(영강) 가의 진주성 전경. 그곳에는 붉은 색 사당이 세 곳 있는데, 도판 Ⅲ의 사진 3의 설명문에서 이미 지적한 대로 슬픈 사건을 기념하기 위한 것이다. 왼편 촉석루의 넓은 이층 누각은 시민들이 남강의 전경을 즐기는 곳으로, 조선 건축의 훌륭한 사례이다. 절벽에는 동향 경사를 지닌 하부 경상계의 운모사암으로 된 단구를 볼 수 있다.

사진 2. 동쪽에서 바라다 본 황대치(黃大峙) 고개(280m). 우리 쪽으로 편리면을 보이는 각섬석 정편마암으로 된 동서방향의 산맥으로, 이 암석은 경상계의 기저층을 이루고 있다. 이 산맥은 지리산 매시프의 동쪽 가장자리를 이루고 있으며, 북동쪽으로 멀리까지 추적이 가능하다. 이 고개는 나의 여정에서 부산에서 하동 사이에 있는 가장 높은 고개이며, 히데요시 원정 당시 조선군과 일본군이 처절하게 싸웠던 전장이기도 하다(p.62).

사진 3. 황대치 고개(사진 2 참조) 오르막에서 바라다본 동쪽 전경. 이곳에서 진주 쪽으로 규칙적인 낮은 산맥들이 남북방향으로 달리고 있고 이것들이 하부 경상계의 사암층으로 된 능선과 일치한다는 사실을 확인하면서, 지금까지 횡단한 지역의 지체구조에 대해 회상해 보았다(p.62).

사진 1

사진 2

사진 3

도판 V.

사진 1. 황대치 고개에서 서쪽으로 바라다본 조감도로, 모두 평행하게 남북방향으로 달리고 있는 높은 산맥들이 우리들 앞에 펼쳐져 있다(p.62). 사진에서 가장 가까운 산맥은 화강암이며, 그 뒤에 있는 것은 안구편마암으로 되어 있다. 후자는 하동 읍내를 빠른 속도로 관류하는 섬진강의 남북방향 유로에 의해 멀리 높게 솟아 있는 백운산(1,234m) 산맥과 분리되어 있다. 사진 오른편에는 지리산 매시프(안구편마암)의 최고봉인 방장봉(1,942m)가 보이고, 왼편 구석에 기이하게 뾰족 솟은 억굴봉이 보이는데 이곳의 지질 특성에 대해서는 아는 바가 없다(p.62와 p.66).

사진 2. 지리산지의 좁은 계곡과 만나는 곳에 있는 유로 전환점 부근의 얼어붙은 섬진강. 사진 전면에 있는, 열극이 나 있는 편삼각면체의 커다란 암괴는 안구편마암으로 되어 있고 보통 밀바위라 불린다(p.67). 이 암괴는 경상도와 전라도, 두 도의 경계석 구실을 한다. 멀리 높은 곳은 이미 언급한 지리산 매시프(안구편마암)의 방장봉(위 사진 1)이다. 사진의 중앙에 있는 개치는 지류에 의해 만들어진 갈림길에 있다. 이곳 경치는 아주 빼어나 조선의 많은 시인들이 종종 시를 읊었다(p.66). 화개장(p.67)은 또 다른 갈림길에 있는데, 이곳부터 쌍계사라는 사찰까지 도로로 이어져 있다. 남북방향의 평행한 산맥들이 사진에서 보는 것처럼 개치 부근에서 전위에 의해 동서방향으로 끊어져 있다(p.66).

사진 3. 위 사진 2의 도로 상단 끝 지점에서 서쪽으로 바라다본 꽁꽁 언 섬진강의 횡곡 전경. 지리산 매시프의 계곡들이 뒤에 있기에 이곳 지세는 오히려 개방적이다. 왼편에는 현재 계곡을 만든 동서방향의 전위선까지 백운산의 정상으로부터 계곡 쪽으로 미끄러져 내려온 산체를 볼 수 있다.

사진 1

사진 2

사진 3

도판 VI.

사진 1. 남북방향의 산맥(준편마암?)에 의해 서쪽 경계를 이루고 있는 구례(求禮) 평야. 이 산맥의 동쪽 발치에는 사진의 동쪽에 희미하게 보이는 같은 이름의 읍내가 있다 (p.68).

사진 2. 구례와 순천 사이에 있는 솔치(松峙) 고개에서, 상부 경상계의 분암으로 된 녹색 각력암 지대에 있는 V자 곡을 북쪽으로 내려다본 전경. 이 암석의 성층면과 주상구조 덕분에 작은 하천들에 일련의 폭포와 급류가 만들어졌다(p.70).

사진 3. 순천 인근 남쪽에서 바라다본 솔치 고개(위 사진 2) 전경. 고개 정상은 분암으로 된 적색 함석영 응회암으로 덮인 안구편마암으로 되어 있다. 사진에서 보듯이 고개는 판상의 녹색 분암과 함께 안구편마암으로 된 융기 산릉이며, 남쪽 하산 길은 편마암 지대까지 내려서면서 동서방향의 전위선까지 이어진다. 결국 이 고개를 멀리서 보면 판상의 분암 노두와 일치하는 날카로운 단애에 고개가 위치해 있다(p.71). 분암 층의 지형적 특징은 사진 2와 사진 3과 같이 모가 나고 거친 것이다.

사진 1

사진 2

사진 3

도판 VII.

사진 1. 동쪽에서 바라다본 동서방향의 강진(康津) 평야. 북쪽 구릉은 사질 석영편암과 호층을 이루고 있는 백운모편암으로 이루어져 있다. 이 두 편암은 소위 강진편암통을 이루고 있고, 주향은 N.E.–S.W.이고 경사는 N.W.(p.81)이다. 강진 읍내는 구릉의 오목한 사면에 놓여 있고, 3면이 언덕으로 둘러싸여 있는데, 이는 조선 읍내들의 특징적인 모습이다. 평야는 왼편으로 이어지며, 깊은 내만 안쪽 가장자리에서 끝난다. 고대에 이곳은 제주도 사람들이 경주에 있는 신라왕의 궁정에 공물을 진상하기 위해 종종 기항하던 곳으로, 당시에는 탐진(耽津)이라 불렀다. 그 결과 신라왕은 제주도에 탐라 혹은 '탐의 땅'이라는 이름을 붙여 주었다(p.181).

사진 2. 거의 수직으로 서 있는, 강진통의 석영편암과 백운모편암으로 된 산지. 강진에서 나타날 때 이미 언급한(위 사진 1) 산지의 연장으로 남동쪽으로 달리고 있다. 한때 유량이 많았던 하천이 남쪽 유로의 전체 폭만큼 산지를 침식하면서 현재의 좁은 협곡을 만들어 놓았다. 이렇게 형성된 풍극을 성문산 혹은 '석문'이라 부른다(p.82).

사진 3. 옥매산(p.85) 발치에 잇는 삼지원(三技院)에서 바라다본, 그 유명한 명량진 소용돌이의 동쪽 입구. 바다 건너 눈으로 덮인 날카로운 낮은 산들이 상부 경상계의 각력질 규장반암으로 된 진도이다(p.89).

사진 1

사진 2

사진 3

도판 VIII.

사진 1. 한때 육지쪽으로부터 우수영 해군기지를 보호하던 원문(轅門)의 좁고 낮은 협부. 망루를 지지하던 석문은 마을에 있다. 기반은 각력질 규장반암이다(p.87). 이곳에서 해군기지까지는 15분이면 충분하다.

사진 2. 우수영(右水營)은 그 유명한 소용돌이(도판 VII. 사진 3)의 서쪽 입구이며, 일본의 무장 정크선을 치명적인 소용돌이로 유인하여 1592~1598년 전쟁 기간 동안 일본 수군을 괴멸시킨 조선 해군제독 이순신(李舜臣)의 해군기지이다(p.87).

사진 3. 명량진이라 불리는 소용돌이의 가장 좁은 부분이며, 반대편에 진도가 있다. 나룻배로 건너는 이 해협은 폭이 단지 1km에 불과하다. 이곳 해류는 거친 하천과 같고, 요동치는 바닷물은 화산암으로 된 거친 바닥을 시속 7노트로 내달린다. 이 때문에 급류와 같이 넘실거리고 폭풍우와 같이 굉음을 낸다. 굉음을 내는 바다라는 뜻으로 명량이라 불린다. 암석은 회백색 각력질 규장반암이 녹색 반점과 함께 나타난다. 해협 양안의 물가에는 파도에 깎인 암석 표면에 바늘 끝처럼 솟아 있는 석영 쌍추(bipyramid)와 부식된 석영 결정이 무수히 많다. 우리는 다시 이곳에서 상부 경상계를 만난다(p.89).

사진 1

사진 2

사진 3

도판 IX.

사진 1. 이전 해군기지의 입구 바로 앞에 있는 명량 나루터의 또 다른 해협과 소용돌이. 이곳은 1592~1598년 히데요시의 조선원정 기간 동안 일본 해군이 완전히 괴멸된 바로 그 지점이다. 실제로 나는, 사진에서 보는 것처럼, 소용돌이 가장자리 모래 속에 3세기 동안 반쯤 파묻혀 있던 닻을 촬영하였다. 그러나 그곳을 더 이상 찍을 수 없었는데, 아마 내가 다시 와 오랫동안 자랑거리로 삼아 온 역사유물을 훔쳐 갈 것을 조선 사람들이 두려워했기 때문이었을 것이다(p.87).

사진 2. 세 번째 소용돌이 지점에는 좁은 해협과 굴곡을 지닌 독특한 지형이 나타난다. 내 생각으로 이들 지형은 목이 넓은 곳에서의 반사작용으로 말미암아 연안류에서 만들어지는 와류 발생의 원인이 된다(p.88).

사진 3. 1901년 2월 16일 눈이 내리는 날에 내가 상륙한 목포(木浦) 자유항과 일본인 거주지. 이 사진은 유달산 발치에 있는 일본 영사관 후원에서 촬영한 것이다. 유달산은 유문암의 외양을 가진 거친 마산암으로 이루어져 있는데, 이 외양 때문에 종종 오해를 받는다. 내가 방문했을 당시 도로는 막 놓였지만, 일부분만 건물로 들어차 있었다. 1901년 이래 모든 것들이 급속하게 바뀌었다. 당시에 하구 너머로 눈 덮인 영암의 산들을 볼 수 있었다.

사진 1

사진 2

사진 3

도판 X.

사진 1. 좁은 내만 너머 무안으로 가는 길에 있는 분암질 마산암 지대에서 북쪽으로 바라다본 유달산(도판 IX. 사진 3). 동쪽 사면과 그 사면의 발치에 일본인 거주지와 목포항이 있다. 이 산은 첫눈에 화산 잔재로 보이는데, 특히 이 산을 구성하고 있는 암석의 유문암 외양을 고려할 경우 쉽게 화산 잔재로 오인할 수 있다(p.104).

사진 2. 무안 동쪽에 있는 발가벗은 구릉성 대지에서 함평 방향으로 북서쪽을 바라다본 전경. 배경으로는 석묵편암으로 된 규칙적인 융기 산릉(중생대 변성암)이 있고, 근경에는 보랏빛의 이질반암으로 된 침식 구릉들이 보인다(p.106).

사진 3. 구릉(위 사진 2) 아래에 있는 논으로 된 충적세층 지역. 남서쪽으로는 마산암 기반 위에 적색 반암이 덮인 공수봉(公水峰)이라는 평정봉이 보이며, 이는 무안 읍내 남쪽에 솟아 있다.

사진 1

사진 2

사진 3

도판 XI.

사진 1. 나주 서쪽, 영산강의 작은 지류에 있는 초동에서 남쪽 개활지 쪽을 바라다본 전경. 사진 왼편 멀리 눈으로 덮여 있는 영암의 월출산(소금강산)이 보여야만 하나, 불행히도 사진제판 과정에서 도판에서 사라져 버렸다. 이 산은 영산강 너머에 우뚝 솟아 있으며, 동서방향으로 달리고 북쪽으로 가파른 절벽이 있다. 바닥은 이질반암, 녹색빛 분암 그리고 이들의 파생암석으로 된 자갈로 뒤덮여 있는데, 이는 조선 지형의 특징이다. 이제 우리는 상부 경상계 지대로 들어선다.

사진 2. 평야에서 서쪽으로 보이는 나주의 산성인 금성산(錦城山)으로, 아래 사진 3의 왼편에 있다. 날카로운 능선은 남북방향으로 달리며, 아마 규장반암으로 이루어져 있을 것이다. '은둔의 나라(Hermit Nation)'의 저자인 그리피스(Griffith)가 적절하게 이름 지었듯이, 조선 사람들은 어떤 의미에서 속세를 잊은 민족이다. 왜냐하면, 위험이 발생하면 착한 백성들은 자신들이 산성이라고 부르는 이러한 산의 깊숙한 곳으로 은신하기 때문이다. 이러한 은신처는 조선 반도에 있는 거의 모든 읍내와 밀접하게 연계되어 있다.

사진 3. 나주(羅州) 서쪽 규장반암으로 된 낮은 산에서 화강암 분지에 있는 같은 이름의 읍내를 바라다본 전경. 조선 남서부에서 가장 크고 비옥한 이 논농사 평야는 동쪽으로 완전히 열려 있고, 평야 너머로 남북방향의 산맥이 보인다. 우리가 곧 도착하게 될 광주 무등산(無等山)은 이 산맥에서 가장 높은 곳이다(도판 XII. 사진 2, p.108). 평야는 화강암질 암석에 발달한 삭박분지이다. 나주 읍내(p.108)는 다른 읍내에 비해 큰 읍내이며, 커다란 화강암이 단단하게 얽혀 있는 읍성에 둘러싸여 있다.

사진 1

사진 2

사진 3

도판 XII.

사진 1. 남서쪽으로 나주를 바라본, 담양 인근의 나주평야(도판 XI. 사진 3 참조) 초입. 평야 너머 희미하게 보이는 멀리 있는 산맥은 영암의 월출산(p.93, 도판 XI. 사진 1 참조)이다(p.110).

사진 2. 전라남도의 도청소재지 광주(光州). 판상의 분암으로 된 무등산(도판 XI. 사진 3 참조)의 기저 화강암 분지(basal granite basin)에 위치해 있다. 이 전경은 외성문에서 촬영한 것인데, 여기서 동쪽으로 내성문으로 이어진다. 내성문 안쪽에는 사진의 전경에서 보이는 것과 같이 초가집이 옹기종기 모여 있는 것 외에는 아무 것도 없다(p.109).

사진 3. 같은 이름의 하천 너머 있는 적성진(赤城津) 단애. 이곳에는 강진 유형의 사질 백운모편암이 정합으로 덮고 있는 정편마암 복합체 노두가 드러나 있다(도판 VII. 사진 1과 p.81 참조). 이는 강진 띠의 연장이다. 길은 훌륭한 노두가 들어난 풍극을 지나 비홍치 고개로 이어진다(p.112).

사진 1

사진 2

사진 3

도판 XIII.

사진 1. 남원(南原)에서 남쪽을 향해, 성벽과 같은 동서방향의 밤치, 즉 '밤나무 고개'를 바라다본 전경. 이 고개는 나의 첫 번째 횡단여행(p.69)에서 들른 구례평야(도판 Ⅵ. 사진 1 참조)와 남원의 경계를 이루고 있다. 사진의 왼편 구석에 화엄사가 있는 지리산 사면이 있다(p.68). 이 지역은 안구편마암 지대이다.

사진 2. 서쪽으로 비홍치 고개가 나타난다. 남북방향의 이 산맥은 방향의 일관성에 의해 뚜렷이 구분되고 확인된다. 이 산맥은 거의 대부분 몇몇 안구편마암 변종들로 이루어진 '지리산 스페노이드'의 서쪽 가장자리이다.

사진 3. 중요한 읍내인 남원은 해발이 단지 50m에 불과한 모래로 뒤덮인 산간분지의 한 가운데 입지해 있다(p.113). 이 읍내는 다른 읍내와 마찬가지로 석성으로 둘러싸여 있고, 왼편 성벽 밖으로는 일군으로 기와집들이 보인다. 이곳은 선업(先業) 혹은 사당으로, 군수 혹은 지방 사또가 자신의 백성들과 함께 특정한 날에 가장 화려하게 예를 올리는 곳이다. 이 일은 그의 중요한 공적 임무이다. 이런 유의 건물은 조선에서 아주 흔하며, 실제로 아무리 작은 마을이라 할지라도 선업이 없는 마을은 거의 없다. 이 사당 너머로 교룡산성(蛟龍山城)이라는 산성을 다시 볼 수 있다. 남원 읍내는 1597년 히데요시 원정 때 파괴되었고, 이는 주민들의 마음속에 지워지지 않는 분노로 남아 있다.

사진 1

사진 2

사진 3

도판 XIV.

사진 1. 남원에서 여원치(女院峙) 고개까지의 도로는 장석질 자갈 하상 위를 맑은 물이 흐르는 하천을 따라 고개까지 나 있다. 고개의 암석은 약간 압축을 받은 흑운모화강암이다. 사면에는 화강암 기반 위에 소나무가 듬성듬성 서 있다. 조선에서 삼림이 있는 곳이 단지 몇 군데에 불과하기 때문에, 이 경치는 아주 훌륭하다고 말할 수 있다. 비홍치 산맥 (도판 XIII. 사진 2)이 서쪽 지평선 위로 일정하게 남북방향을 달리고 있다(p.114).

사진 2. 사진 1의 같은 장소에서 동쪽을 바라보면, 퇴적으로 메워진 운봉고원 너머로 눈 덮인 지리산 산맥의 주능선이 보인다. 이 능선은 성벽과 같은 날카로움을 지닌 침강산지 의 특성을 지녔으나 고도가 거의 같은 봉우리(1,239m)들이 솟아 있다(p.115).

사진 3. 운봉 읍내에서 북동쪽으로 약 4km 떨어진 곳에 비전(碑殿村)이 있다. 글자 그대 로 '석조기념물이 있는 사찰 마을' 을 의미한다(도판 XV. 사진 1 참조). 이곳은 왜구들에 게는 불운한 전장이었다. 그들은 1319년 전투에서 두 번이나 패했는데, 규슈에서 500척 의 정크선을 몰고 온 자신들의 대장 아지발도(阿只拔都)를 이 전투에서 잃었다. 당시 조 선의 장수는 이성계로, 그는 나중에 힘을 길러 현재 왕조의 첫 번째 왕이 되었다. 팽나무 숲에 가려진 3개의 사당은 당시의 승리를 기념하기 위한 것이다.

사진 1

사진 2

사진 3

도판 XV.

사진 1. 북서쪽에서 본 운봉고원(도판 XIV. 사진 2). 사진의 전경에 있는 숲으로 덮인 구릉은 황산대승비(荒山大勝碑)가 있는 곳이다. 근처에 있는 일군의 오두막이 비전이다(도판 XIV. 사진 2). 사진의 중앙에 멀리 있는 높은 지점이 여원치 고개이고, 여기서부터 서쪽으로 급하게 내려간다(p.115).

사진 2. 마지막 지점(사진 1)에서 동쪽으로 방향을 바꾸면, 인월(과거 한때 전장)로부터 팔령치까지 도로는 인지할 수 없을 정도로 고도가 높아진다. 팔령치는 운봉고원의 동쪽 가장자리와 지리산 산맥의 주능선 끝자락을 이루고 있으며, 동시에 경상도와 전라도의 경계 구실을 한다. 사진에 조선 망아지 3필이 있는데 그 중 2마리가 필자의 짐을 나른다.

사진 3. 같은 고개의 꼭대기에 서면, 경상도의 낮고 어두운 배경 산맥(멀리 평행하게 달리는 구릉들이 불행히도 보이지 않는다)이 파노라마 전경으로 펼쳐져 있으며, 이 산맥은 경상계이다. 내리막길을 따라가면 고개의 동쪽 발치에 있는 함양에 도착한다(도판 XIV. 사진 1 참조). 여전히 이 고개는 반화강암이 무수히 암맥을 이루고 있는 백운모 화강암으로 이루어져 있다(p.115).

사진 1

사진 2

사진 3

도판 XVI.

사진 1. 남쪽에서 바라다본 함양(咸陽) 읍내로, 팔령치 고개의 동쪽 발치에 있는 안구편마암으로 된 분지에 위치해 있다(도판 XV. 사진 3 참조). 함양은 비교적 청결한 작은 읍내의 한 유형이다(p.115).

사진 2. 각섬석 편마암으로 된 침식 구릉에 입지한 산청(山淸) 읍내. 진주를 지나 남쪽으로 흐르는 남강의 동쪽 하안에 위치해 있다(p.55, 도판 Ⅲ. 사진 3). 아주 뛰어난 경치를 보여 주는 산간분지에 입지해 있다. 사진은 북쪽에서 남쪽 개활지를 향해 촬영한 것이다. 이곳에서 하천 하류를 따라 내려가는 대신, 사진 3의 고개를 올랐다.

사진 3. 정편마암으로 된 청머리 고개(尺旨峙, p.120). 고개(360m)에서 서쪽으로 지리산 산맥을 조망할 수 있는데, 지리산의 낮은 고개(사진 오른쪽 구석)는 이틀 전에 우리들이 넘은 곳이다. 그곳이 바로 팔령치 고개(도판 XV. 사진 2, p.116)이다. 산청은 분지의 발치에 있다. 사진에 보이는 전체 지세는 전적으로 안구편마암이나 그와 유사한 암석으로 이루어져 있다(p.121).

사진 1

사진 2

사진 3

도판 XVII.

사진 1. 청머리 고개(도판 XVI. 사진 3)의 동쪽은 절벽으로 이루어져 있다. 고개에서는 낙동강의 구릉성 저지(70m)를 내려다볼 수 있으며, 그 뒤에는 분출성 경상계로 된 높은 산맥(사진에서는 희미하게 보인다)이 있다. 모든 능선들이 분지의 축 방향으로 평행하게 달리고 있기 때문에, 남북방향의 낙동강 저지대의 기복은 모형과 같은 규칙성을 지닌 무대와 같은 모습을 하고 있다. 우리가 서 있는 고개는 지리산 매시프의 동쪽 가장자리이다.

사진 2. 동쪽으로 14km 가량 떨어진 삼가에서 바라다본 청머리 고개(도판 XVI. 사진 3, 도판 XVII. 사진 1)의 전경. 읍내는 사진의 오른쪽 구석에 있고, 멀리 왼편 구석에 있는 안부가 바로 청머리 고개이다. 구릉들은 하부 경상계의 백운모사암 지대에 있다(pp.121~122).

사진 3. 이번에는 삼가에서 북동쪽으로 8km 떨어진 대곡치(大谷峙) 고개에서 바라다본 청머리 고개의 또 다른 모습. 고도가 낮은 남북방향의 평행한 산맥들은 모두 하부 경상계 암석들로 이루어져 있는데, 이 산맥은 사진 1에 있는 청머리 고개 정상의 뒤편에서 본 것이다(p.122).

사진 1

사진 2

사진 3

도판 XVIII.

사진 1. 도판 XVII의 사진 2에서 보듯이, 사질의 하부 경상계로 된 산록 구릉지 높은 곳에서 삼가(三嘉) 방향인 북동쪽으로 바라다본 전경. 풍화를 받아 칙칙한 색을 띠는 암석 위에 초지와 몇몇 소나무가 서있는 쓸쓸한 모습이다. 읍내는 구릉 사이의 와지에 있으며, 그 너머 멀리 사진의 오른쪽 구석에 대곡치 고개가 보인다(도판 XVII. 사진 3, p.122 참조).

사진 2. 대곡치 고개(도판 XVII. 사진 3)에서 삼가 쪽인 북쪽 내리막길은, 하부 경상계의 상부층에 해당하는 녹색 이회암과 사암 지대로 경사는 동쪽이지만 다양하다. 정면에 있는 뾰족한 국사봉(國師峰)은 편마암과 분암 자갈로 된 단단하고 두꺼운 역암층으로 이루어져 있다. 이 암석은 비화산성 하부 경상계와 화산성 상부 경상계의 경계를 이루는 기저층이다(p.122).

사진 3. 창녕 남쪽에 있는 한 언덕에서 서쪽을 바라다본 전경. 여기서는 낙동강 너머 하부 경상계로 이루어진 홈통 모양의 구릉지대(도판 XVII. 사진 1, 2, 3)의 지형을 조사할 수 있는 최고의 기회를 만나게 된다(p.55와 p.182, 도판 XXXI. 사진 3 참조).

사진 1

사진 2

사진 3

도판 XIX.

사진 1, 2. 조선에 있는 대도시의 일반적인 모습. 경부선 철도와 간선도로 상에 있는 대구(大邱)는 조선 반도에서 네 번째 큰 도시이며 조선 남부에서는 가장 큰 도시로, 인구는 15,814명이다. 이 도시는 '적색 이회암'으로 된 구릉의 동쪽 발치에 있는 마른 모래로 된 와지에 있다. 이 언덕에서 찍은 파노라마 사진 중에서 사진 1이 시가지의 북쪽 반이며, 사진 2가 남쪽 반이다. 남쪽은 우리가 오동에서 통과한 '적색 이회암층'으로 된 남북 방향의 단층애로 막혀 있다. 북동쪽으로는 잘 알려진 팔공산(1,138m)의 날카롭지만 일직선이 아닌 산맥이 북풍으로부터 대구평야를 보호한다. 팔공산 하단의 2/3는 담황색 마산암이며 소나무가 듬성듬성 서 있다. 반면에 상단의 1/3은 상부 경상계의 흑색 셰일과 이회암으로 덮여 있다. 1901년 3월 8일 이곳에 도착했는데, 마침 축제일이었다. 흰옷 입은 시민 모두가 대규모 줄다리기 경기(綱曳)를 보기 위해 남쪽 구릉(사진 2의 오른편)에 모여들었다. 이 경기는 경상북도 감사와 자신의 아내들을 포함한 수행원들의 참석으로 절정을 이루었다. 기와지붕으로 된 이층집들이 관공서 건물들이다(p.126).

사진 1

사진 2

도판 XX.

사진 1. 대구 동쪽에 있는 사질이며 약간 척박한 평야(도판 XIX). 동쪽에는 '프린트질 층응회암통'으로 된 남북방향의 날카로운 산맥이 멀리 지평선을 따라 달리고 있고, 사진의 왼편에는 구릉의 산각 발치에 영천 방향으로 하양(河陽) 읍내가 있다(p.126).

사진 2. 하천 지류를 따라 청경치라는 화강암 고개까지 동쪽으로 오르면서 본 풍요로운 영천 읍내. 이 읍내는 거의 수평인 사암층이 군데군데 들어 있는 '흑색 이회암통' 지역의 와지에 위치해 있다. 청경치 고개는 높이가 150m이며, 자유항 부산 부근에서 시작된 산맥의 북쪽 연장이다(p.128).

사진 3. 청경치 발치에서 동쪽으로 바라다본 전경. 우리 앞에는 안강(安康) 평야 너머 멀리 '흑색통'으로 된 남북방향의 해안산맥이 보인다. 반대편에는 제3기층으로 된 동해의 영일만이 있다(p.129, 도판 XXI의 사진 3 참조).

사진 1

사진 2

사진 3

도판 XXI .

사진 1. 도판 XX의 반대편, 즉 안강 부근에서 청경치 고개 방향으로 서쪽을 바라다본 전경. 앞에서 이야기했듯이 이 산맥은 낮지만 분명한 산맥으로, 조선 남부를 관통하면서 남북방향으로 달리고 있으며 아마 단층에 의해 형성되었을 것이다(p.130).

사진 2. 남서쪽에서 바라다본 제3기층 지대에 있는 영일만의 내측 끝. 동해안에서 가장 번화한 항구인 포항(浦項)항은 형산포강 하구에 있는데, 그 강의 협곡에서 방금 빠져나 왔다(p.130).

사진 3. 영일의 남쪽 구릉에서 청하(淸河) 방향인 북서쪽을 향해 바라다본 전경. 영일만 너머 제3기층으로 된 구릉들과 함께 날카롭고 규칙적인 해안산맥이 보인다. 이 산맥의 서쪽에서 본 전경이 도판 XX의 사진 3이다(p.131).

사진 1

사진 2

사진 3

도판 XXII.

사진 1. 장기(長鬐) 북쪽 2km 지점에 있는 저품위의 갈탄층 노두. 지질주상도(p.135)에서 보듯이 갈탄층은 흥미로운 동해안 제3기층의 상부에서 나타난다.

사진 2. 성벽으로 둘러싸인 장기 읍내는 남동쪽 발치에서 볼 수 있듯이 판상의 흑색빛 용암류 위에 위치해 있다. 이 읍내는 영일만과 울산 코브(cove) 사이의 동해안에 있는 궁색한 읍내인 동시에 유일한 읍내이다. 이곳은 과거 수차례에 걸쳐 신라의 고대 도시 경주의 평화를 위협하던 왜구들이 종종 상륙하던 곳이다(p.133). 신라시대 일본 사람들이 해안산맥을 넘어 이곳까지 아주 무거운 종을 운반했고 정크선을 이용해 동해 너머로 가져갔다고, 이곳 사람들이 일러 주었다. 심지어 현재에도 후쿠오카에 있는 많은 투기상들이, 하카타 해안 부근의 바다에 빠진 것으로 전해지는 이 역사적인 종을 인양하기 위해 주식회사를 만들려고 애쓰고 있다는 풍문이 있다.

사진 3. 내 여정은 와읍 해안에서 방향을 바꾸어, 서쪽으로 사막과 같은 계곡을 올라 가 나치(加羅峙) 고개까지 이어졌다. 이 고개는 '흑색 셰일통' 지대이며, 사진 중앙에 있다. 사진 오른편에 있는 원추형 산은 조면안산암이다(pp.136~137).

사진 1

사진 2

사진 3

도판 XXIII.

사진 1. 서쪽에서 바라다본 경주 읍내. 이곳은 진한(辰韓)의 옛 수도이고 나중에 BC 57년에서 AD 936년까지 신라왕국의 거대도시였다. 사각형 성곽에 둘러싸인 이 도시는 하천 지류에 있는 프린트질 자갈 하상 위에 입지해 있으며, 한 쪽 지류는 서쪽으로 흘러 현재 우리가 내려가고 있는(사진 참조) 가나치 고개 아래로 흘러간다. 경주평야는 태백산맥의 지맥들 사이에 위치해 있다. 서쪽에 있는 것은 이미 언급한 바 있는 청경치 고개가 있는 지맥이고(도판 XXI. 사진 1, pp.132~135) 동쪽에 있는 것이 방금 넘은 토함산(吐含山)이 있는 지맥이다(p.137과 p.139).

사진 2. 나에게 가장 인상적인 것은 일단의 높은 둔덕처럼 생긴 평지 위의 인공적인 기복인데, 그 수는 20개 가량 되고 모형 화산을 닮았다. 이곳은 신라왕들의 유물이 묻혀 있는 곳으로 알려져 있다. 이들의 지배 당시, 한때 조선 반도의 선각자였던 분들이 조선 역사에 빼어난 문명의 흔적을 남겨 놓았다(p.139).

사진 3. 울산 쪽으로 경주평야의 남쪽 연장. 왼편으로는 '흑색통'으로 된 통대산(通大山) 해안산맥이 보이며, 이 산맥은 염포(Cape Tikhmenef) 헤드랜드에서 끝난다(pp.140~141).

사진 1

사진 2

사진 3

도판 XXIV.

사진 1. '좌병영' 발치에 모래 하상으로 된 남천에서 볼 수 있는, 모래와 자갈 주머니 더미로 교각을 만든 널빤지 다리(p.141). 주변 충적지를 내려다 볼 수 있는 고립된 뷰트 형상의 평정봉은 증성(甑城)이라는 옛 요새가 있던 곳이다. 이곳은 1592~1598년 히데요시 원정의 끝무렵에 전투가 치열했던 곳이다. 이 전투는 보통 울산 전투라 불린다(p.142). 이 언덕은 울산(蔚山) 주변 광범위한 내좌층의 일부인 '적색층'으로 이루어져 있고, '흑색통' 아래에서 산출된다.

사진 2. 울산과 부산 사이에 있는 서창(西倉) 부근의 도로를 따라 가면, 연속된 두 개의 단구(사진의 중앙)에 오를 수 있다. 분암 자갈로 이루어진 이 단구는, 경상계 최상층에 해당하는 녹색 분암질 각력암으로 된 두 개의 남북방향 산맥 사이에 있다. 단구는 조선에서 극히 드물다(p.144).

사진 3. 화강암으로 된 금정산 남동쪽 발치에 있는 동래(東來) 온천(p.34). 광천수는 작은 건천의 하안에 있는 모래로부터 부글부글 솟아오른다. 이곳은 부산의 일본인 거주지 인근의 깨끗한 온천휴양지이다. 사진 중앙에 높은 건물이 목욕탕이다(p.145). 산 정상에는 마산암 병반 위에 금정산성 터가 있다(p.34).

사진 1

사진 2

사진 3

도판 XXV.

사진 1. 부산진(사진 2)에서 북쪽으로 바라다본 동래 읍내로, 온천장에서 동쪽으로 단지 2km 떨어져 있다(도판 ⅩⅩⅣ. 사진 3). 이곳은 한일외교사에서 자주 언급되는 곳인데, 쓰시마 해협의 조선 쪽에 있는 조선 반도 최초의 읍내이기 때문이다.

사진 2. 폐허가 된 성터(마산암)에서 바라다본 부산진(釜山鎭) 혹은 같은 이름의 항구 내측에 있는 부산의 요새. 이 성터는 히데요시 원정 당시 영웅의 한 사람인 고니시 장군이 세운 것이다. 요새 혹은 진 자체의 폐허는 삼림으로 덮인 두 개의 언덕 위에 있다(p.33과 p.146). 코브 너머 오른편에 있는 산들은 분암과 그것의 각력암으로 이루어져 있다.

사진 3. 부산진(위의 사진 2)에서 바라다본 절영도(絕影島, p.30, 도판 Ⅰ. 사진 1)의 전경. 화산과 유사한 이 섬은 사진에서 부산항 너머 오른쪽에 있다. 도판 Ⅰ의 사진 1은 산으로 된 섬의 서쪽 사면이다.

사진 1

사진 2

사진 3

도판 XXVI.

사진 1. 금강(錦江) 하구 쪽을 바라다본 전경. 이 하천은 사진 왼편의 민둥산에 의해 가려진 자유항 군산 옆을 흐른다. 뒤에 있는 산들과 언덕은 중생대 변성암에 해당하는 편암 지역이다(pp.151~152).

사진 2. 이미 언급한(사진 1) 동쪽에 있는 민둥산에서 바라다본, 군산(群山)에 새로이 세워진 일본인 거주지. 이 자유항은 1898년에 개항되었으며, 내가 방문했던 1901년에는 집이 거의 없었다. 지금은 상황이 크게 바뀌었다. 양륙장은 푸른빛의 오트렐라이트 편암(p.152)으로 되어 있다.

사진 3. 반대편(서쪽)에서 바라다본 군산 전경. 하폭이 넓은 금강이 보인다. 이 하천은 만조시 상류에 있는 강경(江景, p.153)까지 35km 구간 내내 1~2fathom(1fathom은 1.83m - 역자 주)의 수심을 유지하고 있어, 강경은 실제로 내륙항의 구실을 한다. 일본 영사관은 왼편 언덕 위에 있다.

사진 1

사진 2

사진 3

도판 XXVII.

사진 1. 서울에서 전라북도의 도청소재지인 전주로 가는 간선도로상의 다리. 이 하천의 다른 지류에 있는 다리는 홍수로 떠내려가 그곳을 그냥 건너야만 했다. 이런 상황은 조선의 간선도로에서 흔히 있는 일이다. 따라서 우기에 여행을 한다는 것은 거의 불가능하다. 전경에 있는 구릉들은 견운모 호상편마암으로 되어 있다. 그 뒤에 있는 끝이 뾰족한 산이 모악산(母岳山)으로, 군산에서도 잘 보인다(도판 XXVI. 사진 2, 3). 사진 왼편에 있는 평정봉에 남고산성(변성암질 편암, p.160) 터가 남아 있고, 그 발치에 있는 분지에 인구 15,094명의 전주 읍내가 있다(p.157).

사진 2, 3. 규모에 있어 대구(도판 XIX. 사진 1, 2) 다음인, 조선 반도에서 5번째 큰 전주 읍내. 사진 2는 전주 남쪽이며 도시 전체의 1/4에 해당한다. 사진 3은 서쪽 구릉에서 동쪽으로 바라다본 전주의 북쪽이다. 남쪽 산지를 따라 오른편으로 만말관 고개를 넘어 남원으로 가는 간선도로가 나 있다(p.157의 개략도 참조). 동쪽 산지의 낮은 안부(사진 2의 왼편, 사진 3의 중앙)가 정내치(笛川峙, 450m)이며, 조금 있다 넘을 예정이다(p.167). 이 산맥은 정편암으로 되어 있다. 수많은 흰색 반점들이 흩어져 있는 모래로 된 하천변은 마치 세탁소 뒤뜰처럼 보인다. 이들은 흰 옷을 입은 시민들이고 마침 장날에 사진을 찍었기 때문이다(p.157과 p.167).

사진 1

사진 2

사진 3

도판 XXVⅢ.

사진 1. 청내치 고개의 서쪽 발치에 있는 구진리(九津里) 평야(도판 XXVⅡ의 사진 2의 왼편, 사진 3의 중앙). 평야에서는 장석질 역암이 암괴의 형태로 무수히 발견되지만, 지질학적 관계에 대해서는 아는 바 없다. 구릉들은 전단변형을 받은 편마암으로 이루어져 있다(p.168).

사진 2. 남쪽에서 바라다본 특이한 모습의 침식지형으로, 한 쌍의 쫑긋한 말 귀를 닮아 마이산(馬耳山)이라는 이름이 유래되었다. 마이산은 편마암질 화강암 바로 위에 올려진 중생대 역암으로 된 상상을 초월하는 쌍봉이며, 데살리카 칼라바카의 제3기 역암층처럼 지역민들이 신성시하며 그들에게 널리 알려져 있다(p.167과 p.169).

사진 3. 금산(錦山)과 무주 사이는 사진 배경에서 볼 수 있듯이 주로 정편마암으로 이루어져 있지만, 야베 씨는 무주 쪽으로 4km 가다가 남삼석 편암의 외양을 지닌 경철광 운모편암을 발견했다(사진의 전경에 있는 구릉들). 이 사진은 그가 가촌자(柯村子)에서 북쪽을 보고 촬영한 것이다(p.170).

사진 4. 남서쪽에서 바라다본 무주(茂朱)의 적상산(赤裳山) 혹은 '붉은 치마 산'. 이 산성의 기저는 미약하나마 남서쪽 경사를 지닌 사암과 역암과 함께 적색 석회질 층응회암과 적색 규장반암으로 덮여 있는 분암질 마산암으로 이루어져 있다. 이 복합체는 상부 경상계를 의미하며, 중생대 층으로 된 '주걱 모양 지역'의 동쪽 끝이다(p.171).

사진 1

사진 2

사진 3

사진 4

도판 XXIX.

사진 1. 진안(鎭安) 인근에서 본 마이산의 북쪽 전경(도판 XXVⅢ. 사진 2 참조).

사진 2. 파고개라 불리는 진안과 송담(松潭) 사이의 고개. 우리들은 이 고개를 막 넘었고 이제 그것에 대해 회상해 보려 한다. 이곳은 주입된 페그마타이트, 문장석 그리고 전기석 맥암과 함께 변성편마암으로 이루어져 있다. 이곳은 중요한 지형 요소인데, 비홍치(도판 XⅢ의 사진 2, p.112)에서 북쪽을 향해 오다가 이곳을 지나 북쪽으로 추풍령(秋風嶺) 고개까지 이어지는 산맥이다(p.172).

사진 3. 정편마암 지대에 있는 판고개에서 동쪽을 바라다본 전경으로, 눈 내린 아침에 소규모 산간분지인 장계장(長溪場)이 내려다보인다. 그 너머 동쪽 지평선에는 눈 덮인 육십령 고개의 웅장한 산맥이 보인다. 이 고개는 경상도와 전라도 두 도의 경계에 있다(p.174).

사진 1

사진 2

사진 3

도판 XXX.

사진 1. 우리는 장계장(도판 XXIX. 사진 3)에서 편마암질 화강암으로 된 계곡(사진 참조)을 따라 완만한 사면을 올라. 마침내 육십령(六十嶺)의 가파른 고개(690m)에 도착했다. 이곳은 이번 횡단여행에서 가장 높은 곳이며, 또한 전라도 내륙 고지에서 가장 높은 지점 중의 하나이다(p.174).

사진 2. 안의 읍내 서쪽 5km 못 미친 곳에서는 흰색의 안구편마암으로 된 산악지대에서 비교적 고도가 낮은 개활지로 바뀐다. 이곳에는 맑은 하천이 구불구불한 하도를 따라 깊게 침식을 받은 하상을 흐르는데, 간혹 낮은 폭포에 의해 하상이 끊어져 있다. 나는 강변 숲 그늘 속에서 훌륭한 여름 별장을 보았다. 이곳은 풍류객들을 위한 선택된 장소로, 높은정이라 불린다(p.175). 사진 뒤편 멀리 황석산의 높은 봉우리들이 보인다. 이 산맥은 이미 언급한(위의 사진 1) 육십령 산맥의 동쪽을 따라 평행하게 달리고 있다(p.175). 서쪽에서 낙동강 본류로 들어오는 하천들이 모두 급류이고, 반면에 동쪽에서 들어오는 하천들이 느린 사행 유로를 지니고 있는 것은 경상도 유역의 특징적인 현상이다.

사진 3. 낙동강이 일시적으로 동서방향으로 유로를 바꾸는 궐포(闕浦)에서 동쪽을 바라보았다. 사진 정면에 현풍 읍내 뒤로 바로 급격하게 솟아 있는 화강암으로 된 비슬산(琵琶山)을 볼 수 있다(p.181). 이곳의 지질은 상부 경상계의 '적색층' 이다.

사진 1

사진 2

사진 3

도판 XXXI.

사진 1. 현풍(玄風) 나루터에서 궐포(도판 XXX. 사진 3) 쪽으로 뒤를 돌아보았다. 이 사진은 상부 경상계의 구릉지대를 관류하고 있는 낙동강의 전형적인 풍경을 보여 준다. 이 하천은 평형하천이다(p.181).

사진 2. 화강암으로 된 비슬산 서쪽 발치에 있는, '흑색 셰일통' 지대의 현풍 읍내 (p.181).

사진 3. 창녕 읍내 북쪽의 낙동강 동안에 있는 구릉 정상에서 본 낙동강 유역 구릉지대의 일반적인 전경(도판 XVIII. 사진 3, p.55와 p.185 참조).

사진 1

사진 2

사진 3

도판 XXXII.

사진 1. 배후의 산성과 밀접한 연계를 맺고 있는 창녕(昌寧) 읍내. 급경사의 산지는 경상계의 최상부에 해당되는 붉은빛과 녹색빛의 각력암으로 덮여 있는 반화강암질 마산암으로 이루어져 있다. 이곳 마산암은 다른 곳과 마찬가지로 관입암이다. 그러나 어떻게 급경사의 절벽에 노출되었는지는 정확하게 알 수 없다(p.184). 아마 침식 혹은 서쪽, 즉 낙동강 쪽으로의 미끄러짐에 그 원인이 있을 것이다.

사진 2. 낙동강의 전환점에 있는 영산(靈山)과 삼랑진 역 사이의 동서방향 계곡은 하천 유로와 평행하게 달리고 있다. 나는 이를, 거의 수평인 각력암층을 절단한 전형적인 전위-계곡이라 생각한다. 구박에서는 분암질 각력암 자갈 속에서 금 세광이 이루어지고 있는데, 이는 조선에서 금이 산출되는 새로운 유형이다(p.184).

사진 3. 규장반암 지대에 있는, 낙동강 동안의 까치원 관문(鵲院關, p.36과 p.184)

사진 1

사진 2

사진 3

도판 XXXIII.

사진 1. 현재 기차역이 있는 물금에서 북쪽을 바라다본 낙동강의 같은 계곡(도판 XXXII. 사진 3). 여기서 낙동강은 한산 시스템의 동서방향 산맥을 가로질러 흐르고 있다(p.36).

사진 2. 사진 1과 같은 장소에서 낙동강 하구쪽 방향인 남쪽을 바라다본 전경. 사진 왼편에 응회암과 판상의 분암으로 된 구덕산이 보이고, 멀리 오른편으로는 웅천(熊川) 부근 해안가에 같은 층으로 된 산들이 보인다(p.37의 각주 18).

사진 3. 부산의 중국인 거주지에 있는 구릉에서 바라다본, 부산항 너머 절영도(絕影島) 혹은 '사슴섬(녹도)'(도판 Ⅰ. 사진 1, 도판 XXV. 사진 2, p.185).

사진 1

사진 2

사진 3

도판 XXXIV.

제1차 횡단여행 : 부산-우수영 지질단면

제3차 횡단여행 : 군산-부산 지질단면

I. 기저 편마암	a. 봉계 편마암	Gnp=준편마암	
	b. 동창 편마안	Gnp=준편마암	
II. 강진 운모편암	a. 강진 운모편암	Qss=견운모석영편암	
	b. 물거실 운모편암	Ph=천매암	
III. 천매암질 편암(중생대 변성암)	a. 동복 복합체	Ph=천매암	
	b. 무안 복합체	Ph=천매암	
	c. 전주 복합체	Ph=천매암	
	d. 군산 복합체	Ph=천매암	
IV. 대화강암질암류통	a. 고화강암	Gno=정편마암, Gnn=안구편마암, G=화강암, Gmy=압쇄화강암	
	b. 우흑암	Gh = 각섬석화강암, Ghy = 편마암류	
	c. 우백암	Lc = 반화강암, 사장암	
V. 경상계(중생대)	a. 하부	sdm(No.5)=백운모사암,	
		ms(No.4)=회색 이화암 및 사암	
	b. 상부	ml(No.3)=적색 및 녹색 이회암	
		sh(No.2)=셰일	
		Pb(No.1)=반암 및 각력암	
VI. 규장반암 및 동종 암석	a. 규장반암	Qp=석영반암	Gpf=규장반암
			Gpb=각력암
	b. 마산암	신화강암	Gm=마산암
	c. 문상마산암		
VII. 제3기층		t=제3기층	
VIII. 홍적층과 최근 분출암		Ah=각섬석안산암	
IX. 충적층		r=현세층	

도판 XXXV.

제2차 횡단여행 : 목포-부산 지질단면

I. 기저 편마암	a. 봉계 편마암	Gnp=준편마암
	b. 동창 편마안	Gnp=준편마암
II. 강진 운모편암	a. 강진 운모편암	Qss=견운모석영편암
	b. 물거실 운모편암	Ph=천매암
III. 천매암질 편암(중생대 변성암)	a. 동복 복합체	Ph=천매암
	b. 무안 복합체	Ph=천매암
	c. 전주 복합체	Ph=천매암
	d. 군산 복합체	Ph=천매암
IV. 대화강암질암류통	a. 고화강암	Gno=정편마암, Gnn=안구편마암, G=화강암, Gmy=압쇄화강암
	b. 우흑암	Gh = 각섬석화강암, Ghy = 편마암류
	c. 우백암	Lc = 반화강암, 사장암
V. 경상계(중생대)	a. 하부	sdm(No.5)=백운모사암, ms(No.4)=회색 이화암 및 사암
	b. 상부	ml(No.3)=적색 및 녹색 이회암
		sh(No.2)=셰일
		Pb(No.1)=반암 및 각력암

VI. 규장반암 및 동종 암석	a. 규장반암	Qp=석영반암	Gpf=규장반암
			Gpb=각력암
	b. 마산암 / c. 문상마산암 (신화강암)	Gm=마산암	

VII. 제3기층		t=제3기층
VIII. 홍적층과 최근 분출암		Ah=각섬석안산암
IX. 충적층		r=현세층

도판 XXXVI.

조선 남부의 지질도. 남서 해안에 있는 도서들의 지명이 현재와 달라 원본의 지명 뒤 괄호 속에 현재의 지명을 부기하였다. - 역자 주.

조선산맥론

1

서론

   조선은 동아시아의 이탈리아이다. 이탈리아가 아드리아 해와 지중해 사이를 비집고 나오듯이, 조선은 만주 본토로부터 남쪽으로 황해의 막다른 골목과 동해* 사이로 뻗어 있다.

   조선 반도의 북쪽과 북서쪽은, 확연히 구분되는 지형지물인 동서 방향의 장백산맥 그리고 압록강[1]과 두만강에 의해 배수되는 남쪽으로 누운 분지로 경계를 이루고 있다. 이는 이탈리아 반도가 알프스 산맥과 포 강 평원에 의해 북쪽과 구분되는 것과 마찬가지이다.

   두 반도 모두 위도 폭이 10도 가량 된다. 즉, 조선은 북위 33도에서 43도 사이이고, 이탈리아는 36.5도에서 46.5도 사이에 펼쳐져 있다. 이처럼 두 반도는 온대지방의 거의 같은 위도대에 위치하고 있어, 너무

---

* 저자는 원문에서 동해를 일본해로 표기하고 있다. 이 책은 그의 책 번역본이라 일본해로 하는 것이 올바른 표현이라 생각한다. 하지만 독자들의 괜한 오해가 염려되어 동해로 번역하였음을 밝혀 둔다. − 역자 주.

1) 한자로 압록강(鴨綠江)이란 강물의 색이 오리 목의 색과 유사하다고 해서 지어진 이름이다. 조선어로 강(江)이란 큰 하천을, 천(川), 물 혹은 내(水)는 작은 하천을 의미한다.

습하지도 너무 건조하지도 않는 적당한 4계절의 기후를 누리고 있다. 이들 두 반도에는 아주 오래된 고대 문화를 물려받은 사람들이 살고 있다.

하지만 이들 두 반도는 일반적인 외양이 비슷한데 반해, 여러 부문, 특히 내부 지질 요소나 구조, 그리고 외부 지형에 있어서 다른 점이 많다. 이탈리아에는 최근의 지층이 드물지 않은 반면, 조선의 대부분은 시생대와 고생대 지층으로 이루어져 있다. 두 반도 모두 동쪽으로 약간 휘어져 있으나, 조선은 동해 쪽이 산지이고 황해 쪽으로는 아주 평탄한 반면 이탈리아는 중앙을 아펜니노 산맥이 달리고 있다.

"은둔의 땅(Land of the Hermit Nation)"이라고 그리피스(W. E. Griffis)가 적절하게 이름 지었듯이, 아시아의 이탈리아인 이 나라는 아주 오랜 기간 동안 다른 세계로부터 격리되어 있었고, 심지어 아주 오랜 이웃인 중국인과 일본인마저도 자국 내로 들어오는 것을 엄격하게 그리고 경계에 찬 눈으로 막아 왔다. 8개의 자유항과 2개의 내륙 도시를 제외하고는 모든 점에서 지구상 유일한 미지의 땅(terra incognita)이다. 이들 항구와 도시에는 20,000명 이상의 일본인과 외국인들이 자신의 생활방식을 유지하며 살고 있지만 이곳에서 몇 킬로미터만 내륙으로 들어가면 무엇이 있는지 전혀 알려져 있지 않다. 결국 지금까지 단지 몇 명의 서구인들이 이 나라를 여행하면서 토지와 사람들에 대해 연구하였을 뿐이다. 최근 나는 이곳에서 1900~1901년 그리고 1901~1902년 두 차례에 걸쳐 겨울 여행을 하면서 14개월을 보냈다. 나는 6명의 대원과 4마리의 조랑말로 이루어진 원정대를 이끌고 266일을 여행했는데, 하루에 거의 20km를 이동하면서 총 6,300km, 1,575리를 돌아다녔다. 첨부된 지도에서 보듯이, 조선 반도를 가로질러 서쪽 해안에서 동쪽 해안으로 다시 동쪽 해안에서 서쪽 해안으로 거의 같은 거리를 이동했다. 그 결과 이 나라의 일반적인 지형과 지질에 대해 알게 되었다. 이는 나의 두 번에 걸친 여행의 주요 관심사였다.

잘 알려져 있듯이, 이탈리아의 외양은 구두를 닮았다. 조선의 외양은 서 있는 토끼를 닮았다고 하는데, 전라도[2]는 뒷다리, 충청도는 앞다리, 황해도와 평안도는 머리, 함경도는 비례에 맞지 않는 커다란 귀, 마지막으로 강원도와 경상도[3]는 어깨와 등에 해당된다.

조선 사람들은 자기 나라의 외양에 대해 나름의 가공적인 형상을 갖고 있다. 그들이 상상하는 형상은 노인[4]의 그것으로, 나이가 들어 허리는 구부정하고 중국에 부자의 예를 표하는 태도로 팔을 접고 있다. 그들은 자신의 나라가 당연히 중국의 속방이라 생각하고 있으며, 이러한 인식은 1894~1895년 청일전쟁 이래 사라지긴 했지만 양반들의 마음속 깊이 자리잡고 있다.

조선에 관해서는 이미 직간접적인 관찰을 근거로 많은 저작들이 간행되었다. 하지만 일반적으로 거의 모든 저작물들은 외부 지세에 드러난 내부 구조를 바탕으로 어떠한 원리에 입각하여 설명하는 대신 느슨하게 지형지물에 대해서만 설명하고 있다. 내 연구와 관련하여 이름을

---

2) 조선 반도는 8개 도로 이루어져 있는데, 황해도, 평안도, 함경도, 강원도, 경기도, 충청도, 전라도, 경상도가 그것이다. 여기서 마지막 세 도를 합쳐서 삼남이라 부른다.

3) 조선 지명에서 s 다음에 오는 y는 묵음이다; 고토는 경상도를 Kyöng-syang Do로 표기하였다. – 역자 주.

4) 의심할 바 없이 조선은 지질학적으로 아주 오래 된 땅이다. 따라서 나는 종종 이 사실을 언급할 것이다.

언급할 만한 사람이 둘 있는데, 리히트호펜(v. Richthoifen)과 고체(Dr. C. Gottsche) 박사가 그들이다. 이들의 저작은 대단히 중요하다. 왜냐하면 조선 반도의 지리와 지질에 대한 일반적인 아이디어를 내게 제공해 주었기 때문이다.

고체 박사[5]는 중요한 산맥에 관해 언급하면서, 자신의 개인적 관찰을 근거로 산맥이 동해안을 따라 달리고 있다고 주장했다. 북쪽의 경우 산맥은 남서-북동 방향(향산맥의 일부)[6]으로 달리고, 중부에서는 북북서-남남동(태백산맥) 방향으로 달리며, 남쪽에서는 북동-남서(소백산맥) 방향으로 달리고 있다. 반도의 북서부에는 압록강의 유로를 오락가락하게 만든 독립된 산맥들이 자오선 방향으로 달리고 있다. 일반적으로 지질축은 산맥들의 축과 일치한다. 이러한 일반적인 법칙에 한 가지 예외가 있다면 반도의 축과 직각 방향으로 황해도를 횡단하는 작은 산맥인 멸악산맥이 그것이다. 이들 산맥들은 두 가지의 습곡 시스템에 의해 형성되었으며, 이들 산맥의 고도는 결코 1,500m를 넘지 않는다. 일반적으로 이 나라는 광활한 저산성 산지로, 대지나 평원의 특성 어디에도 미치지 못한다. 앞으로 계속 확인되겠지만, 고체는 지세의 기본 요소에 관한 한 핵심을 제대로 파악한 것 같다.

리히트호펜[7]은 1881년에 이미 한 장의 지도를 살펴보고는, 조선 산맥의 두 가지 시스템에 대해 언급한 바 있다. "랴오둥 축 방향에 직각으

---

5) "Geologische Skizze von Korea." Sitzungsberichte der Kön. Press. Akad. der Wissenschaften zu Berlin, XXXVI, Berlin, 1886.

6) san 혹은 뫼(山)는 산맥을 의미한다; 본문에서 향산맥(the Hyang-san)은 묘향산맥을 말한다. - 역자 주.

7) China. II. S. 131.

로 바다 쪽으로 튀어나온 기다란 팔 모양의 땅이 조선 반도를 이루고 있다. 조선 반도는 북서쪽 귀퉁이에서 대륙과 연결되어 있는데, 이곳은 조선 반도에서 그 폭이 가장 넓고 압록강과 두만강이라는 두 개의 강을 통해 배수되며 조선 전체의 거의 반(북쪽)을 규정하는 특별한 개성을 지닌 땅이 이곳부터 시작된다. 만약 하계망과 하천 유로의 갑작스런 방향 전환을 근거로 산맥을 재구성해야 한다면, 산맥 중에서 가장 두드러진 것은 의심할 여지없이 장백산맥[8]이다. 이 산맥은 랴오둥 축, 다시 말해 서남서–동북동 방향의 연장선상에 있다.

이 산맥은 조선 반도 나머지 산맥들과는 완전히 다르다. 그는 고도가 높은 동쪽 해안의 북북서–남남동 방향에 근거해, 압록강의 마오얼 산 (혹은 산맥)[9] 굴곡부는 넌장(嫩江, Nen River)과 숭화장(松花江, Sungari River) 유역 내부 깊숙이까지 이어진 것처럼 보이는 해안산맥 의 연장에 그 원인이 있다고 판단했다. 산동 편마암에 이러한 초기 주향방향이 있음은 산맥의 형상에서 어느 정도 확인할 수 있으나, 후기에는 서남서–동북동 방향의 습곡축이 우세하다.

---

8) 조선과 만주의 국경지대에 있는 이 신성한 산맥의 이름에 대해 일부 혼돈이 있는 것 같다. 만주사람들은 歌爾民商堅阿隣이라고 한다. 중국 고전에서는 長白山, 徒太山, 白山이라고 한다. 오늘날 만주 쪽 사람들은 老大山, 혹은 朆隣山이라고 한다. 한편 조선 측 사람들은 장백산맥, 포태산맥, 태백산맥이라 한다. 이들 이름이 의미한 바는 모두 비슷한데, 흰 산맥 혹은 희고 긴 산맥을 말한다. 조선 측도 마찬가지지만 만주 쪽 사람들 공히 긴 산맥과 그 산맥의 정점에 있는 화산을 구분하지 않는다.
나는 조선 측에서 국경 산맥을 찾아 설명하고 있는데, 산맥 자체는 장백산, 화산은 백두산으로 불리고 있다. 함경도 북쪽에는 또 다른 장백산이 있음을 알아야 하며, 접두어 소(작은)를 붙여 구분한다. 웨글러(Wägler, *Die geographische Verbreitung der Vulkane*, 1901, S. 25.)는 크라머(Krahmer, *Russland in Asien*, Ⅳ)가 화산에 대해 백산(Paischan) 대신 백두산(Pei-to-san)이라 했다고 밝힌 바 있다. 전자는 중국어이고 후자는 조선어이다. 이러한 지적은 혼란만 더욱 가중시킬 뿐이다.
9) 帽兒山(모아산), 중국의 군사기지.

리히트호펜은 중국, 특히 산둥 지방에 대한 폭넓은 경험을 바탕으로 이러한 주요 지질구조선을 인지할 수 있었다. 나는 감히 이를 중국방향에 대비해서 조선방향이라 지칭하고자 한다. 조선방향에 대해서는 나중에 다시 부언할 예정이다.

이전에 중국에는 훌륭한 지리학자가 많았고, 그에 필적할 만한 지리학자가 1세기 전 조선에도 있었다. 조선팔역지[10]에서 말하길, "곤륜산계에서 대사막 남쪽을 지나 동쪽으로 뻗어 의무려산[11]으로 이어지며 이것이 바로 음산[12] 산맥이다. 이 산맥은 여기서 요동 평야에 의해 끊기지만 다시 솟아 백두산으로 이어진다. 불교 저작물인 산해경[13]에서는 이 산을 불함산[14]이라 한다. 백두산으로부터 북쪽으로 갈라진 지맥은 영고탑으로 이어지는 반면 오른편 지맥은 남쪽으로 뻗어 조선 산맥이 된다."

"이 조선 산맥은 앞에서 언급한 조선 사람들의 신성한 성지이자 요람인 백두산에서 시작되어 함경도 북쪽에 있는 해안 산맥인 소장백산[15]으로 이어진다. 이 산맥은 자유항인 성진에서 남서쪽으로 방향을 돌려 계속 해안을 따라가다가 함흥에서 남쪽으로 방향을 틀어 원산의 철령,[16] 금강산,[17] 경상도 북쪽 끝에 있는 태백산[18]으로 이어지는 산맥과 연결

---

10) 이 책의 저자는 이중환이다.
11) 醫巫閭山(의무려산).
12) 陰山(음산).
13) 山海經(산해경).
14) 不咸山(불함산).
15) 小長白山(소장백산).
16) 鐵嶺(철령).
17) 金剛山(금강산).
18) 太白山(태백산).

된다. 태백산맥은 해안을 따라 남쪽을 향해 직선으로 이어지다가, 일반적으로 소백산맥이라 불리는 산지가 남서쪽으로 가지를 치는데, 북서쪽으로 충청도와 경계를 이룬다. 주능선을 따라 덕유산[19]에 이르면 다시 남서쪽으로 새로운 지맥이 뻗어 전라도를 비스듬히 가르면서 해남까지 이어진다. 이 산맥은 다시 전라도 남쪽 해안에서 멀리 떨어진 제주도에서 마지막으로 솟구친다."

"따라서 동해안을 따라 달리는 주능선은 분명히 구분되는 분수계의 역할을 하므로, 대부분의 큰 강들은 황해로 이어지고, 일부 짧고 급경사인 하천들이 동해(본문에서는 벽해, 청해라 했고 괄호 속에 일본해로 부기했다 – 역자 주)로 흐른다. 그러나 태백산맥과 소백산맥 사이에 있는 지역은 낙동강[20]과 섬진강[21]에 의해 남해로 배수된다."

위에서 언급한 조선 지리학자의 주장은 대개 정확하다. 만약 리히트호펜이 고 하센슈타인(Hassenstein)의 조선지도[22]와 함께 내 글을 읽었다면, 동아시아에 대한 자신의 폭넓은 경험과 깊은 지식을 바탕으로 자신의 저서 『중국』(China) 혹은 「동아시아의 지형학적 연구」(Morphologischen Studien aus Ostasien)에서 조선 반도에 대해 보다 정확한 산악지를 쓸 수 있었을 것이라는 사실에는 의심의 여지가 없다.

---

19) 德裕山(덕유산).
20) 洛東江(낙동강).
21) 蟾津江(섬진강).
22) *Petermann's Geographische Mittheilungen.* Jarhgang, 1883, Tafel 10.

2

조선의 북부와 남부

본론으로 들어가기 전에 무엇보다도 남북 두 지역에 대한 이야기를 해야겠다. 만약 북동쪽에 있는 동한만(브라우튼 만)에서 제물포[1] 근처의 강화만[2]까지 반도를 가로질러 비스듬히 선을 긋는다면, 상상 속 토끼의 목과 거의 일치할 것이며 거의 정확하게 반도[3]를 이분하는 선이 될 것이다. 이 선의 북서쪽에 있는 절반은 함경도, 평안도, 황해도 세 부분으로 이루어져 있다. 반면에 남동쪽의 절반은 나머지 경기도, 강원도, 충청도, 전라도, 경상도 다섯 부분으로 이루어져 있다. 나는 전자를 조선 북부, 후자를 조선 남부로 칭하려 한다.* 이 경계선은 설명 목적에도 부합될 뿐만 아니라 거의 자연 경계이기도 하다.

첫째, 이 남북 경계선은 역사 발전의 경계이다. 북쪽은 기자[4]에 의해

---

* 북조선과 남조선이 더 어울리는 용어일 수 있으나 여러 가지 혼돈을 자아낼 수 있어 포기했다. – 역자주.
1) 濟物浦(제물포).
2) 江華灣(강화만).
3) 한반도의 면적은 218,650km²이다. 이탈리아, 일본, 만주와 비교해보면, 1 : 1.3, 1.7, 4.3 정도이다.
4) 箕子(기자).

세워진(BC 2317) 중국 기원의 가장 오래된 왕조인 기자조선의 땅이다. 기자조선은 두 번째 조선인 위씨[5] 왕조(BC 209~107)에 의해 계승되었다. 이 지역은 한동안 중국의 한나라에 병합되었으나, 고구려(BC 36~AD 672)[6]라 불리는 부여[7]족 침입자의 손에 떨어졌다. 이들 왕국은 반도의 북쪽과 만주 일부에서 흥망성쇠를 보여 주었고, 최대 판도 시 남쪽 국경은 한강이었다. 이 강은 경기도의 중심을 지나며, 현재 수도 서울(한성)[8]도 한강 변에 위치해 있다.

간략히 말해 북쪽은 전기 조선인 반면 그 당시의 남쪽에 대해서는 아는 바가 없다. 그 이후 남쪽에서는 BC 209년경에 진한,[9] 변한,[10] 마한[11]으로 이루어진 삼한이 등장한다. 전자의 둘로부터 경상도에서 신라(BC 57~AD 936)[12]가, 마지막으로부터 백제[13]가 등장한다.

반도 전체가 고려[14] 혹은 코리아(918~1392)라는 국가로 통일된 것은 비교적 최근의 일이며, 현재 이씨 왕조인 후기 조선으로 다시 대체되었다. 새로운 왕조의 등장과 함께 나라의 이름도 달라지는데, 이는 중국의 경우와 매한가지이다. 이씨 왕조 500년은 1898년에 끝나며, 그 이래

---

5) 衛氏(위씨).
6) 高句麗(고구려).
7) 扶餘(부여).
8) 漢城(徐菀)[한성(서울)].
9) 辰韓(진한). 1897년 판 Gale의 한영사전(*Korean-English Dictionary*)에는 죄한으로 되어 있다.
10) 辨韓(변한).
11) 馬韓(마한).
12) 新羅(신라).
13) 百濟(백제).
14) 高麗(고려).

조선 반도는 대한[15]이라는 이름으로 바뀌었다.

둘째, 남북 경계선은 육지의 고도가 가장 낮은 곳이다. 그래서 동해로부터 반대편 해안까지 이르는 쉬운 고개는 바로 이곳에 있다. 자유항원산에서 서울을 거쳐 제물포에 이르는 유일한 고개가 철령[16]과 추가령[17]이며, 전자는 후자의 동쪽에 위치해 있고 둘 모두 원산에서 멀지 않다. 우리는 내륙을 통과하기 위해서 둘 중 하나를 선택해야만 한다. 소위 추가령 길은 독특한 지형적 특성을 지니고 있다. 그것은 지질 주향을 비스듬히 자르는 열곡 혹은 지구대이다. 서울 남산 정상에서 동쪽을 바라다보면 우리를 향해 단애면을 내민 급경사의 산지를 볼 수 있다. 이 산지는 금강[18] 하구에서 원산항 입구까지 달린다. 서울에서 12km 떨어진 이 산지 가장자리에 난공불락의 광주[19]산성(남한산성을 의미한다. ─ 역자 주)이 위치해 있다. 나는 이를 광주산맥이라 부르고자 한다. 또 다른 산맥은 마식령[20]에서 출발하며 임진강[21] 입구에서 낮아진다. 이 고개는 원산과 평양 사이에 위치한 가장 높은 고개로 그 높이는 해발 1,020m에 달한다(두 번째로 높은 고개는 아호비령으로 해발 760m이다). 마식령산맥의 단층애는 동쪽을 바라보는데, 광주산맥의 그것과 한 쌍을 이루면서 트렌치 단층(trench-fault)을 이루고 있다. 제3기 말에 대

---

15) 大韓(대한).
16) 鐵嶺(철령). 영(嶺), 고개, 현(峴)은 대개 지명 앞에 붙여 산지의 고개를 의미한다.
17) 竹駕嶺(죽가령).
18) 錦江(금강).
19) 廣州(광주).
20) 馬息嶺(마식령).
21) 臨津江(임진강).

규모로 현무암이 분출하여 그 바닥을 메웠으며, 오늘날 철원[22]이라는 불모의 평원을 이루었다. 철원이란 지명은 마그마와 자철석이 약간 비슷한데서 기원한 것 같다. 추가령 길은 이 용암대지를 따라 종종 협곡과 같은 하곡을 건너면서 점차 고도가 높아지다가, 앞서 언급한 고개에서 원산 쪽으로 갑자기 낮아진다. 이 고개는 현무암 메사(mesa)의 가장자리이며 두 도(강원도와 함경도 – 역자 주)의 경계이다.

셋째, 남북 경계선은 개략적으로 기후 경계선과 일치한다. 기후적인 면에서 조선 북부는 만주고, 남부는 일본이다. 북부 해안은 12월부터 시작해 3개월 동안 결빙되며, 황해도 남쪽 해안마저도 내가 해주[23]에서 보았듯이 결빙된다. 하지만 이곳에서 멀지 않은 제물포는 결코 결빙되는 일이 없다. 한편 함경도 해안은 두만강 하구까지도 상대적으로 따뜻하다. 이 해안은 일 년 내내 열려 있다. 내가 여행하는 동안 며칠 따뜻했는데, 그 당시 기온은 −5℃까지 올라갔다. 겨울 3개월 동안 맨 땅을 볼 수 없었고, 우리 원정대는 특히 압록강에서 대개 신설로 덮인 채 매끈하게 꽁꽁 언 강을 건넜다. 오전 6시의 평안도 북쪽 평균기온은 −20℃였다.

이와는 대조적인 기후가 조선 남부에서 나타난다. 1900~1901년 겨울철에 이 지역을 여행했기 때문에 비교가 가능하다. 내륙의 산 정상에는 12월부터 2월까지 눈이 덮여 있지만, 하천은 단지 며칠만 결빙된다. 북동−남서, 소위 중국 방향으로 달리는 산맥(소백산맥, 노령

---

22) 鐵原(철원).
23) 海州(해주).

산맥)들을 가로질러 남동쪽으로 향하면 기온은 점차 따뜻해진다. 따라서 부산[24]의 아주 온화한 기후는 바다 건너 일본 북 규슈의 그것과 비슷할 정도이다.

넷째, 지세로 보아 북부는 산악지대이다. 장백산맥과 청천강 하구와 함흥을 이은 선 사이의 대지가 바로 개마[25]고원이다. 개마고원은 평안도의 북쪽 반과 함경도의 북쪽 반(서부 및 동부 개마)을 차지하고 있다. 함경도 부분은 평균고도가 1,000m이고, 평안도 부분은 600m이다. 개마고원은 대싱안링산맥 및 내몽고와 바로 비교할 수 있다. 한편 조선 남부에는 평야가 점점이 흩어져 있는 구릉들이 많다.

다섯째, 기후 및 산지의 조건 덕분에 남부는 부유하고 비옥하며, 이 나라의 주곡인 쌀을 생산하면서 조선 반도의 곡창 구실을 한다. 가계 경제에서 중요한 구실을 하는 다양한 종류의 키 큰 대나무는 단지 남쪽에서만 자란다. 대나무의 북방한계선은 일본 동백나무(*Camellia Japonica*)의 그것과 일치하며, 자유항 군산에서 강원도 남쪽 끝에 있는 울진을 잇는 비스듬한 선과도 일치한다.

여섯째, 주민들의 체격과 기질에서 남북은 다르다. 조선 속담에 남쪽 남자와 북쪽 여자라는 의미의 "남남북녀"라는 말이 있다. 남쪽 남자와 북쪽 여자는 남쪽 여자와 북쪽 남자에 비해 외견상 더 매력적이라는 것을 의미한다. 남쪽 사람들은 쾌활하고 교활한 반면, 북쪽 사람들은 과묵하고 고집이 세다.

---

24) 1년 중 가장 더운 달인 8월의 평균기온은 29℃이고, 가장 추운 달인 1월의 평균기온은 7℃이다. 연평균기온은 16.9℃이고, 눈은 1년에 단지 한번 정도 내린다.
25) 蓋馬(개마)는 고려 왕조 이전에 중국의 성 가운데 하나였다.

3

산맥론

다른 지역과 마찬가지로 조선 지세의 근본적인 특징은 내부 지질구조의 결과이다. 실제로 조선 반도는 중국과 랴오둥, 두 방향 간 지반운동(earth movement)의 전쟁터였다. 이미 언급한 바 있는, 용암으로 덮인 추가령 열곡 남쪽의 지각–습곡축 방향은 주로 북북동–남남서의 중국방향이다. 최북단(개마고원)의 습곡산맥은 서남서–동북동의 랴오둥 방향을 달린다. 지반운동의 결과 화강편마암의 중심부와 그 아래 일반편마암과 운모편암으로 된 맨틀이 습곡을 받았다. 조선 남부의 핵심은 전라도와 경상도의 경계부에 위치한 쐐기 모양의 지리산 지괴이다. 또한 조선 북부의 핵심은 쐐기 모양의 개마고원 지괴이다. 이들 중국 및 랴오둥 방향의 지괴는 그것 아래에 있는 맨틀과 함께 쐐기의 정점에서 서로 만나, 함경도 북동쪽에서 우위를 차지하기 위해 서로 경쟁하였다. 그 결과 이들 사이에 고도가 낮은 쐐기 모양의 제3의 중립지대가 생겨났다.

따라서 조선 반도는 산악론의 관점에서 3개의 거대한 쐐기로 나눌 수

있다. 조선 남부 전체를 아우르는 남쪽은 삼한의 옛 땅이다. 조선 북부
는 다시 개마고원과 고조선의 옛 영토인 중간 쐐기로 나눌 수 있다.

계속해서 나는 세 번째 요소에 대해 언급해야 할 것 같다. 이 지반운
동은 습곡을 일으킨 것이 아니라, 지각을 끊고 이동시키면서 경동지형
을 만들어 놓았다. 주 능선은 동해를 따라 북북서-남남동 방향으로 달
리며, 고도가 높은 단애면은 수심이 깊은 해안 쪽을 향해 있다. 상대적
으로 최근에 발생한 이 지각변동에 의해 큰 산맥이 만들어졌으며, 이
산맥들이 분수령을 이루면서 현재의 지형을 결정지었다. 조선 반도의
외양은 거의 대부분 이 지질학적 사건에서 비롯되었다. 나는 이들 지
괴-능선(block-edge)들을 총칭하여 조선 산맥이라 부른다.

이러한 일반적인 틀 속에서, 이제부터 보다 상세히 설명하고자 한다.

A. 한 지역[1]

조선 남부는 삼한(BC 209~57)의 땅으로, 작은 왕국들은 정치적 패권
을 위해 끊임없이 전쟁을 치르면서 대단히 고통스럽고 한시적인 왕조
의 명운을 이어 갔다. 진한(수도 경주)과 변한(수도 김해)은 현재의 경상

---

[1] 여기서 한 지역(Han-land) 혹은 삼한이란 초기의 삼한, 즉 마한(馬韓), 변한(弁韓), 진한(辰韓)을 의미
한다. 나중에 만들어진 후기 삼한이 있음을 명심해야 한다. 그들이 신라(新羅), 백제(百濟), 고구려(高
句麗)인데, 고구려는 남만주 일부 이외에 조선 북부 전체를 지배하였다. 또한 부여족의 고구려(高句
麗)와 고려(高麗)를 혼돈하지 않도록 독자들은 주의하기 바란다. 이들은 조선 북부에 존재했던 아주
다른 왕조이며, 전자가 더 이전의 것이다. 혼돈을 피하기 위해 고구려가 아니라 구려(BC 36~AD 672)
라고 부르는 것이 좋을 것 같다. 고려(918~1392)에서 현재의 유럽식 이름인 코리아가 나왔다.

도를 차지하고 있었고, 그들로부터 나중에 신라(수도 경주, BC 57~ AD 926)가 생겨난다. 마한(수도 익산)은 전라도, 충청도, 경기도 일부에서 시작되어 신라의 라이벌인 백제(수도 직산, 공주, 오늘날 서울, 웅진, 부여, BC 17~AD 660)[2]로 발전한다. 경상도와 서쪽 두 도 사이의 자연적 경계는 소백산맥이며, 폐허로 변한 그들의 성들이 아직도 고개 발치에 남아 있다. 이제 산악론으로 돌아가 보자.

a. 중국 시스템

자유항 목포에서 출발하여 영산강을 따라 북동쪽으로 나주,[3] 광주,[4] 담양,[5] 순창[6]평야를 지나, 다시 북쪽으로 방향을 틀어 전주[7] 평야와 공주[8] 그리고 금강[9]을 건너 아산[10] 평야를 지나면 서울에 이른다. 이 경로는 가장 부유하고 인구가 많은 지역을 지난다. 그뿐만 아니라 이 여정에서는 두 개의 산맥을 횡단하게 된다.

a) 첫 번째 산맥은 순창과 상위 행정도시인 전주 사이에 있는 노령[11]

---

2) 이들 간의 투쟁이 바로, 이들 경쟁자 중 하나로부터 군사원조를 해달라는 간곡한 요청에 부응하여 일본이 오래 전부터 조선과 관계를 맺게 된 원인이다. 반면 조선 사람들은 일본에 중국 문명을 소개했다.
3) 羅州(나주).
4) 光州(광주).
5) 潭陽(담양).
6) 淳昌(순창).
7) 全州(전주).
8) 公州(공주).
9) 錦江(금강).
10) 牙山(아산).
11) 蘆嶺(노령).

산맥이다. 남원[12]–전주간 도로는 이보다 약간 동쪽인 만마관[13]에서 노령산맥을 지난다. 이 산맥은 일반 편마암, 화강편마암, 운모편암으로 된 습곡산맥으로, 습곡축은 남서–북동 방향이다. 나는 이것을 중국 남부 푸젠 성(福建省)과 그 주변 성들에서 볼 수 있는 전형적인 습곡인 중국 시스템의 일부라고 판단한다. 펌펠리(Pumpelly)[14]는 "광둥 성(廣東省) 부근에서 저우산 군도(舟山 群島)를 지나는 선은 (중국) 해안산맥의 주 방향을 나타내며, 이를 북동쪽으로 연장하면 조선 반도의 남쪽 끝에서 만난다."라고 주장한 바 있다. 나는 널리 알려진 그의 주장을 단지 확증해 줄 수밖에 없다. 조선에 관한 근대적 저술에서 이에 관한 펌펠리의 견해가 잊힌 것은 아주 주목할 만한 일이다.

노령산맥은 목포 해안을 벗어나 쌍자군도[15]에서 다시 나타나는데, 여기서도 여전히 섬들의 형태가 노령산맥과의 연계를 잘 드러내고 있다. 쌍자군도에 속한 개별 섬이나 모든 섬들이 해수면에 돌출한 상어 이빨 모양을 하고 있으며, 이들은 집단적으로 중국 방향으로 배열되어 있다. 노령산맥은 3개 도의 경계에 있는 추풍령[16] 고개에 도달할 때까지 급사면을 북서쪽으로 향한 채 북동쪽으로 달린다. 계획 중인 경부선 철도는 이곳에서 최고점(단지 200m)을 지난다. 노령산맥은 경상도에 이르면 소백산맥[17]에 의해 단절된다. 소백산맥의 경동 산릉(tilted edge)은 북

---

12) 南原(남원).

13) 萬馬關(만마관) .

14) *Geological Researches in China, Mongolia, and Japan*. Smithsonian Contribution to Knowledge, 1866. p.2.

15) 雙子叢島(쌍자총도).

16) 秋豊嶺(추풍령).

북동–남남서 방향으로 노령산맥과 비스듬히 달리면서 남쪽으로는 지리산 지괴에서 정점을 이루고 강원도 남부 강릉[18] 해안 부근에서 끝난다. 이 소백산맥은 조선 남부에서 가장 중요한 지형 요소들 중에서 하나이며, 경상도와 충청도 그리고 경상도와 전라도의 경계가 된다.

초기 노령산맥 습곡은 경상계[19] 아래 묻혀 있고 거대한 화강암 저반(병반?)에 의해 관입을 받았지만, 강원도 남쪽 끝인 울진[20]에서 원래의 주향 방향을 계속 유지한 채 다시 나타난다. 보통 태백산[21] 지역이라 불리는 이 화강암 지역의 넓이는 약 4,000km² 가량 된다. 이곳은 나무가 없는 불모의 땅으로, 페름–삼첩기 이후의 흑운모화강암이 대기 요소들의 작용에 의해 급속하게 풍화를 받아 붕괴되고 있고, 침식기준면을 향해 거의 준평원화되었다. 조선의 전체적인 인상은 섬뜩하며 사막과 같다. 파랑상의 벌거벗은 언덕들이 복잡하게 얽혀 있고, 평평한 계곡 바닥은 퍼석퍼석한 모래로 메워져 있다. 지표는 건조하고 식생이 없다. 이곳이 남부의 중심지역이다. 지금 우리들이 경상도의 한 복판에 있지만 내 기압계로는 이 지점의 고도가 150m 밖에 안 되고 조금만 서쪽으로 가면 60m에 불과하다. 문경[22]에서 낙동강 하구까지 200km나 되지만 고도차는 단지 60m에 지나지 않는다. 따라서 이 지역은 삭박에 의해 형성된 와지이다. 나는 이 이후에도 조선의 여러 곳에서 이러한 침

---

17) 小白山(소백산).
18) 江陵(강릉).
19) 아마 시기는 페름–삼첩기일 것이다.
20) 蔚珍(울진).
21) 太伯山(태백산).
22) 聞慶(문경).

식 와지(erosion hollow)를 보게 되는데, 항상 화강암 지역이다.

지금까지 보아 왔듯이 노령산맥은 습곡산맥으로, 조선 반도 전체에서 가장 오래되고 가장 남쪽에 있는 중국 시스템의 일부이다.

b) 전주[23]와 공주를 지나 금강을 건너 북쪽으로 서울로 향하면, 우리는 차령[24] 고개를 넘고 온양도[25]에 이른다. 넓은 의미로 이 산맥은 편마암 위를 운모편암이 덮고 있는 향사능(synclinal ridge)이다. 산맥은 대략 황해의 흑산군도[26]에서 시작하여 자유항 군산[27] 외해의 섬들을 지난다. 그 이후 충청도로 들어와 앞에서 언급한 차령 고개를 이루고 있다. 북동부에서는 거대한 괴상의 미정질화강암(microgranite)과 화강반암(granite-porphyry)의 관입으로 크게 교란되어 있다.

강원도의 중심부에서는 운모편암이 사라지고 대신에 화강편마암의 얇은 습곡층이 대신한다. 이 습곡층은 강릉과 고성[28] 사이의 대관령[29] 지역에서 날카롭게 단층을 이루지만, 원래 주향 방향을 계속해서 유지하고 있다. 나는 여기까지 추적한 습곡산맥을 전체적으로 차령산맥이라 부르며, 이 산맥은 북북동–남남서 방향을 달리고 있다. 이 산맥은 중국 시스템에 속하는 지질구조선 중에서 두 번째이다.

---

23) 지방명에 붙는 주(州)라는 음절은 항상 석벽으로 둘러싸인 최상위 행정도시를 의미한다.
24) 車嶺(차령).
25) 溫陽渡(온양도).
26) 黑山羣島(흑산총도).
27) 群山港(군산항).
28) 高城(고성).
29) 大關嶺(대관령).

이러한 총체적인 지질 복합체(complex)는 이미 언급한 바 있는 북서쪽을 향하고 있는 광주단층에 의해 비스듬히 잘려 있다.

노령산맥과 차령산맥 모두 중국 시스템에 속하는 오래된 습곡산맥이다. 너무나 오래된 습곡산맥이라 지금은 그루터기만 남고 거의 사라진 산맥이다. 이들 산맥이 여전히 분수계의 역할을 분명히 하고는 있지만, 지세적인 측면에서 산맥으로 인식되기는 어렵다.

b. 조선 시스템

내가 이미 부분적으로 다루었던 다른 요소가 바로 조선 시스템이다. 이 경우 지각변동의 결과는 습곡이 아니라 파열과 전위(rupture and dislocation)이다. 조선 시스템은 중국 시스템보다 약간 늦은, 그러니까 페름–삼첩기 이후에 나타났을 것으로 예상되기 때문에, 조선 남부뿐만 아니라 조선 반도 전체의 오늘날 지세, 그리고 지형뿐만 아니라 해안선에도 심대한 영향을 미쳤다. 우리는 조선 시스템 내에서 몇 가지 다양한 방향을 갖는 산맥들을 구분해야 할 것이다. 나는 이들 산맥 중에서 우선 가장 중요한 것부터 이야기를 풀어 갈까 한다.

a) 태백산맥

ⅰ. 중앙산맥 – 단층애가 동쪽을 향해있는 녹색 반암과 화강암으로 이루어진 남북 방향의 산맥이 낙동강[30] 하구에 있는 다대포진[31]에서 시

---

30) 洛東江(낙동강).

작하여 언양[32]과 경주[33]를 지나 청송[34]과 영양[35]에 이르며, 여기서는 호층을 이루고 있는 녹색 응회암과 적색 셰일로 바뀐다. 이 산맥은 영양 부근에서 화강편마암으로 이루어진 노령산맥과 만나고, 수목으로 덮여 있고 고생대 암석으로 이루어진 초승달 모양의 태백산[36](1,500m) 사길령[37] 부근에서 최고점에 이른다. 비록 높은 정상 자체는 우리들에게 특별히 환상적인 형상을 보여 주지 못하지만, 이 산의 이름은 모든 조선인들에게 알려져 있으며 숭배의 대상으로 간주되고 있다. 이제부터 나는 이 산맥을 태백산맥이라 부르려 한다.

소백산맥의 단층지괴는 태백산맥의 단층애와 마찬가지로 동쪽을 향하고 있으며, 이 단층지괴에 해당하는 삼척의 산악지대에서 태백산맥은 갑자기 끊어진다. 태백산맥은 이제 서쪽으로 약간 방향을 바꾸어 탑으로 널리 알려진 오대산을 지나 통천에 있는 그 유명한 금강산에서 무려 480km의 여정을 끝낸다. 장전만(이 글에서는 cove란 용어를 사용했는데, cove란 입구가 좁은 원형의 작은 만으로 실제 장전만 형상과 정확하게 일치한다. – 역자 주)과 통천 사이의 단애는 이 산맥의 비스듬한 단면을 제대로 보여 주고 있고, 바다 쪽에서 바라다보면 떨어져 나온 기괴한 형상의 화강암 덩어리들이 산맥의 원래 방향을 유지하고 있

---

31) 多大浦鎭(다대포진).
32) 彦陽(언양).
33) 청경고개(淸鏡峴)에서 200m까지 낮아진다.
34) 靑松(청송).
35) 英陽(영양).
36) 沙吉嶺(사길령).
37) 太白山(태백산).

다. 조선의 탐승객들은 이 해안을 자주 찾고, 전통 지리학자들은 이 섬들을 바다에 있는 금강산이라 하여 해금강이라 이름 지었다.

금강산(1,200m)은 커다란 화강암체로, 남북 방향으로 뻗어 있고 고생대 암석을 관입하였다. 이 산은 구불구불한 협곡 모양의 계곡에 의해 바닥까지 침식을 받아 깎아지른 듯한 절벽이 바닥까지 드리워져 있고 수없이 많은 기괴한 형상의 바위들이 꼭대기에 얹혀 있다. 따라서 일만이천봉[38]이라는 이름이 괜히 붙여진 것이 아니다. 계곡 바닥과 절벽에는 소나무, 잣나무, 단풍나무가 자라고 있고, 이 사이를 맑은 물이 수천 개의 폭포[39]를 이루며 흘러간다. 이곳에서는 신라시대 이후에 지어진 크고 작은 약 15개의 사찰들을 볼 수 있다. 이들 사찰 중에는 바위 위에 올려져 있는 것도 있고, 일부는 숲 속 깊숙이 들어앉아 속세와 인연을 끊은 스님이나 비구니의 안식처로 제공되기도 한다. 이곳은 조선의 요세미티로, 서양 사람들에게도 유명한 행락지이다.

ⅱ. 해안산맥 – 태백산맥은 실제로 그 구조에 있어 3가닥의 연맥으로 이루어져 있다. 지금까지 이야기해 온 것은 가운데에 있는 가장 높은 가닥이다. 첫 번째 가닥의 동쪽에 있으며 평행하게 달리는 또 다른 가닥이 있다. 이 가닥(해안산맥 – 역자 주)의 오른편 지괴가 해수면에 직접 이어진다는 점에서 첫 번째 가닥과 구조상 비슷하다. 바다에서 육지 쪽으로 보이는 급경사의 벽은 가장 동쪽에 있는 단층의 급애이다. 첫 번째와 두 번째 파열면(ruptured plane) 사이에 끼어 있는 지괴대는 대

---

38) 一萬二千峰(일만이천봉).
39) 萬瀑洞(만폭동) 혹은 만 개의 폭포.

개 내륙쪽으로 급하게 기울어져 있다.

세 번째 구조선은 이들 두 구조선의 서쪽을 평행하게 달리고 있는 것처럼 보인다. 이번에는 서쪽이 내려앉았고 그 결과 내륙을 향한 단애산릉(scarp-ridge)이 만들어졌다. 태백산맥은 지질학적 용어로 말해 계단단층(step-fault)으로 형성되었고, 전체는 지각 블럭(crust-block) 또는 지루(horst)에 해당된다. 이제부터 해안산맥에 대해 살펴보자.

해안산맥은 울산[40]만 부근 염포[41]로부터 동대산[42]이라는 이름으로 시작하며, 울산만은 리아스식 만이다. 부산항과 울산만 사이의 해안은 300년 전 히데요시 휘하의 왜군이 상륙했던 해안이다. 동대산과 그 북쪽의 연장선상에 있는 산들은 서쪽으로 기울어진 채 동쪽이 융기한 경동지괴이다. 그리고 이 산맥과 중앙산맥 사이에서 화강암 지역이 뚜렷이 나타난다. 녹색 암석 지역 내에 위치한 화강암만이 화강암 산지의 독특한 형태를 보여 준다. 또한 해안산맥은 밝은 색의 유문암과 여기에서 기원한 제3기 퇴적층과의 경계를 이룬다. 수심이 얕은 영일만[43]은 이러한 지질구조 내에 있다. 이 산맥은 영해[44]와 울진[45]을 지나 북쪽으로 이어진다. 십리현[46]과 널치[47]는 내륙 고원으로 연결되는 고개들이다.

해안 급애는 연안을 따라 강원도를 지나 멀리 고성까지 이어지고, 해

---

40) 蔚山(울산).
41) 鹽浦(염포).
42) 東大山(동대산).
43) 迎日灣(영일만).
44) 寧海(영해).
45) 蔚珍(울진).
46) 十里峴(십리현).
47) 廣峙(광치).

금강 부근의 장전만에서 끊어진다. 강릉 서쪽의 대관령 고개는 능선까지 오르막이다. 나는 해안산맥 전체를 이 이름(대관령)으로 내 일기장에 적는 버릇이 있었다. 그러나 해안산맥은 설악산[48]의 북쪽에서 낮아지고 앞에서 언급한 금강산에서 다시 높고 급해진다. 금강산의 해안 급애는 바로 이 산맥에 해당된다. 울산만과 장전만은 해안산맥 양쪽 끝에 있는 만이다. 항구가 없는 해안을 따라 산맥과 해안선 사이에 4~8km의 공간이 펼쳐져 있다. 400km에 달하는 이 기다란 띠는, 소백산맥의 바다 쪽 끝처럼 암석해안을 이루고 있는 삼척[49] 지역을 제외하고는, 고도가 낮은 구릉상의 해안평야이다.

강원도 북부 일부는 이전에 왜[50]의 땅 혹은 오랑캐[51]의 땅이라 불렸으며, 최근 들어 그 이름이 명주[52]로 바뀌었다. 조선 반도 어느 곳도, 가난하고 미천한 이곳만큼 과거 역사를 모르는 곳이 없다. 이는 단지 이 지역의 독특한 지리적 상황에서 비롯된 것이다. 내륙으로부터 해안지역으로 진입하는 쉽고도 유일한 길은 구미강[53]을 따라 나 있다. 이 강은 춘천부[54]에서 인제[55]를 지나는 한강의 최상류 지류이다.

iii. 내륙산맥 – 이 산맥은 태백산맥의 세 가닥 중 하나이고, 전위 경계선은 태백산맥의 서쪽 경계이며 서쪽 사면은 아주 낮은 고도까지 내

---

48) 雪岳山(설악산).
49) 三陟(삼척).
50) 倭國(왜국).
51) 조선 사람들은 야만인을 오랑캐라 부른다.
52) 溟州(명주).
53) 九梶江(구미강).
54) 春川府(춘천부).
55) 麟蹄(인제).

려간다. 이 경계선은 대략 경상도의 중앙을 관통하고 있으며, 경상도의 경계에 있는 소위 소백산맥이 서쪽 분수계를 이루면서 남북 방향의 낙동강 유역분지를 만들어 놓았다. 단애는 해안산맥의 경우와 마찬가지로 계단상 경관에 별다른 영향을 주지 않았지만, 나는 300m 고도의 내륙 고원을 횡단하는 동안 칼로 자른 듯 한 능선들을 많이 봤던 것으로 기억하고 있다.

내륙산맥은 남해안의 군도 중에서 거제도[56]에서 시작되어 웅천[57]의 천자봉[58]까지 해협을 지난 후, 삼랑진[59]에서 방향이 바뀐 낙동강의 유로를 건너뛴다. 그 후 밀양[60]과 자인[61] 옆을 거쳐 하양[62]과 의성[63]을 지난다. 의성에서 분명한 전위를 확인할 수 있는 녹색 응회암과 적색 세일로 된 고도는 낮지만 날카로운 산맥을 확인할 수 있었다. 이 산맥은 화강암으로 된 태백산 지역의 봉화[64] 동쪽에서도 확인되며, 다시 서쪽으로 방향을 틀어 고생대층으로 된 별다른 정보가 없는 한강 상류 지역으로 이어진다. 나는 이 산맥을 대관령 길에 있는 대화[65]에서 확인했으며, 이 산맥은 이 산맥과 중앙산맥 사이의 저지에 위치한 인제의 서쪽

---

56) 巨濟島(거제도).
57) 熊川(웅천).
58) 天子峰(천자봉).
59) 三浪津(삼랑진).
60) 密陽(밀양).
61) 慈仁(자인).
62) 河陽(하양).
63) 義城(의성).
64) 奉花(봉화).
65) 大和(대화).

을 달리고 있었다. 나는 다시 한번 이 산맥을 창도와 금강산 사이의 중간쯤인 간발고[66]에서 보았다. 이곳에서 산맥은 N.30°W. 방향을 달리다가 원산항 입구에서 끝난다.

같은 구조를 지닌 또 다른 산맥이 내륙산맥 왼편에 있으며, 마산포[67] 북쪽 끝에서 시작해 낙동강 동안을 따라 칠원,[68] 영산,[69] 현풍,[70] 칠곡,[71] 비안[72] 옆을 지난다. 이 산맥을 마산포 산맥이라 부르려 한다.

아직도 유사한 구조와 동일한 방향을 지닌 두 개의 다른 산맥이 있지만, 그 폭이 좁고 지세적인 측면에서 큰 의미가 없다. 이 모두는 낙동강의 서안에 위치해 있다.

태백산맥을 이루고 있는 연맥은 대부분 파열 산릉(ruptured ridge)이다.

b) 소백산맥

조선 남부에서 조선 시스템은 상당 수의 산맥들로 이루어져 있으며, 내가 관찰한 바로는 모두가 변동지괴(tectonic block)로서 크게 두 집단으로 나뉜다. 나는 이미 잠정적으로 태백산맥이라 부른 한 집단의 특성에 대해서 언급한 바 있다. 앞으로 서술하겠지만 이 산맥의 지맥들은

---

66) 干發告(간발고).
67) 馬山浦(마산포) 혹은 馬浦(마포).
68) 漆原(칠원).
69) 靈山(영산).
70) 玄風(현풍).
71) 漆谷(칠곡).
72) 比安(비안).

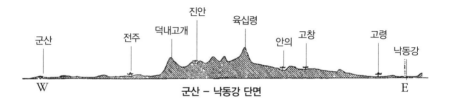

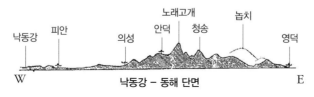

축척 1 : 750,000   수직×2

그림 1과 그림 2.
이 두 단면은 실제로 연속된 것으로, 한 지역 혹은 조선 남부를 서에서 동으로 충청도와 경상도를 가로지르는 것이다. 그림 1에서는 덕내고개로부터 육십령(690m)까지 소백산맥을 횡단하고 있으며, 그림 2에서는 의성에서 영덕까지 태백산맥을 횡단하고 있다. 그림 1에서 소백산맥은 두 도의 경계이며, 동시에 금강과 낙동강의 분수계 역할을 하고 있다. 금강은 자유항 군산에서 황해로 배수되고, 낙동강은 부산의 왜관 부근에서 바다로 이어진다.

조선 남부 해안선의 일반적인 형태와 일치하면서 북북서–남남동의 경향성을 보이며, 발생적으로 태백산맥의 방향과 밀접한 관련성을 지니고 있다.

　다음으로 고려할 집단은 조선 반도의 중앙에 위치하며, 보통 소백산맥이라 불린다. 이 산맥에 대해서는 이것이 자르고 있는 노령습곡과 관련해 이미 언급한 바 있고, 더 북쪽으로 가면 태백산맥의 지맥들에 의해 다시 끊겨져 있는 것처럼 보인다. 하지만 후자의 내용에 대해서는 약간 자신이 없다. 왜냐하면 나는 동쪽 해안에 있는 삼척에서 태백산쪽으로의 산악지대나 백봉령[73] 고개를 지나 정선[74] 쪽으로 간 적이 없기 때문이다.

그곳 산맥이 너무 거칠고 당시에 조랑말을 구하기가 거의 불가능하다는 말을 들었다. 결국 나의 개인적 지식으로 태백산맥과 소백산맥이 서로를 어떻게 끊고 있는지 상세하게 밝힐 수 없는 것이 안타깝다. 그러나 아마 소백산맥의 북동쪽 줄기가 태백산맥에 의해 잘린 것으로 판단된다.

심지어 나는 이 지역에서 소백산맥이 습곡산지인지 아니면 고생대층의 경동산릉(tilted edge)인지도 알 수 없다. 그러나 서울–부산 간 신작로 상에 있는 조령[75]이나 이화령(520m)[76]에서 확인한 지질구조로 판단하건데, 우리는 어쩌면 그곳에서 초기 형태의 소백산맥을 확인할 수 있을 것이다. 단양[77]과 풍기[78] 사이에 있는 500m 높이의 대죽령[79] 고개에는 북서쪽으로 경사를 이루고 있는 점판암과 석회암으로 된 고생대층이 덮고 있는 화강암 기저층을 볼 수 있다. 이 화성암은 병반의 특성을 지니고 있다. 분명히 소백산맥은 좁은 의미에서 앞서 말한 죽령 고개 부근 고생대 복합체의 능선에 해당된다.

조선 사람들이 태백산 지역이라 부르는 커다란 삼각형의 화강암 지

---

73) 白復嶺(백복령).
74) 旌善(정선).
75) 鳥嶺(조령).
76) 伊火嶺(이화령).
77) 丹陽(단양).
78) 豊基(풍기).
79) 大竹嶺(대죽령).

대는 태백산맥과 소백산맥이 만나는 곳에 위치해 있다. 유사한 경우가 종종 지질학 문헌에 소개되고 있는데, 화강암 및 다른 화성암은 이처럼 지질적으로 가장 취약한 지점에서 분출하는 경향이 있다.

ⅰ. 황치산맥 – 이 산맥은 아마 남해군도 중 남해도[80]의 평산포[81]에서 시작하여 좁은 해협인 노량[82]을 건너 반도로 이어진 후, 북쪽으로 진주[83] 서쪽의 황치[84] 고개를 지나 산청[85] 동쪽의 청모리고개[86](360m), 고령[87] 서쪽의 권빈(750m)[88]을 지난 후 고립된 금무산성[89]에서 끝난다. 소백산맥의 지맥들 중에서 가장 동편의 것으로 화강편마암과 페름–삼첩기 층의 경계를 이루고 있다.

단애는 의심의 여지없이 단층에 기인한 것으로, 태백산맥 내 해안산맥의 경우와 마찬가지로 떨어져 나온 편암 부분은 단애면에 대해 비스듬히 기울어져 있다. 대단히 높은 산맥은 아니지만 이 산맥의 급경사 단애는 청머리고개 정상에서 분명하게 볼 수 있다. 낙동강 동안에서 보이는 페름–삼첩기 지역의 파랑상 구릉들(평균 70m) 뒤에 벽처럼 버티고 있는 단애는 바로 조금 전에 언급했던 바로 그 단애이다. 이 단애는

---

80) 南海嶋(남해도).
81) 平山浦(평산포).
82) 露梁(노량).
83) 晉州(진주).
84) 황치(黃峙 혹은 黃大峙), 해발고도 280m.
85) 山淸(산청).
86) 尺首峴(척수현).
87) 高靈(고령).
88) 勸賓(권빈).
89) 金無山城(금무산성).

이 지역의 대표적인 지형지물이다.

ii. 팔령치산맥[90] – 황치산맥 바로 서쪽에 있는 이 산맥은 여수[91] 소반도, 반성 고개[92] 그리고 기괴한 형태의 광양[93] 억굴봉[94]을 지난다. 섬진강[95]을 건너 가장 높은 지리산[96]으로 이어지고, 다시 팔령치 고개 (430m), 거창[97]의 황석산,[98] 마지막으로 추풍령 고개 부근의 덕대산[99]에서 끝난다. 이 산맥은 가장 높은 산맥이며, 두 도의 경계를 이루고 있다.

지리산 깊숙한 곳이나 발치에는 여러 개의 사찰이 발견되는데, 그 중 하나가 쌍계사[100]이며, 산간 계곡에는 굶주린 도적떼들로 가득 차 있다. 특징적인 화강암 경관을 보여 주는 지리산 지역은 조선 4대 명산 중의 하나이며, 네 곳 모두 사찰들이 자리잡고 있다. 황해도의 구월산,[101] 평안도의 묘향산,[102] 자주 언급되는 강원도의 금강산이 나머지 명산이며, 모두 화강암 산이다.

이 산맥 축 동편에 놓인 지괴를 사람들은 경상도의 지리산이라 하고, 반대로 서편을 전라도의 지리산이라 한다. 만약 이 산맥을 태백산맥의

---

90) 八兄峙脈(팔형치맥).
91) 麗水(여수).
92) 盤城峴(반성현).
93) 光陽(광양).
94) 億窟峯(억굴봉).
95) 蟾津江(섬진강).
96) 智異山(지리산).
97) 巨昌(거창).
98) 黃石山(東門山)(황석산[동문산]).
99) 德大山(덕대산).
100) 雙溪寺(쌍계사).
101) 九月山(구월산).
102) 妙香山(묘향산) 혹은 香山(향산).

중앙산맥과 대비한다면, 황치산맥은 해안산맥에 견줄 만하다. 산청으로부터 안의[103]와 거창을 지나 지례[104]까지 기복이 심한 구릉지 사이로 하나의 도로가 나 있다. 비교적 수월한 이 산간 신작로는 주민들을 제외하고는 거의 알려져 있지 않다는 사실은 나름의 의미가 있다. 이 도로는 식생이 없고 풍화된 화강암으로 이루어진 몇몇 구릉들의 안부(hill neck)를 지나야 했지만, 낙동강 중류의 유로와 평행한 내륙 산맥의 기저부를 따라 나 있었다.

iii. 육십령산맥 – 다시 이 산맥은 흥양[105] 곳에서 시작하여 불치[106](320m) 고개와 낙안[107]의 전산,[108] 밤치,[109] 남원[110]의 여원치[111](435m), 육십령[112](690m), 덕유산,[113] 그 다음 부항령[114]을 지난 후 최종적으로 추풍령 고개 부근의 직지산[115]에서 끝난다. 이 산맥은 북쪽으로 이어지면서 두 도 사이의 분수계를 이루고, 여기서 가장 높은 덕유산은 조선 지리학자들에 의해 종종 언급된다. 이 산맥의 급경사면은 앞의 두 산맥과는 달리 서쪽을 향하고 있다. 결과적으로 축방향의 산맥과 함께 이

---

103) 安威(안위).
104) 知禮(지례).
105) 興陽(흥양).
106) 火峙(화치).
107) 樂安(낙안).
108) 金錢山(금전산).
109) 栗峙(율치).
110) 南原(남원).
111) 女院峙(여원치).
112) 六十嶺(육십령).
113) 德裕山(덕유산).
114) 釜項嶺(부항령).
115) 直指山(직지산).

산맥은 구조적인 측면에서 태백산맥과 비슷한 일종의 지각 블럭(crust-block) 또는 지루 형태를 이루고 있다. 탁상의 좁은 운봉[116]고원은 그 고도가 370m이고, 여원치(서쪽)와 팔령치(동쪽)의 오르막 사이에 있다.

iv. 비홍치산맥 – 이 산맥은 가장 서쪽에 있는 것으로, 바다로 삐죽 나온 천관산[117]에서 시작하여 사자산,[118] 감나무치[119](150m), 동복,[120] 남원의 비홍치 고개[121](215m), 진안[122]의 파고개[123](310m)를 지나 육십령산맥과 마찬가지 지점에서 끝난다.

이 산맥은 구조상 바로 동쪽에 있는 산맥과 비슷하며, 이들 사이에 남원분지가 위치해 있다.

이미 언급한 바와 같이 이상의 네 산맥은 추풍령 고개에서 수렴한다. 추풍령은 거대한 지리산 쐐기의 정점이 200m까지 낮아진 곳으로, 북쪽에서 남쪽으로의 이동을 쉽게 해 주는 통로 구실을 한다. 여기가 계획 중인 경부선의 정중앙이다. 이들 산맥의 지형구조(feature-structure)에 대해서는 다음에 설명하고자 한다.

---

116) 雲峰(운봉).
117) 天冠山(천관산).
118) 獅子山(사자산).
119) 枾峙(시치).
120) 同福(동복).
121) 飛鴻峙(비홍치).
122) 鎭安(진안).
123) 波峙(파치).

c. 한산산맥

개마고원을 예외로 친다면, 조선은 고도가 대단히 높은 산지의 나라가 아니지만, 우리는 도처에서 산을 볼 수 있다. 지세만으로 이야기하자면 미로와 같고, 좋은 지도가 없으면 이 나라에서 방향을 찾기가 아주 어렵다. 육지의 일반적인 배열은 마치 서양장기판 같은데, 이는 산지의 방향이 서로 교차하기 때문이다. 나는 이미 약 10개의 조선 시스템 산맥을 열거하였다. 이 모두 약간의 차이는 있으나 남북 방향을 달리고 있고 남해 다도해(archipelago)에 있는 곶, 반도, 섬들에서 끝난다. 남쪽으로 돌출한 이들 지점들의 예로는 낙동강 하구 부근의 다대포, 거제도와 남해도, 여수반도와 흥양반도, 천관산 및 대둔산[124] 헤드랜드, 조선의 남서쪽 가장자리에 있는 진도[125]를 들 수 있다. 진도는 남해 다도해와 서해 다도해의 경계를 이루며 황해와 남해의 수역을 나눈다.

다도해를 둘러본 사람이라면 누구든지 혼탁도와 황색 때문에 황해가 어디부터 시작하는지를 쉽게 알 수 있을 것이다. 이러한 특성은 복잡한 원인들에 의해 비롯된 것이 분명하다. 빠른 해류, 해안 부근의 얕은 수심, 극심한 조차[126]는 해수를 휘저어 흙탕물로 만드는 주요 원인이다.

왼편으로 휘는 이들 해안선을 따라 무수히 많은 코브, 하구, 만들이 있으며, 그들 중에서 중요한 것들을 동쪽에서부터 열거하면 다음과 같다. 거제도 북쪽 진해만과 마산만의 쌍둥이 만, 한산도 해역, 섬진강 물

---

124) 大屯山(대둔산).
125) 珍島(진도).

이 들어오는 여수만, 둘 모두 오른쪽으로 휘는 흥양반도 동쪽의 여자만[127]과 서쪽의 득량만,[128] 장직로[129]항, 마지막으로 마로[130]만. 이곳에는 섬들이 너무 많아 일일이 열거할 수 없을 정도이다.

남쪽 해안의 복잡함은 조선 시스템과 한산 시스템의 조산운동이 결합된 결과이다. 이제부터 후자에 대해 좀 더 자세히 다루려고 한다.

포괄적으로 이야기하면 한산 시스템은 간혹 정동 방향도 나타나지만 대개 동북동 방향으로 뻗어 있으며, 심지어 일부는 남쪽으로 휘어진 경

---

126)

		대조(피트)	소조(피트)
서해안	대동강 하구	21¾	15½
	장산곶	14	10¼
	한강 하구	34	–
	제물포	29¾	24½
	수척군도	16	10¾
	나주군도	13	9½
	대흑산군도	10¾	4
	목포	14	10
	진도	14¾	9¾
남해안	마로만	15	9½
	소안군도	10¾	7½
	장직로항	11½	7½
	등량만	13¾	8¾
	목포항	11	–
	여자만	13¼	8¾
	여수만	12¾	7¾
	자랑나루(한산도 해)	10	6½
	거제도(동안)	6½	4½
동해안	부산	7	–
	겐산	1½	–
	서수라만(두만강)	3~4	–

127) 汝自灣(여자만).
128) 得粮灣(득량만).
129) 長直路(장직로) 혹은 신지도(薪智島).
130) 馬路(마로).

우도 있다. 산맥의 수는 수없이 많은데, 조선 남부에서 이들 산맥은 모두 전위산릉(edge of dislocation)이다. 이곳의 지반운동은 앞서 언급된 두 시스템에 비해 지형에 심대한 영향을 미치기에는 다소 작은 규모이다. 이들 중에서 몇몇 중요한 예를 선택해 보면 다음과 같다.

ⅰ. 밤치산맥 – 이 산맥은 광주 북쪽에서 시작되어 곡성 부근에서 섬진강 상류를 지나는 다소 불규칙적인 산맥이다. 남원과 구례[131] 사이의 밤치 고개는 남원 침식분지(50m)에 면해 있는 전형적인 단애이다. 그 후 북동쪽으로 방향을 바꾸어 팔령치 고개 남쪽과 함양으로 이어지며 그곳에서 멀리 관빈까지 추적할 수 있다. 새로운 단애는 함양의 남쪽에서 시작되어 남동 방향으로 달리면서 지리산의 북쪽을 자르고 있다. 산청은 이 단애의 북쪽 발치에 있으며, 이전에 산청은 산의 그림자라는 의미로 산음이라 불렸다. 한 하천이 이 인근 산맥의 협곡을 따라 진주까지 흘러간다. 북쪽에서 바라다 본 지리산은 환상적이다.

ⅱ. 능주산맥 – 앞서 언급한 산맥과 마찬가지로, 나주평야에서 능주[132]를 향해 남쪽을 바라다보면 우리 쪽으로 단애를 드리운 채 그 유명한 영암[133]의 월출산[134]에서 동쪽으로 달리고 있는 산맥을 볼 수 있다. 이 산맥은 동복[135]의 구릉지에서는 잠시 사라지지만, 구례의 잔수[136] 나루터 부근에서 다시 나타난다. 그 후 이 산맥은 하동 북쪽에서 섬진강을

---

131) 求禮(구례).
132) 綾州(능주).
133) 靈岩(영암).
134) 月出山(월출산).
135) 同福(동복).
136) 潺水(잔수).

지나 황치의 북쪽을 지난 다음 진주의 남쪽과 진해로 이어진다. 섬진강 중류는 이 산맥에 의해 동쪽으로 유로를 바꾼다. 도로는 이 산맥의 북쪽 발치를 따라 경상도에서는 진해에서 진주까지, 그리고 구례에서 동복을 지나 나주까지 이어진다.

iii. 병영[137]산맥 – 이 산맥은 해남에서 시작되어, 강진[138] 북쪽, 장흥,[139] 보성,[140] 낙안[141] 그리고 순천[142](솔치,[143] 240m), 광양[144]으로 이어지며, 섬진강과 사천[145]만을 지난 후 멀리 고성[146]까지 이어진다. 이 산맥의 단층애는 남쪽을 바라보고 있고, 비록 높지는 않으나 남해안을 따라 분수계의 역할을 하고 있다. 이 산맥의 남쪽 발치를 따라 순천과 해남 간에 그나마 다닐 만한 도로가 나 있다.

이 이외에도 같은 구조와 같은 방향을 지닌 산맥들이 여럿 있는데, 해안을 따라 하나가 있고, 다른 하나는 장직로,[147] 흥양, 여수, 남해도와 거제도로 이어진다.

경상도에서 이 시스템에 속한 여러 산맥들을 추적할 수 있으며, 일부는 북쪽으로 일부는 남쪽으로 떨어져 있다. 이들 중 하나는 단애면이

---

137) 兵營(병영).
138) 康津(강진).
139) 長興(장흥).
140) 寶城(보성).
141) 樂安(낙안).
142) 順天(순천).
143) 松峙(송치).
144) 光陽(광양).
145) 泗川(사천).
146) 固城(고성).
147) 長直路(장직로) 혹은 신지도(薪知島).

남쪽을 바라보면서 마산포의 좁은 내만을 지나 진해[148]와 웅천의 북쪽을 달리고 있다. 두 번째 산맥은 동쪽으로 칠원[149]과 창원[150] 사이를 지나 김해[151] 북쪽으로 이어진다. 그 후 요새화된 협곡인 까치원관[152]에서 낙동강을 건너 기장[153] 부근 바다에서 끝난다. 이 산맥의 급사면은 북쪽을 바라보고 있고, 영산[154]에서 낙동강의 유로가 급격하게 꺾이는 것은 전적으로 이에 기인한다. 세 번째 산맥은 밀양[155]과 청도[156]를 밑변으로 한 삼각형의 꼭지점 북쪽을 지나 운문령[157]을 거쳐 울산과 경주 사이의 만리성[158]으로 이어진다. 네 번째는 대구시 북쪽 화강암으로 된 팔공산[159]을 지난다. 영천 고원(300m)에 있는 모자산[160] 산맥도 언급한 바 있다.

––––––––––––––––––––––––––––––––––

나는 이 모든 단층애와 산맥을 한산산맥이라는 이름으로 묶었다. 반도 지괴의 남쪽은 여기서 연속적으로 떨어져 나온 이 산맥들로 이루어져 있고 조선 반도의 남쪽 경계를 구분 짓고 있다. 작은 반도, 곶, 섬, 암초는 단지 태백산맥과 한산산맥이라는 척량산맥에서 떨어져 나온 산체

148) 鎭海(진해).
149) 漆原(칠원).
150) 昌原(창원).
151) 金海(김해).
152) 鵲院關(작원관).
153) 機張(기장).
154) 靈山(영산).
155) 密陽(밀양).
156) 淸道(청도).
157) 雲門嶺(운문령).
158) 萬里城(만리성).
159) 八公山(팔공산).
160) 母子山(모자산).

혹은 그 조각인 것이다. 수백에 달하는 이들 조각들은 남해 다도해에 널려 있다.

한산산맥은 중국 시스템이나 조선 시스템에 비해 더 젊은 산지로, 어쩌면 내가 조선 전체에서 만난 산맥 중에서 가장 젊을 것이라 믿고 있다.

일본과 중국에서 확연히 드러나는 시스템과 관련해서, 이 시스템의 진정한 위상에 대해 나는 말할 능력이 없다. 혼슈(일본)의 서쪽 반은 이 시스템에 의해 크게 영향을 받은 것으로 판단된다. 중국 남부 내륙에서도 양쯔강 하류의 유로를 결정한 고도가 낮은 일련의 산맥들과 이 시스템 사이에 일부 연관이 있는 것으로 여겨진다. 고도가 낮은 이 산맥들은 아마 쿤룬산맥이나 중국 시스템과는 무관한 것으로 판단된다. 우리는 고도가 낮은 양쯔강의 베이슨-레인지(basin-range) 지대에 대한 자세한 지식이 부족한 것이 현실이다.

B. 개마지역

이미 언급했듯이 조선 북부는 북쪽의 개마고원과 남쪽의 고조선 구릉지대, 두 지역으로 나눌 수 있다. 이들 사이의 경계는 아주 뚜렷하다. 북쪽은 고지 고원으로, 대싱안링산맥이 만주 쪽을 향해 동쪽을 바라보고 있듯이, 저지를 향해 남쪽을 바라보고 있는 단층애가 발달해 있다. 서쪽 서한만에 나타나는 왼쪽으로 휜 굴곡들과 반대편 동한만의 굴곡에서, 해안선으로 표현할 수 있는 특정 경계에 대한 아이디어를 일부

얻을 수 있으며, 우리는 그 경계를 내륙으로까지 추적할 수 있다.

자연 경계가 너무나 뚜렷해서 1033년 고려의 9대 왕인 덕종[161]은 자신의 신하인 유소(柳韶)[162]에게 명해 만주 변방으로부터 침입하는 여진[163]과 거란[164]을 막기 위해 조선 반도를 가로지르는 높이와 폭이 각각 7.5m(25피트)에 달하는 석성(고장성, 또는 천리장성 – 역자 주)을 구축하도록 했다. 내몽고로부터 흉노[165]의 침입을 저지하기 위해 진[166]의 시황제[167]가 BC 220년에 세운 만리장성이 이 성의 모델이 되었다. 유소의 고장성은 압록강 하구의 용만[168]에서 시작되어, 의주,[169] 운산,[170] 희천,[171] 영원,[172] 맹산,[173] 영흥[174]의 요덕[175]을 지나, 마지막으로 함흥[176] 도호부의 인포[177]에서 동해와 만난다고 전해진다.[178]

나는 여행하는 동안 이 엄청난 구조물의 폐허로 보이는 연속된 성을

---

161) 德宗(덕종).

162) 柳韶之長城(유소지장성).

163) 女眞(여진).

164) 契丹(거란).

165) 匈奴(흉노).

166) 秦(진).

167) 始皇帝(시황제).

168) 龍灣(용만). 압록강 하구에 붙여진 이름.

169) 義州(의주).

170) 雲山(운산).

171) 熙川(희천).

172) 寧遠(영원).

173) 孟山(맹산).

174) 永興(영흥).

175) 耀德(요덕).

176) 咸興(함흥).

177) 麟浦(인포).

178) 高麗史(고려사)에서.

보지 못했다. 다만 산들의 발치나 고개와 같이 전략적으로 중요한 지점에서 견고한 석문을 종종 지나곤 했다. 중국으로 가는 대로 상에 있는 의주 남쪽의 서림진[179]과 동림진,[180] 그리고 어자령,[181] 운산의 차령,[182] 희천의 적유령[183] 고개에서는 이중 지붕의 성문을 통과하였는데, 이 모두는 평안도 북부에 위치해 있다. 마찬가지로 함경도 북부에도 그러한 성문들이 있다. 조선 사람들은 산맥을 자연 방어에 이용한 것으로 생각되며, 단지 가장 중요한 지점만을 요새화하였다. 조선 사람들은 이전이나 지금이나 여전히 신경질적인데, 이는 그들의 과거 고난에서 비롯된 것이다. 그들은 북쪽과 남쪽의 적들을 두려워해야만 했다. 남쪽의 경우 일본인들의 침입에 대항해야만 했다. 여행자들은 강원도부터 전 남해안을 따라 요새화된 도시들을 볼 수 있다. 이와 같은 도시들 사이에 위치한 은둔의 도시에서 사람들은 평화로운 삶을 추구하려 하지만 그것은 허사이다.

a. 랴오둥 산맥

개마 지대를 교란시키고 융기시킨 지반운동은 주로 단층이지 습곡이 아니다. 따라서 이 교란은 조선 시스템과 한산 시스템을 일으킨 것과

---

179) 西林鎭(서림진).
180) 東林鎭(동림진).
181) 於自嶺(어자령).
182) 車嶺(차령).
183) 狄踰嶺(적유령).

같은 범주에 포함시켜야 할 것 같다. 랴오둥 방향으로 서로 평행하게 달리는 세 개의 산맥은 어렵지 않게 구분할 수 있으며, 이들이 이 북부 고원의 골격을 이루고 있다. 이들 중에서 남쪽에 있는 둘은 급사면이 남쪽을 향하고 있지만, 지괴가 갑자기 남쪽으로 낮은 고도까지 떨어져 나갈 경우 두 산맥의 경동산릉은 북쪽으로 갈수록 높아지고 있음을 확인할 수 있다. 이미 밝힌 바 있으나, 이처럼 좁지만 거대한 지괴의 경동산릉은 조선 북부 전반에 걸친 주요 지형지물이다. 그러나 세 번째 평행한 산맥은 북서쪽으로 급하게 떨어진다. 그 결과 압록강과 두만강의 유역분지에 비교적 낮은 분지가 형성되었다. 이들 두 강의 북쪽 경계는 기다란 장백산맥이다.

ⅰ. 묘향산맥 – 이 산맥은 선천[184] 북쪽 서한만의 검산[185]에서 시작하여 태천[186]과 그 유명한 묘향산[187]의 입구인 월림[188]에서 청천강[189]을 건너고 동쪽으로 나아가 영변[190]에서 끝나며, 광성 고개[191]에서 최고 고도에 이른다. 비록 날카로운 윤곽을 보이기는 하나 이 산맥의 평안도 부분은 고도가 그다지 높지 않다. 그러나 이 산맥이 함경도에 접어들면 동부 개마고원의 남쪽 경계를 이루면서 웅장한 모습을 띠게 된다. 함흥

---

184) 宣川(선천).
185) 劍山(검산).
186) 泰川(태천).
187) 妙香山(묘향산).
188) 月林(월림).
189) 淸川江(청천강).
190) 寧邊(영변).
191) 廣城峴(광성현).

에서 장진[192]으로 가는 길에, 황초령[193] 고개(1,090m)라 불리는 이 산맥의 고개 중 하나를 오른 바 있다. 우거진 숲 속에 나 있는 좁고 돌투성이인 길을 따라 정상까지 낑낑대며 올랐다. 그 와중에 짐을 실은 망아지 중 하나는 편자를 잃어 버리고 짊어진 짐을 두 번이나 떨어뜨렸다. 오르는 도중에 잠시 내리막이 있었고, 내 마부는 미끄러지지 않으려고 망아지의 꼬리를 잡고 버텼다.

그 이후 이 산맥은 부전령[194]과 후치령[195]을 지나 동쪽으로 나아가다가 대원산령[196](1,375m)에서 사주단층선(oblique fault-line)에 의해 최종적으로 잘린다. 성진[197] 자유항 부근에서 시작된 단층선은 해안을 따라 북쪽으로 진행하다가 멀리 두만강 지역까지 들어간다. 이 국경하천에서 북쪽으로 휘는 유로는 이 산맥의 동쪽 발치를 지나고 있다. 이 새로운 산맥은 장백산맥(Chyang-păik-san)으로 널리 알려져 있으나, 이보다 더 북쪽에 있는 장백산맥(Long-white Mountains, 백두산 – 역자주)과 구분하기 위해 작은 장백산맥 혹은 소장백산맥으로 불러야 할 것이다. 이 산맥은 현무암으로 된 동 개마고원의 동쪽 가장자리이고 성진부터 경성까지 함경도 해안선은 이 산맥의 경로를 따르고 있다. 이는 태백산맥 발치의 강원도 해안과 마찬가지이다. 묘향산맥은 소장백산맥에 의해 주 산맥으로부터 잘려 나간 이후에도 원래 방향을 유지하면서

---

192) 長津(장진).
193) 黃草嶺(황초령).
194) 赴戰嶺(부전령).
195) 厚致嶺(후치령).
196) 大元山嶺(대원산령).
197) 城津(성진).

현무암-메사 내에서 지질학적 단애 끝을 돌출시킨 채 해안까지 이어져 있다. 이 지방에서는 이를 강릉산[198]이라 하고, 어대진 곳[199]에서 끝난다.

성진과 함흥 사이의 산지 전면은 동한만의 북쪽 해안과 경계를 이룬다. 이곳은 그 폭이 40km인 띠 모양의 구릉지로, 북쪽으로 묘향산맥의 급애면(1,000m)이 지난다. 중세 때 이 지역은 갈란[200]이라고 하고 고도가 높은 배후지는 솔빈[201]이라 했는데, 후자는 자주 언급되는 동 개마와 대략 일치한다. 블라디보스톡으로 가는 유일한 대로는 해안을 따라 달리고 있으며, 함흥과 성진 간에는 함관령,[202] 마운령,[203] 마천령[204]을 지나야 한다. 이들 세 고개는 동 개마를 지나거나 어쩌면 장백산맥 저편의 송화강 상류를 지날 독립된 산맥에 위치해 있다. 이들의 방향은 대개 태백산맥의 개략적인 방향과 일치하지만, 조선 남부의 산맥들과 비교해 보건데 이 산맥의 융기 시기는 훨씬 이전의 것이라 생각한다.

ii. 적유령산맥 – 이 산맥은 지질구조가 유사하고 거의 평행하게 달리는 묘향산맥과 같은 지점에서 시작하여 용골산[205]과 서림진[206](100m)을 지나 앞서 언급한 오자령(510m)과 미국의 광산이 있는 운산 부근의

---

198) 江陵山(강릉산).
199) 漁大串(어대곶).
200) 曷懶(갈라).
201) 率濱(솔빈).
202) 咸關嶺(함관령).
203) 摩雲嶺(마운령).
204) 摩天嶺(마천령)
205) 龍骨山(용골산).
206) 西林鎭(서림진).

차령(635m)을 지나고, 그 후 구현[207]과 적유령[208](970m)을 지난다. 적유령은 평안도 남부에서 강계[209]로 가는 주요 도로상에 있으며, 강계는 압록강 중류에 있는 상업의 중심지이자 군 사령부가 있는 곳이다. 비교해서 이야기하자면, 회령[210]이 두만강 상류에서 그러하듯, 강계는 평안도(본문 함경도는 저자 오류 – 역자 주) 북부에서 번화한 도시이고 중요한 상업적 지위를 지니고 있다. 동 개마지역에서 이 산맥에는 연화산[211]과 장진[212]의 설매령(1,400m)[213]이 솟아 있으며, 삼수[214] 지역으로 갈수록 그 고도는 낮아진다.

이 산맥의 동쪽 끝은 두만강 상류 현무암–메사에 위치하지만, 식생이 우거져 도저히 통과할 수 없는 삼림에 숨겨져 있어 알 수가 없다. 육진[215]의 구릉지대에서는 부령에서 웅기포(Audacious Cove)[216]까지 북

---

207) 狗峴(구현).

208) 狄踰嶺(적유령).

209) 江界(강계).

210) 會寧(회령).

211) 蓮花山(연화산).

212) 長津(장진).

213) 雪梅嶺(설매령).

214) 三水(삼수). 압록강, 허천강, 장진강이 합류하는 지역에 위치해 있다.

215) 부분적으로 두만강의 만곡에 의해 둘러싸여 있는 함경도 북동쪽 구석에 있는 낮은 산악지대를 보통 육진(六鎭地方)이라 부른다. 이 지역은 구려 왕조 하에서 분쟁의 근원지였다. 우랑하(兀良哈) 혹은 여진(女眞)의 야만족들이 종종 장백산과 헤이룽 강(아무르 강) 사이에 있는 자신들의 영토로부터 두만강의 이 쪽으로 침입해 와 간혹 함경도를 복속시키기도 했다. 현재 왕조의 네 번째 왕인 세종(1418~1449)은 잃어버린 영토를 회복하고 두만강의 대굴곡을 따라 6개의 군사요새, 진을 설치하였다. 이들이 경흥(慶興), 경원(慶源), 은성(穩城), 종성(鍾城), 회령(會寧), 富寧(부령)이다. 그 이후에 무산(茂山)이 추가되었다. 이때부터 두만강의 볼록 굴곡 안쪽과 경성(鏡城)이 육진, 즉 6곳의 군사기지로 명명되었다. 아주 오래 전에는 매구루(買溝婁)라 불렸다.

216) 雄基浦(웅기포).

동쪽으로 달리고 있는 산맥을 볼 수 있다. 이 산맥은 청바위[217]산맥으로, 길이가 긴 적유령산맥의 연장선 상에 있는 것으로 판단된다.

iii. 갈응령산맥 – 세 번째이고 개마지대에서 랴오둥 방향의 마지막 산맥인 갈응령산맥은 압록강과 두만강 유역분지의 남쪽 경계를 이루고 있다. 융기된 지괴는 이곳으로부터 편마암 습곡지대 쪽으로 조금씩 고도가 낮아진다. 이 산맥은 고원에서는 산맥으로 인식되지 않지만 분지 지역에서는 쉽게 확인된다.

이 산맥은 압록강 변의 옥강[218]에서 시작되어 막령,[219] 창성[220]의 완항령(640m),[221] 초산[222]의 삼채령(810m)[223]을 지나, 강계 남쪽의 상청[224] 협곡을 통과한다. 그 후 강계와 장진 사이의 아득령[225] 고개를 지난 후, 압록강(鴨綠江, Duck's Green River)이 깊은 협곡을 형성한 충천령[226]에서 압록강 상류를 지나 갈응령[227]으로 계속 이어진다. 산맥의 방향과 관련해 이미 언급한 육진 지방의 청바위 산맥이 갈응령산맥과의 관련성을 일부 제공해 주지만, 이 산맥의 더 이상의 경로에 대해서는 아는 바

---

217) 靑岩(청암)은 부령에서 남쪽으로 5km 떨어진 곳의 하상을 가로지르는 수직 단애이다. 편마암상 화강암 속의 암맥은 산맥의 방향과 같은 방향으로 지나고 있다. 이 암석은 치밀한 적색 석영반암으로 청색은 아니다.

218) 玉江(옥강).

219) 幕嶺(막령).

220) 昌城(창성).

221) 緩項嶺(완항령).

222) 楚山(초산).

223) 三綵嶺(삼채령).

224) 尙淸(상청).

225) 牙得嶺(아득령).

226) 衝天嶺(충천령).

227) 曷鷹嶺(갈응령).

가 없다.

함경도의 북동쪽 가장자리, 즉 러시아 연해주와 직접 맞닿고 있는 소위 육진 지방에는 앞에서 언급한 바 있는 청바위산맥이 있다. 내가 이곳을 여행하는 동안 지적할 만한 가치가 있는 다른 두 개의 산맥을 확인하였다.

a) 날카로운 능선을 가진 산맥 – 남향의 단애로 이루어진 무산령[228] 산맥은 그 유명한 백두산으로부터 무산과 무산령 고개를 지나 거의 동서 방향으로 뻗어 있다. 무산령은 회령과 부령 사이에 있다. 이 산맥은 다시 증령[229]을 지나며, 경흥 직전 만주와 프리모르스크(Primorsk)의 경계에서 동쪽으로 두만강을 건넌다.

b) 또 다른 산맥 – 같은 지질구조를 지닌 장지봉[230]산맥은 중립 지역 간도[231]에서 두만강의 북쪽을 지나 육진의 군사령부가 있는 행영 부근

---

228) 茂山嶺(무산령).

229) 橧嶺(증령).

230) 長支峰(장지봉).

231) 우리는 몇 년전까지 중국 지도에서 압록강 서쪽에 있는 길다란 띠 모양의 중립지대, 그리고 남만주의 진정한 동쪽 경계를 나타내는 봉황성(鳳凰城)의 인근 벼랑에 있는 조선문(Korean Gate)를 늘 보아 왔다. 현재 이 지역은 실제로 중국에 흡수되었고, 지도에서는 영원히 사라졌다. 압록강은 이제 국경이 되었다. 이 편에는 흰 옷을 입는 조선사람들이, 반대편에는 푸른 옷을 입는 중국사람들이 살고 있다.

우리는 여전히 만수(ten-thousand waters) 지역에서 그러한 지역의 흔적을 볼 수 있다. 온성 부근에서 두만강에 합류하는 커다란 지류를 볼 수 있다. 이 하천은 백두산에서 발원하며 이 유로는 해란하(海蘭河) 혹은 국경하천이라는 이름이 붙여져 있다. 이 하천의 북쪽에는 현무암으로 된 고도가 높은 길림 고원이 있다. 이 하천과 두만강 사이에 있는 현무암 메사는 길이가 120km, 폭이 60km나 되며, 육진의 면적과 같다. 이 지역은 사이 섬 혹은 간도라 불리며, 이전에는 거주자가 전혀 없었고 중립지대로 엄격하게 관리되었다. 그러나 최근 남쪽을 향한 러시아 침공의 압력 하에서 중국 사람들과 조선 사람들이 이곳에 정착하여 함께 살고 있다. 주민들의 통제에 관한 일로 두 나라 사이에 긴장이 종종 야기되곤 한다.

장지봉에서 최고점에 달하고, 회령의 북쪽에서 남북 방향의 두만강 유로를 건넌다. 그 후 다시 경흥 북쪽에서 두만강을 건너 러시아 영토 내 포시엣(Possiet) 만의 남쪽에서 끝난다. 러시아의 군사기지인 사브로프카(Savlofka)는 두만강 북쪽 경흥 반대편에 있는 이 산맥 남쪽 발치에 위치해 있다.

경흥에서 육진을 가로질러 회령에 이르는 도로는 이들 두 산맥 사이를 지난다. U자 모양의 하도 굴곡 양쪽 팔에서 확인할 수 있듯이 두만강[232]의 유로는 이 산맥의 남쪽 발치에서 잠시 방향을 바꾼다.

조선 반도 북쪽 경계의 구조선을 흘긋 보기만 해도 위에서 언급한 산맥들이 두만강 하구 부근에서 수렴한다, 아니 그보다는 오히려 서로 접근한다는 결론에 이를 것이다. 개마 지대의 산맥들은 동북동 방향을 달리고 있으나 육진의 산맥은 거의 정동을 달리고 있다. 육진의 산맥이 랴오둥 방향과 대비되는 장백산 방향이라는 사실에 특별히 주목하길 바란다.

리히트호펜(F. von Richthofffen)의 랴오둥 지질도에는 이곳 조사지역과 유사한 지질구조선이 표시되어 있는데, 이 둘은 동일한 지질단위임에 틀림없다. 더욱이 촐노키(E. von Cholnoky)[233]는 최근 여행에서 싼다오거우(三道口) 부근에 있는 동서 방향의 또 다른 산맥에 대해 발표

232) 두만 혹은 토문은 여진 방언으로 만(10,000)을 의미한다. 따라서 두만강은 만수 혹은 수많은 지류를 지닌 하천를 의미한다. 나는 이 이름이 하천 상류에 있는 개마 현무암 메사에서 흘러 내려온 지류의 깃털 모양 배열에서 유래된 것이라 믿는다.

233) "Kurze Zusammenfassung der wissenschaftlichen Ergebnisse meiner Reise in China und in den Manchurei in den Jarhen 1896-1898." *Verhandlungen der Gesellschaft für Erdkunde zu Berlin*. Bd. ⅩⅩⅥ, 1899, S.255.

했다. 이 산맥의 지질구조는 내 조사지역과 분명히 같지만 장백산보다는 더 북쪽에 있는 것이라 생각한다. 지질구조선은 통화현(通化縣)을 가로질러 북향 경사의 천매암, 편마암, 화강편마암 복합체가 분포하는 철령[234] 부근에 다시 나타난다고 그는 주장했다. 이 산맥은 랴오둥 저지 건너편 의무려산(醫巫閭山)에서 계속되는 것으로 생각된다. 이러한 생각은 한 세기 전 조선의 지리학자[235]가 주장한 바로, 그의 주장이 촐노키 박사에 의해 재확인된 셈이다. 지괴의 남쪽 가장자리를 들어올려 북쪽으로 경사지게 만든 지질학적 사건은 북쪽으로 갈수록 더 최근의 일이다.

압록－두만강 유역분지는 복합 계단단층[236]으로 형성된 계곡 중의 하나이며, 그 중에서 폭이 가장 넓다. 장백산맥에서 가장 높은 백두산의 화구로부터 용암이 남쪽으로 흘러서 바닥을 부분적으로 메우지 않았다면, 포시엣 만에서 압록강 상류의 묘이산(猫耳山)으로 이어지는 쉬운 통로로 쉽게 이용될 수 있는 비교적 낮은 협곡이 있었을 것이다. 두 하천을 나누는 분수계 중 하나는 혜산령[237]으로 그 높이는 아마 700m를 넘지 않을 것이다. 요[238]제국 황금시대(916~1125) 황제들은 두만강 하류에서 매를 구하기 위해 매년 이 계곡을 통해 탐험대를 보냈다. 따라서 이 두 하천을 잇는 길을 응로(鷹路)[239]라고 했다. 지금은 완전히 잊혔

---

234) 鐵嶺(철령).
235) 이중환. *Vide ante*. p.6.
236) 정확하게 말하자면, 이 경우는 소위 광산업자들이 주향에 대한 언각(hading)이라 부르는 것으로, 평행단층면 모두 이러한 방식으로 기울어져 있다.
237) 惠山嶺(혜산령).
238) 遼(요).

고, 오늘날 보다시피 두만강 상류는 길이 없고 숲이 우거져 지나갈 수 가 없다. 이 지역으로부터 문명을 몰아낸 것은 자연이 아니라 인간이 다. 이 지역이 만주 제국의 신성한 발상지 부근이라는 사실이 이러한 비정상적인 역행에 크게 기여했다.

b. 조선 시스템

조선 남부의 지표 형상을 말할 때 그것이 서양장기판과 같다고 이야 기한 적이 있는데, 같은 형상이 개마지역에서도 드문 것은 아니다. 여 기서는 태백산맥을 주로 다루려 한다. 개마지대는 자연적으로 두 부분 으로 나눌 수 있다. 오른편이 동 개마 혹은 솔빈 지대로, 특히 향산맥과 적유령산맥 사이에 놓여 있는 지역은 평균 해발고도가 1,000~1,200m 인 전형적인 고원 지형을 나타낸다(그림 3). 향산맥에 분수계가 있다. 평균고도가 600m인 왼편은 전형적인 고원이 아니며, 여기서는 적유령 산맥이 분수계 역할을 한다(그림 4).

ⅰ. 낭림산맥 – 동 개마와 서 개마를 나누는 중요한 산맥으로 조선 남 부 태백산맥의 연장선으로 판단된다. 이 산맥은 낭림산맥[240]으로 단애 가 서쪽을 바라보고 있다. 내가 아는 바로는 낭림산맥 그 자체는 적유 령산맥의 한 쪽 가지라고 생각된다. 영흥만 입구에 있는 대강섬 반도[241]

---

239) 鷹路(응로).
240) 狼林(낭림).
241) 大江島半島(대강도반도), Nakhimof Peninsula(나히모프 반도).

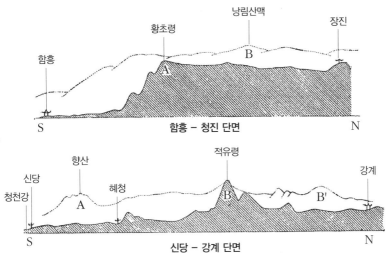

축척 1 : 562,500   수직×2

그림 3. 함경남도 도청소재지인 함흥에서 황초령 고개(1,090m)를 지나 장
진에 이르는 단면으로, 동 개마지대의 전형적인 고원 지형을 보여
준다. A와 B는 각각 향산맥과 적유령산맥이다. 갈응령산맥은 장진
북쪽에 있다.

그림 4. 안주로부터 청천강 상류 쪽으로 50km 떨어진 신당부터 명산으로
알려진 향산과 적유령 고개(970m)를 지나 내륙도시 강계에 이르는
단면이다. 이 단면은 심하게 개석된 서 개마고원을 보여 준다. A,
B, B'는 각각 향산, 적유령, 갈응령산맥이다.

는 태백산맥의 금강산 부분과 낭림산맥을 연결시켜 준다. 대강섬반도
는 송전만(Pant Lajareff)[242]을 둘러싸고 있다. 이 산맥의 북쪽 연장이 어
디까지인지 확실하지 않으나, 리히트호펜의 지적처럼[243] 압록강의 유
로가 갑자기 바뀌는 묘이산은 이 산맥에서 비롯된 것이다. 그 이후의

242) 松田灣(송전만).
243) *Vide ante.* p.5.

산맥 경로는 지형으로는 확실하지 않으나, 아마 지질구조로는 추적이
가능할 것이다.

ii. 함관령산맥 – 동 개마에서 낭림산맥보다는 동쪽에 있으면서 거
의 같은 방향을 달리지만 지괴가 반대편 방향으로 떨어져 나온 두 개의
다른 산맥에 대해 언급해야 할 것이다. 결국 두 산맥의 급경사 단애는
동쪽을 바라보고 있다. 방향이나 구조로 보아 이들 산맥은 태백산맥에
포함시켜야 할 것이다.

이미 말했듯이, 함관령산맥은 함흥과 홍원[244] 사이에 같은 이름으로
된 편마암 고개에서 시작된다. 내륙으로 가서는 이 산맥이 선령
(1,565m)의 안구편마암(eye-gneiss) 지역을 지나고, 그 이후 압록강의
충천령 협곡에서 갈응령산맥과 만난다.

iii. 마천령[245]산맥 – 같은 이름의 고개(600m)는 성진 자유항 서쪽에
있다. 이 고개는 함경도를 남북으로 나누는 잘 알려진 지형지물이다.
이 고개의 남쪽과 북쪽을 각각 남관[246]과 북관[247]으로 부르는데, 이는
문의 남쪽과 북쪽을 의미한다. 갑산[248]에서 길주[249]로 가는 도중 단천[250]
에 있는 유명한 금광 인근에서 편마암(편리 축방향이 N.30°W.와 수직)
으로 이루어진 산맥을 넘은 적이 있다. 이 금광은 협곡 형태의 대동[251]

---

244) 洪原(홍원).
245) 摩天嶺(마천령).
246) 南關(남관).
247) 北關(북관).
248) 甲山(갑산).
249) 吉州(길주).
250) 端川(단천).
251) 大洞(대동).

계곡에 위치해 있다. 높이가 2,421m이고 현무암–메사 위로 머리를 내민 두류산[252]이라는 이름의 구조 단애가, 높지만 용암으로 메워진 평평한 고원 위를 달리고 있는 산맥의 방향을 지시해 준다.

앞에서 언급했듯이 두만강 상류에 대한 국지적 지식은 없다. 그러나 이 산맥의 선을 북쪽으로 추적해 보면 회산령 분수계로 이어지고 마지막으로는 백두산 화산에 도달할 것이다. 만약 내 추측이 맞는다면, 이 분화구는 두 지질구조선의 교차점에 위치할 것이다.

지금까지 개략적으로 살펴본 세 산맥은 태백산맥과 같은 방향이지만, 각각의 독특한 특성 때문에 하나의 그룹으로 묶기가 어렵다. 원산 북쪽에 있는 중심도시 함흥에서 출발하여 황초령 고개 쪽으로 가다 보면, 편리 방향이 처음에 중국 방향[253](남서–북동)으로 달리는 파쇄된 흰색의 조정질 화강암을 지나는데, 이는 고개 발치에 이르러서도 마찬가지이다. 그러다 고개에 이르면 편리 방향은 랴오둥 방향으로 급하게 바뀐다. 여기서 장진까지 이틀 동안 답사하면서 본 암석의 압축 방향은 약간(20도 미만)의 서향 경향을 보이면서 북남 방향으로 달린다. 이 방향은 태백산맥의 그것과 일치한다.

계속 이어진 물결 무늬(secretionary)의 검은 색 패치들이나 전기석이 포함된 물결 무늬(excretionary)의 조정질 애플라이트(aplite)로 판단하건대, 나는 이것이 기본 구조라고 믿는다. 이 구조가 과연 빙상으로 덮인 이후 연암의 능동적인 흐름이나 지각의 습곡작용 시 나타나는 수동

---

252) 斗流山(두류산).
253) 맹주령산맥이다.

적인 운동에 의해 만들어진 것이 아니라면 도대체 무어란 말인가. 함관령산맥과 마천령산맥 둘 모두 압력을 받은 화강암의 정상부임에 틀림없다. 갑산과 길주 사이에서 압축을 받은 암석을 천매암과 석회암이 덮고 있는 것을 볼 수 있으며, 이를 다시 완만하게 흐른 현무암이 덮고 있다. 기반 암석의 생성 양식으로 판단하건대, 지반운동이 아주 오래 전에 발생했고, 따라서 이 암석의 지형적 의미는 사라졌다고 결론짓지 않을 수 없다. 이 산맥들이 이후 랴우둥 산맥들에 의해 심해까지 잘려 나가지 않은 한, 동해에서 그 연장을 발견할 수 있을 것이다.

동 개마에서 이들 산맥과 화강편마암의 습곡축면(pressed plane)이 가지는 의미는 분명하게 밝힐 수 없다. 실제로, 그것의 의미를 해석하는 것이 어려워서 조선 반도 지질사를 재구성하는 데 장애가 되고 있다.

화강편마암의 지질 축이 조선 시스템의 그것과 일치하지만, 태백산맥의 지배적인 축과는 일치하지 않을 수 있다. 리히트호펜은 북북서-남남동 방향의 산둥 반도 고지질구조선에 대해 반복해서 언급한 바 있으며, 이 지질구조선은 내가 동 개마에서 관찰한 지질구조선과 어느 정도 관계가 있다고 여겨진다. 어쩌면 프린츠(W. Printz)가 말한 비틀림 경로(torsion-course) 중에서 네 번째에 해당될 것이다.

이처럼 아주 중요한 지질구조선이 운산의 미국 광산 북쪽에 있는 차령의 한 지점을 제외하고는 서 개마에서 확인되지 않고 있음을 특별히 명심해야 한다. 이 구조는 태백산맥과 낭림산맥의 연맥 동쪽에서 주로 나타나고, 이들 산맥은 현재 조선 반도의 등뼈 구실을 하고 있다.

서 개마에는 태백산맥의 세 가닥 산맥이 있다. 이들을 고조선 지대에

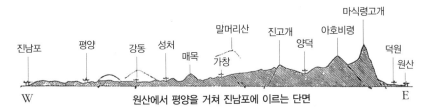

원산에서 평양을 거쳐 진남포에 이르는 단면

축척 1 : 750,000   수직×2

그림 5. 자유항 원산에서 옛 수도인 평양과 고도가 높은 마식령 고개
(1,020m)를 지나 황해의 자유항 진남포에 이르는 단면이다. 이 단
면은 동해를 향해 동쪽으로 가면서 점차 높아지는, 고조선 지대 중
산성산지(Mittelgebirge)의 특성을 분명하게 보여 준다. 이 단면은
한반도의 가장 좁은 곳을 지나며, 우리는 황해 해안에서 녹해
(Green Sea, 동해를 의미함. – 역자 주) 해안까지 가는 도중에 세
로 방향의 산맥들을 넘어야 한다. 강동 부근의 육장산맥, 말머리산
맥, 진고개산맥, 아호비령산맥, 마식령산맥이 그것들이다.

있는 그것과 분리할 수 없기 때문에 그것들을 차례로 다루는 것이 편리
할 것이다.

C. 고조선 지역

중국 방향과 랴오둥 방향 산맥들의 축은 동 개마와 육진 지방에서 서
로 교차하며, 이들 산맥 사이에 끼어 있는 쐐기 모양의 땅이 있다. 이곳
은 중립 상태, 아니 오히려 부딪히는 두 힘 사이에서 남서쪽으로 후퇴
하였다. 지질학적으로 말해, 이곳은 중국 방향의 습곡지대이다. 둘 사
이에 끼어 있는 이 지역은 조선의 북부와 남부를 나누는 추가령 협곡의

북서쪽에 위치하면서 북부 조선의 남쪽 반을 차지하고 있고, 개마 지대는 그 북쪽 반을 차지하고 있다.

지세로 보아 이 지역은 중산성산지(Mittelgebirge) 지대로, 산맥들이 다양하게 지나고 있고(그림 5) 평균 고도는 300m를 넘지 않는다. 다만 예외가 있다면 동쪽과 동북쪽 지역인데, 이곳으로부터 물이 대동강[254]과 청천강[255]의 유로를 따라 서한만으로 흘러간다. 이들 하천의 꺾인 유로로 보아, 하천들은 직각 방향으로 서로 그물처럼 얽힌 산맥들 사이를 지나고 있다. 특히 동쪽 고지에 있는 수많은 지류의 물이 대동강을 통해 평양의 서쪽 저지에 이르며, 평양은 조선에서 가장 큰 내륙 분지이기도 하다. 대동강이라는 이름은 커다란 합류 하천을 의미한다.

신화의 인물인 단군[256]은 조선 왕들의 아버지이며, 이미 언급한 묘향산에 내려와 제일 먼저 한 일이 단군조선[257]의 수도로 평양[258]을 선택한 것이다. 기씨조선[259]과 위씨조선[260]에서도 마찬가지였다. 이곳과 남만주 일부가 이들의 영역에 포함된다. 오늘날 조선 사람들은 이 오래된 왕조(BC 2317~209)를 통합해서 고조선[261]이라 부르고 있기 때문에, 지금부터 나는 이 오랜 된 왕국의 영역을 고조선 지대라고 부르려 한다.

이 지역은 주로 화강암과 판상의 얇은 회색 석회암으로 이루어져 있

---

254) 大同江(대동강) 혹은 패수(浿水).
255) 淸川江(청천강).
256) 檀君(단군).
257) 檀君朝鮮(단군조선).
258) 平壤(평양).
259) 箕氏朝鮮(기씨조선).
260) 衛氏朝鮮(위씨조선).
261) 古朝鮮(고조선). 중국 지배하에 이 지역은 낙랑(樂浪)이라 불렸다.

으며, 지질학적으로 말해 이 복합체는 다양한 지괴들로 쪼개져 있다. 단층의 수직 변위가 거의 같은 크기라, 짧은 여행 기간 동안 어느 것이 주 단층이고 어느 것이 다른 것에 비해 우위에 있는지 결정하기가 쉽지 않았다. 물론 파쇄의 결과 지괴들이 분리되지만, 이들 중 상당수는 약간의 굴곡을 지닌 습곡도 보여 준다. 어쩌면 설명을 위해 단층산맥을 세로방향과 사선방향 두 부류로 나누는 것이 편리할지 모르겠다. 아래에서는 일부 중요한 것들만 선택해서 특징을 나타내고자 한다.

7개의 세로방향 산맥과 7개의 사선방향 산맥이 있는데, 후자의 남부 그룹은 남쪽부터 헤아린 것이다.

a) 사선방향 산맥

〈남부〉

ⅰ. 수양산맥 – 단애가 남쪽을 향하고 있는 산맥을 황해도 남쪽에서 만날 수 있다. 이 산맥은 해주[262] 부근의 수양산[263]에서 시작되어 백천[264]의 치악산[265]에서 끝난다. 화강편마암으로 이루어진 이 산맥은 남쪽 해안에서 분명하게 관찰되며 송도[266]의 송악산[267]을 지난다. 나는 임진강[268] 인근의 삭령[269] 부근에서 이를 마주친 적이 있다.

---

262) 海州(해주).
263) 首陽山(수양산).
264) 白川(백천).
265) 雉岳山(치악산).
266) 松都(송도).
267) 松岳山(송악산).
268) 臨津江(임진강).
269) 朔嶺(삭령).

ii. 멸악산맥 – 이 산맥은 단애가 반대 방향, 즉 북쪽을 향하고 있고, 황해도의 골격을 이루고 있다. 아마 산둥에서 시작하여 장산곶에서 조선 반도로 들어와 서흥[270]의 멸악산[271]까지 이어졌으며, 평강[272] 서쪽 고암산[273] 인근의 추가령 협곡 가장자리에서 끝난다. 산맥의 남쪽을 따라 평강에서 평산[274]까지 편한 길이 나 있다.

iii. 조일령 산맥 – 이 산맥은 황주[275]와 중화[276] 사이의 점판암 고원에서 시작된다. 운모편암으로 이루어졌으며 단애는 남쪽을 바라보고 있는 수안[277] 북쪽 조일령[278] 고개(450m)를 지나, 백년덕[279] 정상의 도 경계에서 끝난다.

남부의 세 산맥은 모두 황해도에 있으며 산둥 반도의 축과 일치하는 서남서–동북동 방향으로 달린다. 그러나 이 사선방향 산맥의 북부는 안주와 의주 사이의 해안선과 일치하는 서북서–동남동 방향으로 달리고 있다.

〈북부〉

iv. 황룡산맥 – 평양에서 북쪽으로 가는 대로변에 암청내원[280]이라는

---

270) 瑞興(서흥).
271) 滅惡山(綿岳山)[멸악산(면악산)].
272) 平康(평강).
273) 古庵山(고암산).
274) 平山(평산).
275) 黃州(황주).
276) 中和(중화).
277) 遂安(수안).
278) 朝日嶺(조일령).
279) 百年德(백년덕).
280) 岩赤川院(암적천원).

곳이 있으며, 이곳으로부터 고도가 낮은 화강편마암이 남동쪽으로 구상원[281]까지 뻗어 있다. 이곳은 영국 광산이 있는 압은산으로 가는 길가에 있다. 나는 동해로 가는 길에 강동[282] 뒤에 있는 황룡산[283]에서 이 산맥의 남향 단애를 본 적이 있다. 나는 이 산맥을 문헌 고개[284]에서 넘었지만, 산맥의 동쪽 경로는 더 이상 추적할 수 없었다.

v. 말목산맥 – 평양 대로변 숙천[285] 북쪽에서 출발해, 고도가 낮은 새원[286] 고개와 배암[287] 고개, 두 고개를 넘어야 한다. 이 산맥은 단애가 북쪽을 바라보면서 금산을 지나 동남동 방향으로 나아간다. 이 산맥의 북쪽 발치에는 영국이 광물채굴권을 가진 그웬돌린(Gwendoline)[288] 광산이 있다. 나는 동쪽으로 계속 연장되는 이 산맥을 성천[289] 북쪽 말목고개[290]에서 넘었으며, 동해로 가는 길에 이 산맥의 북쪽 발치를 따라 양덕[291]으로 갔다.

vi. 천성산맥 – 이 산맥은 안주로부터 말목산맥과 평행하게 달리지만, 단애는 남쪽을 바라보면서 숭화산[292]과 천선산[293]을 지난다. 영국

---

281) 舊祥厚(구상후).
282) 江東(강동).
283) 黃龍山(황룡산).
284) 文憲峴(문헌현).
285) 肅川(숙천).
286) 新院(신원).
287) 蛇峴(暗雲峴)[사현(암운현)].
288) 조선 사람들은 이 광산을 용화방(龍化坊)이라 부른다.
289) 成川(성천).
290) 馬項峴(마항현).
291) 陽德(양덕).
292) 崇化山(숭화산).
293) 天仙山(천선산).

광산에서 천선산이 분명하게 보인다. 나는 덕천[294]으로 가는 길에 있는 미륵고개[295](300m)에서 이 산맥을 건넌 적이 있다. 아마 이 산맥은 원산으로 이어져, 평안도와 함경도의 경계를 이룰 것이다. 이 경계선에 포함된 일련의 낮은 구릉들 역시 청천강의 서쪽 연안을 따라 관찰된다. 청천강은 이 산맥에 의해 상류 유로가 심하게 굽어져 있다.

vii. 두개산맥 – 이 산맥은 사선방향 산맥의 마지막이자 가장 북쪽에 있는 산맥으로, 산맥의 방향에 관한 한 약간 예외적인 상황을 나타낸다. 이 산맥은 개천[296] 동편에서 오히려 랴오둥 방향으로 달리고 있으며, 오트렐라이트(ottrelite) 편암으로 이루어진 덕천 북쪽 두개고개[297]에서 이 산맥을 건넌 적이 있다.

viii. 맹주산맥 – 짧지만 뚜렷한 이 산맥은 두개산맥 동쪽 끝에서 볼 수 있으며, 중국 방향으로 달리고 있다. 이 산맥은 평안도와 함경도의 경계를 이루면서 청천강과 동해안의 분수계 역할을 하고 있다. 파쇄된 화강암으로 이루어진 맹주령[298] 고개가 이 산맥에 놓여 있으며, 영흥[299]에서 영원[300]으로 가는 주요 도로 중의 하나이다.

b) 세로방향 산맥

앞에서 언급한 7개의 사선방향 산맥과 마찬가지로 같은 수의 세로방

---

294) 德川(덕천).
295) 彌勒峴(미륵현).
296) 价川(개천).
297) 斗介峴(두개현).
298) 孟州嶺(맹주령).
299) 永興(영흥).
300) 寧遠(영원).

향 산맥이 있다. 모두 조선 방향으로 달리고 있지만 태백산맥과는 쉽게 조화를 이루지 못하고 있다. 이들 산맥들은 전체적으로 조선 서해의 해안선을 결정짓고 있다. 네 개의 주 산맥과 세 개의 이차적인 산맥이 있으며, 서쪽부터 헤아리면 다음과 같다.

ⅰ. 구월산맥 – 이 산맥은 황해도 강령[301]에서 시작되어 북쪽으로 미륵고개[302]를 지난 다음 구월산의 맞수 격인 송구산[303]까지 이어진다. 이 산맥은 화강편마암으로 된 유명한 구월산[304]에서 다시 나타난다. 이 산은 동쪽이 융기하여 서쪽으로 갈수록 경사가 완만해진다. 곧 이어 이 산맥은 서한만에 이르러 사라졌다가 절산에서 다시 등장하며, 이곳부터 의주대로의 동편을 따라 달리고 있다.

ⅱ. 자모산맥 – 한강 하구의 연안[305]에서 시작된 이 산맥은 구월산맥과 나란히 달리면서 검수역[306]에서 평양대로를 가로지른다. 이 산맥은 평양 동쪽에서 낮아지다가 고방산에서 다소 높아지며, 자모산성[307]을 지나 안주로 이어진다. 서 개마에서는 운산과 동창[308]의 서쪽을 지나며, 아마 벽동[309] 서쪽에서 압록강을 건널 것이다.

ⅲ. 육장산맥[310] – 예성강[311] 하구에서 시작된 이 산맥은 마찬가지로

---

301) 康翎(강령).
302) 彌勒峴(미륵현).
303) 送九山(송구산).
304) 九月山(구월산).
305) 延安(연안).
306) 劍水驛(검수역).
307) 慈母山城(자모산성).
308) 東倉(동창).
309) 碧潼(벽동).

북쪽으로 나아가 차유령[312]에서 대로를 지나고 평안도와 황해도의 경계에 있는 육창고개로 이어진다. 이 산맥은 북쪽으로 강동, 은산, 개천[313]까지 연장된다. 대동강의 북쪽 지류는 이 산맥과 자모산맥 사이를 남쪽으로 흐른다. 서 개마에서는 영변의 서쪽을 지나고 벽동과 아이진[314] 사이에서 압록강을 건넌다.

iv. 말머리산맥 – 이 산맥은 고조선 지대에서 가장 중요한 산맥이다. 송도 부근의 송악산과 대흥산[315]에서 시작되어 북쪽으로 나아가면서 임진강과 예성강의 분수계 역할을 한다. 이 산맥은 가창의 동쪽에서 평양(원문의 평안은 오류이다. – 역자 주)-원산 간 도로와 만난다. 가창에서는 동편에 급경사의 단층애가 나타나는 말머리[316]와 아미산[317]에서 최고 고도에 이른다. 내가 대동강 상류 덕천에 도착할 때까지 계속해서 이 산맥을 볼 수 있었다. 청천강 상류가 희천 동쪽 세거리[318]에서 이 산맥을 자르는데, 산맥의 최고점은 삼림으로 덮인 장엄한 물이산[319](1,600m)에서 나타난다. 이 화강암 산맥은 서 개마에서 가장 높은 산지인 동시에 남북 방향의 중요한 분수계이다.

---

310) 六張峴(육장현).
311) 禮成江(예성강).
312) 車踰嶺(차유령).
313) 价川(개천).
314) 阿耳鎭(아이진).
315) 大興山城(대흥산성).
316) 馬項(마항).
317) 峨眉山(아미산).
318) 細街(세가).
319) 勿移山(물이산).

v.– vii. 나머지 세 개의 산맥 모두 서로 평행하며, 앞의 네 개 산맥에 비해 비교적 덜 중요하다. 우리는 평양–원산 간 대로에서 이들을 건넌다. 진고개(500m), 아호비령(760m), 마식령(1,020m)이 그곳이며, 마지막 고개는 실제로 이중 산맥으로 원산에서도 쉽게 볼 수 있다.

4

결론 및 요약

앞에서 이야기했던 것을 요약하기에 앞서, 무엇보다도 이 논문을 구성하면서 의존했던 지질구조선이라는 것이, 지질도와 함께 일부 서론적인 지질학적 설명이 없다면 독자들이 완전하게 이해하기는 어려운 것임을 고백해야 할 것이다. 심지어 일부 독자들은 미래의 관찰자에 의한 증명을 기다려야만 하는 나의 주장에 대해 의문을 던질 수도 있다. 조선의 지질학에 관한 한, 조선 반도의 지질사에 관한 설명과 함께 개략적인 윤곽을 수개월 내에 제공해 줄 수 있게 되기를 희망한다.

이미 언급했듯이, 조선은 이탈리아가 유라시아의 반대쪽 끝에서 튀어나온 것과 마찬가지로 만주 본토로부터 남쪽으로 뻗은 동아시아의 이탈리아이다. 조선은 동서 방향의 장백산맥에 의해 북쪽 경계를 이루고 있다. 조선 사람들은 이 산맥을 랴오둥 저지에 의해 의무려산맥에서 동쪽으로의 가지가 끊긴 위대한 곤륜산맥의 지맥으로 간주한다. 장백산맥의 남쪽 발치에는 압록강과 두만강의 유역분지가 있다. 이 두 하천은 장백산맥의 최고봉(8,900피트)[1]이자 조선 민족의 요람[2]인 백두산에서 분출한 용암류에 의해 형성된 회산령(700m)에서 나누어진다. 이탈리아 반도에서는 알프스 산맥과 포 강 평원이 이에 상응한다. 이 두 나라는 같은 위도에 있고, 좋은 기후를 즐기며, 이곳에는 아주 오래된 문화민족이 거주하고 있다.

조선 반도는 여러 타당한 근거로 남부와 북부로 나눌 수 있으며, 지질학적 의미에서는 원산항 안쪽부터 강화만까지의 협곡이 그것이다. 강화만의 한쪽 구석에는 상업의 중심지이자 수도 서울의 입구인 제물포가 있다. 이 협곡, 혹은 열곡은 용암으로 채워져 있는데, 전라도 남쪽 해안에서 멀리 떨어진 대규모 현무암 도서인 제주도를 제외하고는 조선 남부에서 유일한 넓은 용암대지이다. 추가령 열곡 혹은 지루(510m)는 동해에서 황해까지 반도를 비스듬히 가로지르는 가장 편안한 통로를 제공해 주고 있으며, 다양한 지리학적 요소들의 경계를 이루고 있다.

a) 역사적으로 조선 북부는 고조선의 땅이다. 조선이라는 이름 하에 단군, 기자, 위만에 의해 세워진 왕조들과 주몽에 의해 건국된 고구려 혹은 고려, 모두는 조선 반도에서 이 지역에 주로 자신의 영역을 확보하고 있었다. 그 이후 얼마 지나지 않아 조선 남부에 마한, 진한, 변한의 삼한이 등장하였고, 그 뒤를 이어 조선 남부에서는 신라와 백제, 조

---

1) James, *The Long White Mountains*, p.262에는 8,025피트이다.
2) "오랫동안 극동에서는 백산이 신성하다고 인식되어 왔다. 처음에 부키안(不咸山)이라는 이름으로 불렸다(이 글 p.8 참조). 이는 중국 기원의 이름이 아니고, 몽고에 있는 겐테히(Gentehi) 산맥(어떤 이는 우르가[Urga]에 있는 칸올라[Kahn-ola] 산)이 한 때 그렇게 불렸던 것처럼, 몽골 부르칸(Burkhan) 산의 또 다른 이름이다." "…… 바다와 산을 다룬 책인 산해경(山海經)에서는 판히엔잔(이는 오자로 보인다 - 저자)이라 불렸다. 백산에 관한 중국의 신화에 대해서는 Archimandrite Palladius의 논문 *Expedition through Mongolia*를 참조하기 바란다." *Proceedings R. G. S.*, 1872.

선 북부에서는 고구려가 건국하였다. 역사적인 견지에서 조선 남부는 삼한의 땅이다.

b) 기후적으로 북부는 춥고 남부는 온화하다. 후자에서는 이 나라의 주곡인 쌀이 생산된다.

c) 지형적으로 삼한의 땅(조선 남부)은 높은 산맥이 동해의 해안을 따라 달리고 있지만 구릉지이며, 서쪽으로 갈수록 경사가 완만해지다가 황해의 얕고 탁한 바다 속으로 사라진다. 조선 북부에는 북쪽의 개마고원(그림 3, 4)과 남쪽의 고조선(그림 5), 두 가지 지형 유형이 나타난다. 후자는 평균 고도는 아주 낮지만 조선 남부와 같은 유형의 구릉지대이다. 결국 육지는 동쪽으로 갈수록 점점 높아져, 압록강, 청천강, 대동강, 예성강, 임진강, 한강, 금강, 영산강과 같은 대하천은 황해[3]로 들어간다.

d) 북부와 남부 주민들의 체격과 기질은 적잖게 다르다.

조선 반도에서는 산맥들의 배열과 그것의 지하 구조에 대한 아주 흥미로운 주제를 찾아볼 수 있다. 리히트호펜[4] 교수와 고체[5] 교수는 이들에 대한 해결책을 찾으려 노력했다. 나는 올해 조선에서 돌아와서, 수스(Suess)가 쓴 *Antlitz der Erde*[6]를 아주 흥미롭게 읽었고, 연이어 리히트호펜의 *Geomorphologischen Studien aus Ostasien* I, II, III도 읽었다. 수스는 조선 반도를 거의 다루지 않았다. 하지만 리히트호펜은 동 개마 가장자리를 지나 멀리 함흥 부근 호도(화도)까지의 통로를 퉁구

---

3) 부록 p.364의 그림 1과 그림 2, p.387의 그림 3과 그림 4, p.391의 그림 5 참조.

스 커브(Tungustic curve)라 명명했고, 여기서 다시 시작해 조선 남부의 외곽을 돌아 멀리 양쯔 강 하구까지를 코리안 커브(Korean curve)라고 명명했다. 이 두 커브는 중국의 대싱안링 산맥과 태행산맥의 내측 산지(inner Staffel)에 상응하는 땅을 둘러싸고 있다고 볼 수 있다. 조선 반도는 우리 시대 정치지도자들에게 그러했던 것처럼 이들 두 대가들의 관심을 크게 불러일으켰던 것 같다. 이제 한반도의 지형학에 관해 이 논문에서 이야기했던 것을 반복해 보려 한다.

 i. 어느 곳이나 마찬가지인데, 삼한과 고조선 지역 서쪽의 조선 반도 전면에 분포하는 화강편마암, 편마암, 운모편암으로 이루어진 시생대 층은 광범위하게 습곡을 받았고, 남쪽으로 갈수록 습곡의 굴곡이 심해진다. 습곡축은 남남서–북북동 혹은 남서–북동 방향으로 뻗어 있다. 이러한 습곡에서 가장 두드러진 정점이 노령산맥과 차령산맥으로, 전라도와 충청도를 비스듬히 가로지르고 있다. 이외에도, 비록 고생대층

---

4) 부록 p.304 참조, 중국에 관한 그의 저서를 읽을 때마다 이 나라의 어려운 지명들을 다루는 그의 놀라운 솜씨에 경탄을 한다. 로마자로 유럽이나 미국 밖의 지명을 정확히 쓰고 음역할 때 항상 여러 가지 어려움에 직면하게 된다. F. v. 리히트호펜의 기념비적 저서인 *China*는 이러한 점에서 모든 지리학적 문헌 중에서 최초의 것이다. 웨이드(Wade) 경의 시스템과 결합된 지역 표의문자표기법에 대한 피나는 연구 덕분에 결국 그는 중국의 인명과 지명 모두의 발음을 정확하게 나타낼 수 있었다. 적어도 독일어를 구사하는 집단에서 이 나라의 명명법은 이제 이 주제에 대한 위대한 업적 덕분에 통일될 수 있었다. 나 역시 리히트호펜이 중국에서 그러했듯이 조선에서 같은 어려움을 겪었다. 왜냐하면 비록 조선사람과 중국사람이 같은 표의문자 기호를 사용하고는 있지만, 각 문자를 다르게 발음하기 때문이다. 따라서 나는 가나자와 씨의 도움을 받으면서 약 3,000개에 이르는 조선 지명을 로마자로 편집해야만 했다. 다음과 같은 제목을 단 이 목록은 이제 발간되었다 : *A Catalogue of the Romanized Geographical Names of Korea*(로마자 조선 지명 목록). 나의 음역 시스템에 따라 만들어진 1:2,000,000 축척의 지도가 며칠 안에 발간될 것이다.
5) 부록 p.340 참조.
6) Band Ⅲ, Part Ⅰ.

아래에 깊숙이 가려져 있지만, 고조선 지역에서 소규모 지층의 굴곡을 여럿 볼 수 있다. 조선 반도 면적의 거의 반이 이런 유형의 습곡을 받았다. 내 생각으론 이 특별한 습곡을 펌펠리[7]가 처음으로 발표했던 중국 남부의 중국 시스템으로 분류해야 할 것이다.

리히트호펜이 중국 시스템의 가상 선을 일본 남부의 지질구조에까지 연장했다는 것은 잘 알려진 사실이며, 이 이론은 노이만 박사(Dr. E. Naumann)[8]와 고 하라다(Harada)[9]도 인정한 바 있다. 한편 로치(L. v. Lóczy)[10]는 화이(淮) 산맥과 양쯔 강 하구를 지나 일본 남부로 연장된 것이 친링(秦嶺) 산맥이며, 따라서 중국 시스템은 양쯔 강 하구에서 친링 산맥과 이어진 것으로 생각하는 것 같다. 그러나 중국시스템이 동(중국)해에서 사라진 후 어떻게 되었는지는 아무도 모른다.

조선 반도를 비스듬하게 지나는 중국 시스템의 폭넓은 띠가 만약 동중국해를 넘어 뻗어 있는 것이라면 중국 남부의 산맥과 연결될 것이다. 펌펠리는 이 산맥에 중국 시스템이라는 이름을 최초로 사용하였다. 리히트호펜 남작의 가상 선[11]은 피셔(F. Fischer)의 동아시아 지도[12]에서 보듯이 일본 남부에서 푸저우(福州)까지, 그 이후 푸젠(福建)과 광둥(廣東)해안을 지난다. 중국 남부 지도 중에서 어느 정도 볼만한 것이라면,

7) 부록 p.353 참조.
8) *Ueber den Bau und die Entstehung der japanischen Inseln*, Berlin, 1885.
9) *Die japanischen Inseln*, S.28.
10) *Die wissenschaftlichen Ergbnisse der Reise des Grafen Béla Széchenyi in Ostasien*, Bd. I, 08.
11) *Die morphologische von Formosa und den Riukiu Inseln*. Sitzungsberichte der Kön. Preuss. Akad. d. Wissensxhaften z. Berlin, 1902, S.964.
12) E. Debes' *Neuer Handatlas*. No.44.

대유령(大庾嶺)[13]이 축을 이루고 있는 중국 시스템의 넓은 부분이 푸저우와 상하이 사이 동(중국)해로 들어가고, 그 연장은 내가 감히 조선의 중국방향 습곡이라 부르는 것과 그 방향이나 폭에서 제대로 일치한다.

이바노우(Ivanow)[14]의 연구에서 지적되었듯이, 만약 조선의 중국 시스템이 북동쪽까지 연장된다면, 습곡의 큰 부분이 시호테알린과 다시 연결된다는 사실이 특별히 언급되어야 할 것이다(부록 pp.353~357 참조).

ⅱ. 중국 시스템은 조선 반도에서 오래된 습곡 시스템으로, 같은 시기나 이보다 조금 늦은 시기에 개마지대에서 나타나는 랴오둥 방향의 또 다른 시스템이 만들어졌다. 개마지대는 나중에 단층이 발생하여, 묘향산맥, 적유령산맥, 갈응령산맥이 남쪽으로 가면서 차례차례 만들어졌다. 이들 산맥은 서남서–동북동 방향을 달리고 있으며, 만주 남부와 직접적으로 연계되어 있는 것이 분명하다. 그러나 그 유명한 장백산은 동서로 달리면서 두만강 유역에 있는 산맥과 비스듬하게 만난다. 두만강(원문의 압록강은 오류이다. – 역자 주) 상류는 함경도의 북동 해안에서 소장백산맥에 의해 비스듬하게 잘리는 두 시스템 사이의 예각 지대 물을 배수한다(부록 p.379 참조).

ⅲ. 조선 시스템이란 조선 반도의 장축을 따라 대개 남북 방향으로 달리는 융기 산릉이나 간혹 나타나는 습곡의 복합체를 의미한다. 우리

---

13) 대유령(大庾嶺)

14) *La chaine du Sikhota-Aline*, p.112. Explorations géologiques et minères le long du Chemin de fer de Sibérie. Livraison ⅩⅥ. St. Petersbourg, 1898.

이전의 토착 지리학자[15]들조차 한반도의 지형에서 이 산맥의 중요성을 인식할 정도로 지형에 미치는 영향이 아주 특별하다. 조선 고유의 산맥으로서 남동 아시아에서 이와 비슷한 경향을 보이는 산맥이 있는지는 알지 못한다. 그러나 내 생각에, 조선 방향과 유사한 것은 어쩌면 장백산맥 너머 길림과 기다란 대싱안링 산맥의 끝부분에서 볼 수 있을 것 같다. 마찬가지로 규슈(일본)의 일부도 이 범주에 속하는 것 같다.

조선 시스템 복합체 안에서 각각 태백산맥과 소백산맥이라 불리는 두 개의 자연적인 소그룹이 있다.

a. 전자는 조선 반도의 등뼈를 이루고 있고, 경상도의 남동쪽에서 시작하여 북북서 방향으로 해안을 따라 태백산, 오대산, 금강산을 지나 잠시 중단된 후 개마지대의 낭림산맥으로 이어진다. 이 산맥은 평안도와 함경도의 도 경계를 이루며, 개마지대는 이 산맥에 의해 동과 서로 나뉜다. 압록강 상류 유로의 갑작스런 전환(묘이산 꼭지점)은 아마 이 산맥의 연장에 기인한 것이며, 거제도는 이 산맥이 조선 남부의 다도해로 들어가면서 약간 서남쪽으로 휘어졌음을 나타낸다.

태백산맥의 5개 연맥들은 동해 해안을 따라 달리고 있는 경동지괴의 단애인데 오른쪽 날개가 계속해서 해안으로부터 해저로 내려앉았다. 이는 혼슈의 태평양 쪽 퇴적과 압력의 사후 효과로 나타나는 분리 단층에 그 원인이 있는 것 같다(부록 pp.379~362 참조).

b. 후자인 소백산맥 역시 남쪽 혹은 남서쪽을 바라보는 단층애로 이루어져 있다. 이 소그룹은 한쪽은 경상도와 다른 한쪽은 전라도와 충청

---

15) 부록 p.342 참조.

도 사이의 분수계 및 경계 벽을 이루고 있다. 태백산맥의 연맥들이 서로 거의 평행하게 달리는데 반해, 소백산맥의 4개 연맥들은 추풍령 고개 부근에서 전라도 남쪽을 향해 깃털 모양을 하고 있다. 이미 언급한 바와 같이, 노령산맥의 습곡 능선처럼 소백산맥의 북동 연장도 태백산맥에 의해 잘린다. 하지만 노령산맥은, 소백산맥의 연맥과는 방향은 조금 다르고 구조는 완전히 다르다(부록 pp.362~369 참조).

  iv. 조선 시스템의 방향 못지않게 뚜렷한 방향성을 나타내는 한산산맥은 주로 조선 남부의 남쪽 경계와 대개 일치한다. 서남서–동북동 방향으로 달리고 있으며, 일본 남부의 북쪽과 제대로 상응하고 있지만 이 산맥의 서쪽 연장에 관하여는 추측하기가 쉽지 않다. 나는 단지 양쯔강 하류의 유로를 지배하는 베이슨–레인지 지대에서 이 산맥의 연장을 찾아야 한다고 제시할 뿐이다. 고도가 낮은 이 산맥들은 곤륜이나 중국 시스템에 속하지 않는다(부록 p.375 참조).

  한산산맥은 조선 시스템을 만든 지질 사건 이후에 만들어졌다. 전자는 지괴들을 차례차례 남쪽 바다로 던진 단층에 의해 형성된 여러 개의 경동 산릉으로 이루어졌다. 해안에는 수많은 섬과 암초들이 있으며, 여러 방향으로 복잡하게 휘어져 있다. 해안을 특징짓는 이러한 독특한 형상은 조선산맥과 한산산맥을 만든 조산운동의 절리 형성 결과, 바로 그것이다. 만입지는 구조운동에 의한 계곡의 잔재이며, 반대로 헤드랜드는 능선을 의미한다. 특별히 지적할 만한 것으로 자유항 마산포의 좁은 해협을 들 수 있다. 이는 입구 양쪽에서 서로를 끊고 있는 조선산맥과 한산산맥에 의해 형성된 단일 축과의 복합 교차로 그 윤곽이 결정되었다(부록 pp.370~375 참조).

이것은 여러 해안 유형 목록 중에서 독립된 입지를 진정으로 가질만한 특별한 형태이다. 나는 이를 남해 유형이라 이름 지었다. 왜냐하면 이와 같은 특별한 유형의 해안선은 조선 남부의 남쪽 바다, 즉 남해 해안 모두에서 나타나기 때문이다.

v. 고조선 지역 전역에 걸쳐 수많은 작은 산맥들과 단층애가 마치 석쇠처럼 교차하고 있다. 이 지역은 구조적인 측면에서 산둥의 서쪽과 약간 유사하다. 산맥의 배열에 관해 제대로 정립된 법칙을 발견하기는 쉽지 않다. 전 지역이 기다랗고 수많은 지괴들로 나뉘어 있고, 이들 개개는 과거 퇴적암들로 대개 회색의 판상 석회암이다. 개별 지괴들은 급경사의 단애면을 따라 기울어졌지만 반대 방향으로는 경사가 점점 완만해진다. 예를 들어 황해도의 멸악산맥과 같은 일부 동서 방향의 산맥들은 산둥의 지질구조선과 연관이 있는 것으로 판단되지만, 같은 집단 내의 다른 산맥들은 기존의 시스템과 연관 짓기가 쉽지 않다. 남북 방향의 산맥들이 조선 시스템과 같은 방향으로 동시에 일어났다 하더라도, 서로의 위치는 물론 융기의 양에 있어서도 조화를 이루지 못한다. 하지만 황해안에 많이 분포하는 평야는 이의 영향을 크게 받은 것으로 보인다(부록 pp.391~399 참조).

간략히 말하면, 중국 시스템과 랴오둥 시스템 사이에 끼어 있는 고조선 지역의 단층애는 대규모 구조운동에 따른 수동적인 운동과 사후효과의 결과로 보이며, 이는 한반도의 지각–블록이 현재의 모습을 갖게 된 원인이 되었다.

조선산맥론

(도판)

KOREA

Compiled and transliterated

BY

B. Kotō, Ph.D.

1903

Explanations.

Scale 1:2,000,000

조선의 지체구조도

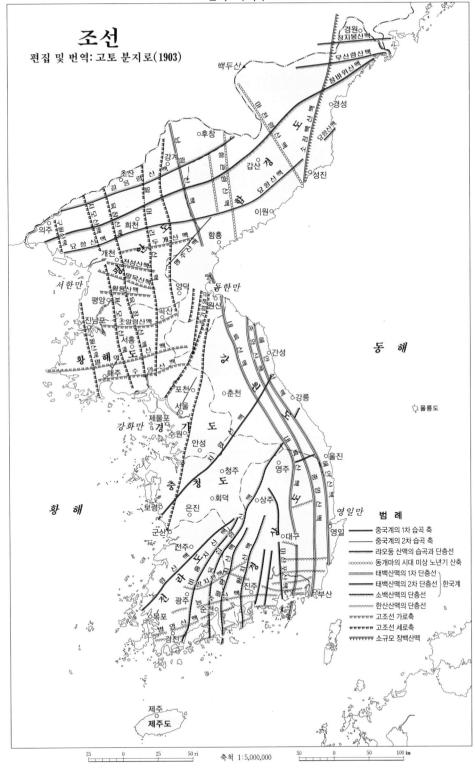

고토 분지로의 생애와 업적

이 책은 고토 분지로가 쓴 2편의 논문을 번역하여 하나는 본문으로 다른 하나는 부록으로 편집한 것이다. 본문의 원본은 1909년 동경제국대학 이과대학 기요에 발표한 "Journeys through Korea"(조선 기행록)이며, 부록은 1903년 같은 학술지에 발표한 "A Orographic Sketch of Korea"(조선 산맥론)이다. 두 편의 개별 논문을 병렬하여 편집하지 않고, 더군다나 발간 시기를 뒤집으면서까지 본문과 부록으로 편집한 것은 단지 1909년 논문의 분량이 훨씬 많기 때문이지 별다른 이유는 없다. 실제로 이 책에서 부록 취급을 받게 된 1903년 논문은 「조선산맥대계」 혹은 「조선지질구조론」이라는 이름으로 우리들에게 잘 알려진 논문으로, 현재 우리가 사용하고 있는 산맥체계의 근간을 제공한 글이다. 고토는 이 논문에서 우리나라의 산맥을 랴오둥 방향, 중국 방향, 조선 방향 등의 체계로 분류하였다. 그뿐만 아니라 노령산맥, 차령산맥, 태백산맥, 낭림산맥 등 현재 우리가 사용하고 있는 산맥 이름의 상당수가 이 논문에게 비롯된 것이다.

이 두 논문 모두 고토가 조선에서 행한 답사가 바탕이 되었다. 그는 1900~1901년, 그리고 1901~1902년 두 번의 겨울에 걸쳐 장장 266일간의 기마답사를 실시하였다. 4마리의 조랑말과 6명의 대원으로 이루어진 초라한 답사대였지만, 그는 동해에서 서해로, 서해에서 동해로 한반도를 오르내리면서 개마고원, 두만강 하류, 금강산, 지리산, 육십령 등 한반도 전역을 누비고 다녔다. 혹한기인 겨울을 택한 이유는 그가 대학교원의 신분이라 방학을 이용해야 했고, 널빤지 다리뿐이던 당시의 교량 시설로는 여름철 우기에 강을 건너는 것이 극히 힘들었기 때문이었을 것으로 추측된다. 또한 그는 답사 경로로써 주요 읍과 읍을 잇는 간선도로를 이용하였다. 당연히 분수계를 이루는 산맥의 낮은 안부인 고개를 넘을 수밖에 없었고, 그 결과 이들 논문에는 고개 이름이 무수히 등장하며 산맥의 이름도 자신이 넘은 고개 이름에서 따 온 것이 많다. 한편 그는 당시 민감한 시기였기 때문에 조선인 복색을 하고 다녔다고 1909년 논문의 각주에 밝히고 있다.

제국주의 국가의 지질학자가 당연히 수행해야 했던 과업을 고토 역시 피할 수 없었던 모양이다. 그는 일본의 영토 확장과 더불어 류큐 열도(1898), 인도네시아 제도(1899), 대만(1900), 조선 반도(1903, 1909), 만주(1912)의 지질조사에 참여하였으며, 이러한 해외지질조사의 일환으로 상기 두 논문을 저술했던 것이다. 이 두 논문 이외에 조선의 지체구조론과 관련된 고토의 논문으로는 1915년 일본지질학회지에 게재된 "Morphological Summary of Japan and Korea"가 있으나, 이 책에는 수록하지 않았다. 학문 발전 초창기의 선구자들이 응당 그래 왔듯이,

고토 역시 지체구조론 이외에 지질학 전반에 관여했다. 그는 유학 당시 습득한 현미경암석학을 일본에 도입했고, 광물학에도 조예를 보였다. 또한 화산에도 관심을 보여 1916년에는 *On the Volcanoes of Japan*(일본의 화산)을 발표했다. 1914년 사쿠라지마 화산이 폭발하자 상세한 현지조사를 한 후 사쿠라지마를 류큐 화산맥과 관련지어 큐슈 서연-류큐 열도-대만으로 이어지는 제1급 구조선(연동해구조선)의 존재를 착안했다.

이제 본론으로 돌아가 두 논문에 대해 이야기해 보자. 「조선 산맥론」의 정확한 서지는 B. Kotô, 1903, "An Orographic Sketch of Korea," *Journal of the College of Science*, Imperial University , Tokyo, Japan, Vol. ⅩⅨ, Article 1.이다. 본문은 59페이지, 목차는 2페이지이고, 도판 Ⅰ, Ⅱ, Ⅲ에 각각 흑백 사진 3매씩 총 9매를 실었으며 부록으로 1:200만 지체구조도를 수록했다. 간략히 말해 이 논문은 한반도 전체의 산계 구조와 성인에 관한 논문이다. 한편 「조선 기행록」의 정확한 서지는 B. Kot?, 1909, "Journeys through Korea," *Journal of the College of Science*, Imperial University, Tokyo, Japan, Vol. ⅩⅩⅥ, Article 2.이다. 본문은 199페이지, 목차가 7페이지이고, 도판 I~XXXIII에 흑백 사진 총 99매가 실려 있으며, 도판 XXXIV와 XXXV에는 여로에 연한 지역의 지질단면도 3매, 도판 XXXVI에는 1:150만 조선남부지질도가 수록되어 있다. 이 논문은 1900~1902년 답사 경로를 따라 전라도와 경상도 대부분 지역의 지질, 지형, 지리 등을 기록한 일종의 지질여행기이다.

「조선 산맥론」은 답사기간 동안 몇 편의 논문으로 관보, 지질학잡지, 동경제국대학교 이과대학 기요에 게재했던 것을 최종적으로 정리해 발표한 것이다. 고토의 산맥론은 현재의 시각에서 보면 산령 추적의 착오와 지질구조에 대한 오인이 적지 않았음을 쉽게 알 수 있다. 하지만 지질학적으로 황무지나 마찬가지인 조선에 대해 제대로 된 지형도 하나 없이 14개월이라는 단기간에 방대한 산지를 조사, 개괄할 수 있었다는 점은 이 조사에 내재된 목적이 무엇이든 간에 그 가치를 높이 인정할 만하다. 다테이와(立岩巖, 1976)의 지적처럼, 개마고원, 태백산맥, 고조선지역 등의 지질구조, 특히 태백산계와 일본 열도의 구조발달상 연관성이나 한반도 남해안의 리아스 해안과 다도해의 성인에 대한 그의 해석은 오늘날에도 시사하는 바가 크다. 또한 조선 반도를 이탈리아 반도와 비교하면서 조선 반도의 지정학적 의미를 시사한 것, 그리고 추가령 구조곡을 경계로 역사, 기후, 주민, 산업, 지형 등의 차이를 확인한 것은 지질학에 그치지 않는 고토의 폭넓은 관심을 대변해 준다.

이 논문에 자주 등장하면서 이 논문의 저술에 결정적인 역할을 한 사람으로 고체와 리히트호펜를 들 수 있다. 고체는 1881년부터 1883년까지 동경대학 이학부 지질학과의 교수로 재직했으며, 1883년 조독수호통상조약의 체결과 더불어 사절과 함께 조선에 왔고 이듬해인 1884년에 8개월 동안 조선을 답사하였다. 고체가 1886년에 발표한 "Geologische Skizze von Korea"는 조선 반도의 지질 일반에 관한 것이며, 첨부된 조선지질도에 지층구분과 함께 층서학적, 암석학적 기재를 시도하였다. 일부 오류에도 불구하고 조선의 지질 일반을 처음으로 세계에 소개했다는 점에서 중요한 의미를 지녔다고 볼 수 있다. 더군다나 조선의 지질에 대한 정보가 일천한 상황에서 고체의 연구 결과는 고토의 「조선 산맥론」 집필에 귀중한 자료가 되었을 것임에 의심의 여지가 없다. 하지만 고토가 1880년에 유학을 떠나 1884년에 귀국했기 때문에 이 두 사람이 조우했는지 여부는 알 수 없다.

조선뿐만 아니라 일본의 지체구조에 대한 고토의 해석에서 리히트호펜의 영향은 절대적이다. 리히트호펜은 중국과 시베리아 동부의 거대한 산맥들에서 습곡작용을 받은 오래된 동서방향의 요소와, 파열된 젊은 남북방향의 요소를 구분하였다. 고토는 일본 북부와 남부의 지질구조 차이 및 남북방향의 조선 시스템을 설명하는 데 리히트호펜의 아이디어를 이용했다. 또한 현재까지 우리나라 산맥을 분류할 때 사용하는 중국 방향, 랴오둥 방향 역시 리히트호펜의 아이디어를 고토가 한반도에 적용한 것이다. 이 논문에는 지질학적 내용뿐만 아니라 자연지리적, 인문지리적 내용과 함께 지정학적 내용도 등장한다. 또한 우리 지명을 영어로 바꾸기 위해 나름의 체계를 구축하는데, 이는 결국 1903년 *A Catalogue of the Romanized Geographical Names of Korea by Koto and Kanazawa*(고토·가나자와식 로마자 조선 지명 목록)의 발간으로 귀결된다. 이러한 작업들은 모두 리히트호펜의 역저 *China*(중국)에서 시도한 예를 따른 것으로, 어쩌면 고토는 리히트호펜이 지질학을 바탕으로 한 중국지지를 시도하였듯이 이 논문을 통해 조선지지를 써 보려 했던 것이 아닌가 생각된다.

고토의 지적처럼, 이 논문이 간행된 후 조선의 지질과 지리에 관해 일본뿐만 아니라 외국의 연구에서도 계속해서 이 논문을 인용했다. 비판도 적지 않았는데 주로 고토가 리히트호펜의 아이디어를 일방적으로 모방했다는 것이 주된 것이었다. 예를 들면 소르본 대학 지질학과의 페르빙기에르 교수는 이 논문에 대해 "저자(고토)는 자신들의 인종적 특성인 즉흥적 모방성 때문에 이론적 사고를 적용하지 않았고, 다양한 현상들에 대해 설명하지도 않았다."라고 인종적 모멸감을 주면서 비판했다. 이에 대해 고토는 "조선산맥의 성인에 대한 나의 설명 방식이 대가들을 단지 모방하고 있을 뿐이라는 비난은 단호히 거부한다. 애국심이 강한 프랑스의 피가 친러시아적 감상으로 뜨거웠던 러일전쟁 초기에 내 논문이 등장했다는 사실이 불운이었던 것이다."라며 맞받아친다. 또한 고토는 "내 논문에 제시된 지질구조선을 구성할 때 가설이나 이론에 크게 영향을 받았다고 말하는 것은 오해이다. 나는 현장에서 보았던 것이나 확인한 것들을 단지 기록하였을 뿐이다."라며 자기 주장의 정당성을 밝히고 있다.

한편 「조선 기행록」은 학술논문의 형식을 빌린 지질여행기이다. 여행 시기로 보아서는 1901년 1월 3일에 군산을 출발해 1월 19일 부산에 도착한 후(군산 → 부산), 1월 24일 부산을 출발해 남해안을 따라 2월 16일 목포에 도착하고(부산 → 목포), 2월 20일 목포를 출발해 내륙을 거쳐 3월 19일 다시 부산에 도착했다(목포 → 부산). 하지만 본문에서는 제1차 횡단여행(부산 → 목포), 제2차 횡단여행(목포 → 부산), 제3차 횡단여행(군산 → 부산)의 차례로 기술하고 있다. 총 69일에 걸쳐 조선 남부를 동서로 3번 횡단하면서 여정에서 관찰되는 노두를 근거로 지형,

지질일반, 암석학적 분석을 소개하고 있다. 또한 각 읍내의 도입부에는 그 지역의 경관, 산업, 주민, 역사도 간략하게 소개하고 있어, 이 역시 리히트호펜의 영향이라 판단된다. 현미경 관찰을 근거로 암석에 대한 광물학적 해석도 자세히 기재하였는데, 이 논문을 번역하면서 가장 어려움을 겪은 부분임을 솔직히 고백해야 할 것 같다.

　고토는 마산 부근에서 발견되는 반화강암질 혹은 반상 반화강암질 암석에 마산암이라는 이름을 붙였고, 한반도의 대표적인 중생대층인 경상계를 퇴적기원의 하부경상계와 화성기원의 상부경상계로 구분하였으며, 부록으로 첨부한 1:150만 컬러 지질도에 대한 층서학적 그리고 암석학적 설명을 제4장 요약에서 제시하고 있다. 역자는 지질학자 그 중에서도 암석학자가 아니기 때문에 이 논문의 반 이상을 차지하는 암석학적 기재에 대해서 평가할 능력이 없다. 또한 이 부분에 대한 번역의 정확성에 대해서도 전혀 담보할 수 없다. 다만 국내외에서 구할 수 있는 각종 지질학 사전을 바탕으로 용어는 용어대로, 내용은 내용대로 정확하게 옮기려 노력했다. 간혹 경상대학교 지질학과 최진범 교수(광물학 전공)의 도움도 받았지만, 불비한 암석학적 해석은 모두 역자의 책임임을 다시 한 번 밝혀 둔다. 최 교수와의 대화 중에서 우리들의 의문은 "어떻게 고토는 하루에 20km 이상 주파하면서 그와 같은 분석이 가능했을까?"였다. 우리는 그가 받은 지질학적 훈련과 경험이 상당한 수준이었을 것이며, 당시 식생이 전혀 없어 오늘날 도로 절개지에서나 볼 수 있는 노두가 지천에 널려 있었기 때문일 것이라고 결론지었다.

　하지만 이 논문에는 암석학적 정보 이외에도 당시 각 지역의 환경을 이해하는 데 중요한 정보가 포함되어 있다. 나룻배를 타고 구포에서 낙동강을 건너 선바위(현재 지명도 선암이다)에 도착하기 위해 3개의 분류를 건넜다, 냉정 지역의 청결함이 다른 지역의 불결함과 대비된다, 진주 부근의 퇴적층이 인공적인 여러 가지 색상을 하고 있어 마치 미국 다코타 주의 배드랜드를 연상시킨다, 가난에 찌든 낙안과 풍요한 보성이 비교된다, 나주 읍내가 거의 텅 비어 있는데, 아마 동학혁명과 관련이 있을 것이다, 등등 이 모두는 현재 시점에서는 도저히 알아내기 힘든 사실들인데, 외국인, 특히 경험이 많은 야외과학자의 눈으로 관찰하였기 때문에 확인할 수 있었던 것임에 틀림없다. 이외에도 본문과 부록 곳곳에 나타나는 침식분지, 평정봉, 하안단구와 해안단구, 암석에 따른 지세의 차이, 망류하도 등 지형형성작용에 관련된 정보도 많아 고토의 관심이 지질학에만 한정된 것이 아님을 확인할 수 있다.

이 두 논문은 100년 전의 것이라 우리나라 도서관에서 찾을 수 있을 것이라고는 상상도 못했다. 도서관 원문복사 시스템을 이용해 일본으로부터 복사본을 받았다. 물론 흐렸지만 원문을 해석하는 데는 큰 어려움이 없었다. 하지만 판독이 거의 불가능한 사진과 지질도, 지질단면도를 확인하고는 좌절하지 않을 수 없었다. 도대체 어떻게 원본에 접근할 수 있을지, 접근한다 하더라도 어떻게 그것들을 번역판에 실을 수 있을지 암담하기만 했다. 하지만 책상머리에 앉아 고민만 해대는 역자보다는 출판사 편집팀장의 능력이 탁월했다. 그녀는 이 두 논문이 PDF 파일로 있는 것을 알아내고 그것을 나에게 보내줬다. 사진, 지질도, 지질단면도 모두 해상도는 조금 나아졌지만 인쇄는 불가능했다. 또한 사진을 제외한 나머지 도판이 모두 컬러로 되어 있다는 점이 또 다른 고민 거리로 다가왔다. 며칠 후 그녀는 다시 전화를 해「조선 기행록」의 원본이 고려대학교 도서관에 있다는 것을 알려 주었다. 결국 고려대학교 지리교육과 성영배 교수님에게 부탁해 원본을 손에 넣을 수 있었다.

사진은 약간 갈색을 띠며 변색되어 있었으나 선명했으며, 식생이라고는 전혀 없는 겨울철 황량한 벌판이 100년 전 우리의 산하라 생각하니 마음이 아프기까지 했다. 사진에서 제공하는 정보도 상당해, 이를 보면서 번역한 내용 중 일부를 수정할 수 있었다. 어쩌면 이 사진들을 발굴해 세상에 소개할 수 있었던 것이 이 번역 작업에서 얻은 최고의 수확일지 모른다는 생각을 해 본다. 하지만 아직도「조선 산맥론」의 원본을 구하지 못해 9매의 사진을 실을 수 없는 것이 아쉽다.「조선 기행록」에 수록된 3차에 걸친 횡단여행의 지질단면도와 조선남부의 지질도는 컬러로 인쇄되어 있었다. 그 선명함이 현재의 지질도에 못지않다. 원본 못지않게 정확하게 복원한 출판사의 노력에 감사드린다.「조선 산맥론」의 지체구조도는 1:200만 한반도지도 위에 그려 놓은 컬러지도이다. 원본을 구하지 못해 PDF에 있는 그림을 축소해서 실었고, 대신에 각 산맥의 명칭을 기재한 새로운 지도를 만들어 수록하여 원본을 보여주지 못한 미안함에서 벗어나려 했다.

고토 분지로는 1856년 쓰와노(津和野) 번사의 아들로 태어났으며 1870년 쓰와노 번의 장학생, 즉 공진생으로 선발되어 동경개성학교에 입학하였다. 1877년 동경대학으로 편입하고 1979 동경대학 이학부 지질학과 제1기로 졸업했는데, 졸업생은 고토 단 한 사람뿐이었다. 1880

년 메이지 정부 문부성으로부터 지질연구를 위한 독일 유학을 명받고 라이프치히 대학과 뮌헨 대학에서 학문에 정진했다. 1884년 4월 귀국하여 동경대학 이학부 강사를 역임했고 그 해 10월 라이프치히 대학으로부터 박사학위를 받았다. 1886년 동경제국대학교 설립과 함께 동 대학교 이학대학 지질학과 교수로 부임했고, 같은 학과에서 1921년에 퇴임한 후, 향년 79세인 1935년에 세상을 떠났다. 그는 오랫동안 제자들을 길러 내고 수많은 논문과 저서를 발간하여 일본 지질학과 암석학의 아버지로 추앙을 받는 학자이다.

하지만 고토 분지로에 대한 국내 평가는 비판적이다. 특히 현재의 산맥체계를 백두대간체계로 바꾸어야 한다고 주장하는 산악인들을 중심으로 한 일군의 집단에서는 민족정기 말살 운운하며, 일제 만행의 대표적인 사례로 생각하고 있는 실정이다. 또한 고토 분지로와 그 제자들이 국내 지질학에 대해 기여한 연구는 자연과학이 의례 그런 것처럼 옛 지식으로 치부되어 현재는 거의 사장되었다. 그러나 그의 산맥론은 일부 수정되었을 뿐, 여전히 지리학의 주요한 지식체계로 남아 초중등 교과서에 수용되고 있다. 아마 그도 예상하지 못했던 결과일 것이다.

그는 좁다고만 볼 수 없는 22만km²의 한반도를 하루에 20km 이상 이동하면서 266일 동안 무려 6,300km을 주파하였다. 실제로 역자는 「조선 기행록」의 여정을 두 차례에 걸쳐 2박3일씩 자동차로 달려 보았다. 생각보다 엄청나게 힘들어 입술이 터지기도 했다. 100년 전의 여행기에서 무엇을 얻을지는 각자의 몫이다. 역자는 이번 작업을 통해 여러 가지를 얻었지만 무엇보다도 고토 분지로라는 야외과학자의 열정이 부러웠다. 당시에 러시아해군기지가 있었던 '진해'가 현재는 진해가 아니라 마산시 진동읍이라는 사실도 이 작업에서 얻은 작은 성과 중의 하나이다.

　이 책이 나오는데 여러 사람들의 도움이 있었다. 우선 이 번역작업을 발주해 지원해 준 전북대학교 인문한국 쌀·삶·문명연구원의 이정덕 원장과 학술연구국장인 이강원 교수께 감사드린다. 또한 고토 분지로의 이력에 대한 야지마 미치코(失島道子)의 일본어 논문을 번역해 준 박선옥 씨에게 감사드리고, 장거리 답사에 동행해 주고 부족한 원고를 마지막 순간까지 읽어 준 지도학생 탁한명, 성기석 군에게 이 글을 빌어 고마움을 전한다. 작년 여름, 이 책에 소개된 고베와 시코쿠 사이에 있는 나루토 해협의 소용돌이를 보러 가는 여정에 동반해 준 신라대 지리학과 김성환 교수에게도 감사드린다. 문득 가는 길에 고치의 가쓰라하마 해변에 있는 사카모토 료마의 동상 밑에서 함께 사진 찍은 일이 떠오른다. 마지막으로 이 책이 이나마 모양을 갖출 수 있었던 것은 도서출판 푸른길 김선기 사장의 지리학에 대한 애정과 편집팀장 박은정씨의 열정 덕분이라 생각한다. 두 분에 대한 고마운 마음, 오랫동안 간직하겠다.

2010년 9월 20일
금정산 자락에서

[약력]

지은이 고토 분지로(小藤文次郎)

고토 분지로는 메이지 시대 일본의 대표적인 지질학자이다. 1881년 동경대학 지질학과를 졸업한 그는 4년간의 독일 유학을 거쳐 1886년부터 동경대 교수로 역임한 후 1935년 향년 79세로 사망했다. 고토 분지로는 서양 지질학의 일본 도입 과정과 정책에 절대적인 기여를 하였고 전문학술지 『지학잡지(地學雜誌)』의 창간에 관여했다. 또한 현 일본지질학회의 전신인 동경지질학회의 창립과 『지질학잡지』의 발행에도 크게 기여했다. 학문적으로는 지질학과 지형학, 암석학 등의 분야에서 특기할 만한 성과를 보였다

특히 우리나라 지리, 지질과 관련해서는 "An Orographic Sketch of Korea(조선 산맥론)", "Jouneys through Korea. First Contribution(한반도 기행)", *A catalogue of the romanized geographical names of Korea by Koto and Kanazawa*(고토·가나자와식 로마자 조선 지명 목록) 등의 논고를 남겼다.

옮긴이 손일(孫一)

부산대학교 사범대학 지리교육과 교수이다. 서울대학교 사회과학대학 지리학과를 졸업하고, 영국 사우스햄튼 대학교에서 지리학 박사 학위를 받았다. 『지도와 거짓말』, 『지도전쟁』, 『휴먼 임팩트』(공역), 『메르카토르의 세계』 등을 우리말로 옮겼다.